中国城乡建设统计年鉴

China Urban-Rural Construction Statistical Yearbook

2012 年

中华人民共和国住房和城乡建设部　编

Ministry of Housing and Urban-Rural Development, P. R. CHINA

中 国 计 划 出 版 社

CHINA PLANNING PRESS

图书在版编目（CIP）数据

中国城乡建设统计年鉴. 2012年/中华人民共和国住房和城乡建设部编. —北京：中国计划出版社，2013.10
ISBN 978-7-80242-910-9

Ⅰ.①中… Ⅱ.①中… Ⅲ.①城乡建设－统计资料－中国－2012－年鉴 Ⅳ.①TU984.2－54

中国版本图书馆CIP数据核字（2013）第209946号

中国城乡建设统计年鉴（2012年）
中华人民共和国住房和城乡建设部　编

中国计划出版社出版
网址：www.jhpress.com
地址：北京市西城区木樨地北里甲11号国宏大厦C座3层
邮政编码：100038　电话：（010）63906433（发行部）
新华书店北京发行所发行
三河富华印刷包装有限公司印刷

880mm×1230mm　1/16　14.25印张　445千字
2013年10月第1版　2013年10月第1次印刷

ISBN 978-7-80242-910-9
定价：62.00元

编 者 语

一、为贯彻落实科学发展观和城乡统筹精神，全面反映我国城乡市政公用设施建设与发展状况，为方便国内外各界了解中国城乡建设全貌，我们编辑了《中国城乡建设统计年鉴》和《中国城市建设统计年鉴》中英文对照本，每年公开出版一次，供社会广大读者作为资料性书籍使用。

二、《中国城乡建设统计年鉴2012》根据各省、自治区和直辖市建设行政主管部门上报的2012年城乡建设统计数据编辑。全书共分城市、县城和村镇三个部分。

三、本年鉴数据不包括香港特别行政区、澳门特别行政区以及台湾省。

四、为促进中国建设行业统计信息工作的发展，欢迎广大读者提出改进意见。

Editor's Note

Under the guideline of the Scientific Outlook on Development and in line with the efforts to promote the coordinated urban and rural development, *China Urban-Rural Construction Statistical Yearbook* and *China Urban Construction Statistical Yearbook* are published annually in both Chinese and English languages to provide comprehensive information on urban and rural service facilities development in China. Being the source of facts, the yearbooks help to facilitate the understanding of people from all walks of life at home and abroad on China's urban and rural development.

2012 China Urban-Rural Construction Statistical Yearbook is complied based on statistical data on urban construction in year 2012 that were reported by construction authorities of provinces, autonomous regions and municipalities directly under the central government. The yearbook is composed of statistics for three parts, namely statistics for cities, county seats, and villages and small towns.

This Yearbook does not include data of Hong Kong Special Administrative Region, Macao Special Administrative Region and Taiwan Province.

Any comments to improve the quality of the yearbook are welcomed to promote the advancement in statistics in China's construction industry.

《中国城乡建设统计年鉴—2012年》编委会和编辑工作人员

China Urban-Rural Construction Statistical Yearbook-2012
Editorial Board and Editorial Staff

说　　明

一、2012年底全国境内31个省、自治区、直辖市，共有657个设市城市，1624个县（含自治县、旗、自治旗、林区、特区，下同），19881个建制镇，13281个乡，58.9万个行政村。

二、本年鉴由城市（城区）、县城、村镇三部分组成：

（一）城市（城区）部分，统计了657个城市。海南省三沙市属于新设立城市，数据不完整。

（二）县城部分，统计了1607个县、16个特殊区域以及145个新疆生产建设兵团师团部驻地。其他17个县，如北京市延庆县、密云县和上海市崇明县因与城市分不开，数据含在城市报表中；河北省邯郸县、邢台县、宣化县、沧县，山西省泽州县，辽宁省抚顺县、盘山县、铁岭县、朝阳县，河南省许昌县、安阳县，新疆维吾尔自治区乌鲁木齐县、和田县等13个县，因与所在城市市县同城，数据含在所在城市报表中；福建省金门县暂无数据资料。16个特殊区域包括河北省曹妃甸区，黑龙江省加格达奇区，江西省庐山风景区，湖北省襄阳区，湖南省南岳区、大通湖区、洪江区，海南省洋浦开发区，云南省昆明阳宗海风景名胜区、昆明倘甸产业园区和昆明轿子山旅游开发区，陕西省杨凌区，宁夏回族自治区红寺堡开发区，青海省海北州府西海镇、茫崖行委、大柴旦行委、冷湖行委。

（三）村镇部分，统计了17187个建制镇、12687个乡（民族乡、苏木、民族苏木）、672个镇乡级特殊区域和266.9万个自然村（其中55.1万个村民委员会所在地）。

三、本年鉴的统计范围

设市的城市的城区：市本级（1）街道办事处所辖地域；（2）城市公共设施、居住设施和市政公用设施等连接到的其他镇（乡）地域；（3）常住人口在3000人以上独立的工矿区、开发区、科研单位、大专院校等特殊区域。

县城：（1）县政府驻地的镇、乡或街道办事处地域（城关镇）；（2）县城公共设施、居住设施和市政公用设施等连接到的其他镇（乡）地域；（3）常住人口在3000人以上独立的工矿区、开发区、科研单位、大专院校等特殊区域。

村镇：政府驻地的公共设施和居住设施没有和城区（县城）连接的建制镇、乡和镇乡级特殊区域。

四、自2009年起，城市部分公共交通相关内容不再统计，增加城市轨道交通建设情况内容。

五、本年鉴中除人均住宅建筑面积、人均日生活用水外，所有人均指标、普及率指标均以户籍人口与暂住人口合计为分母计算。

六、本年鉴中“—”表示本数据不足本表最小单位数。

七、本年鉴中部分数据合计数或相对数由于单位取舍不同而产生的计算误差，均没有进行机械调整。

Explanatory Notes

Ⅰ. There were a total of 657 cities, 1624 counties (including autonomous counties, banners, autonomous banners, forest districts, and special districts), 19881 towns, 13281 townships, and 589,000 administrative villages in all the 31 provinces, autonomous regions and municipalities across China by the end of 2012.

Ⅱ. The yearbook is composed of the following three parts: Cities, County Seats, and Villages and Towns.

1. The statistics in the part of Cities is based on data collected from 657 cities. Data of Sansha City is incomplete, since it has been recently established.

2. In the part of County Seats, data is from 1607 counties, 16 special zones and districts and 145 stations of Xinjiang Production and Construction Corps.

As for data of the rest 17 counties, arrangements have been made as follows: data from Yanqing and Miyun County in Beijing and Chongming County in Shanghai are included in the statistics of Beijing and Shanghai respectively, as these counties cannot be separated from the cities they belong to; data from Handan, Xingtai, Xuanhua, and Cangxian County in Hebei Province, Zezhou County in Shanxi Province, Fushun, Panshan, Tieling, and Chaoyang County in Liaoning Province, Xuchang and Anyang County in Henan Province, and Urumqi and Hetian County in Xinjiang Uygur Autonomous Region are included in the statistics of the respective cities administering the above 13 counties due to the identity of the location between the county seats and the cities; data on Jinmen County in Fujian Province has not been available at the moment.

16 special zones and districts include Caofeidian in Hebei Province, Jiagedaqi in Heilongjiang Province, Mount Lushan Scenic Spot in Jiangxi Province, Xiangyang District in Hubei Province, Nanyue District, Datong Lake District and Hongjiang District in Hunan Province, Yangpu Development Zone in Hainan Province, Kunming Yangzong Lake Scenic Spot, Kunming Tangdian Industrial Park and Kunming Mount Jiaozi Tourism Development Zone in Yunnan Province, Yangling District in Shaanxi Province, Hongsibao Development Zone in Ningxia Autonomous Region, and Xihai Town and Mangya, Dachaidan and Lenghu Administrative Commission in Haibei Prefecture of Qinghai Province.

3. In the part of Villages and Towns, statistics is based on data from 17187 towns, 12687 townships (including minority townships, Sumus and minority Sumus), 672 special areas at the level of town and township, and 2.669 million natural villages including 551,000 villages where villagers' committees are situated.

Ⅲ. Coverage of the statistics

Urban Areas: (1) areas under the jurisdiction of neighborhood administration; (2) other towns (townships) connected to urban public facilities, residential facilities and municipal utilities; (3) special areas like independent industrial and mining districts, development zones, research institutes, and universities and colleges with permanent residents of 3000 and above.

County Seat Areas: (1) towns and townships where county governments are situated and areas under the jurisdiction of neighborhood administration; (2) other towns (townships) connected to county seat public facilities, residential facilities and municipal utilities; (3) special areas like independent industrial and mining districts, development zones, research institutes, and universities and colleges with permanent residents of 3000 and above.

Villages and Small Towns Areas: towns, townships and special district at township level of which public facilities and residential facilities are not connected to those of cities (county seats).

Ⅳ. Starting from 2009, statistics on urban public transport have been removed, and relevant information on the construction of urban rail transport system has been added.

Ⅴ. All the per capita and coverage rate data in this Yearbook, except the per capita residential floor area and per capita daily consumption of domestic water, are calculated using the sum of resident and non-resident population as a denominator.

Ⅵ. In this yearbook, "—" indicates that the figure is not large enough to be measured with the smallest unit in the table.

Ⅶ. The calculation errors of the total or relative value of some data in this Yearbook arising from the use of different measurement units have not been mechanically aligned.

目　　录

二、县城部分 …………………………………………………………………（75）

三、村镇部分 …………………………………………………………………（131）

CONTENTS

一、城市部分
Statistics for Cities

2012年城市部分概述

概况　2012年末，全国设市城市657个，城市城区人口3.7亿人，暂住人口0.52亿人，建成区面积4.6万平方公里。

城市市政公用设施固定资产投资　2012年城市市政公用设施固定资产完成投资15296.4亿元，城市市政公用设施固定资产完成投资总额占同期全社会固定资产投资总额的4.08%。道路桥梁、轨道交通、园林绿化分别占城市市政公用设施固定资产投资的48.4%、13.5%和11.8%。

全国城市市政公用设施投资新增固定资产9390.9亿元，固定资产投资交付使用率61.4%。主要新增生产能力（或效益）是：供水日综合生产能力523万立方米，天然气储气能力869万立方米，集中供热蒸汽能力0.6万吨/小时，热水能力1.8万兆瓦，道路长度1.3万公里，排水管道长度2.1万公里，城市污水处理厂日处理能力521万立方米，城市生活垃圾无害化日处理能力2.4万吨。

城市供水和节水　2012年，城市供水总量523亿立方米，其中，生产运营用水159.3亿立方米，公共服务用水71.1亿立方米，居民家庭用水184.8亿立方米，用水人口4.1亿人，用水普及率97.2%，人均日生活用水量171.79升。2012年，城市节约用水40.1亿立方米，节水措施总投资27.6亿元。

城市燃气和集中供热　2012年，人工煤气供应总量77亿立方米，天然气供气总量795亿立方米，液化石油气供气总量1114.8万吨。用气人口3.93亿人，燃气普及率93.2%。2012年末，蒸汽供热能力8.6万吨/小时，热水供热能力36.5万兆瓦，集中供热面积51.8亿平方米。

城市轨道交通　2012年末，全国有16个城市已建成轨道交通线路长度2006公里，车站数1307个，其中换乘站247个，配置车辆数11492辆。全国在建轨道交通线路长度2060公里，车站数1402个，其中换乘站297个。

城市道路桥梁　2012年末，城市道路长度32.7万公里，道路面积60.7亿平方米，其中人行道面积13.3亿平方米，人均城市道路面积14.39平方米。

城市排水与污水处理　2012年末，全国城市共有污水处理厂1670座，污水厂日处理能力11733万立方米，排水管道长度43.9万公里。城市年污水处理总量363.8亿立方米，城市污水处理率87.3%，其中污水处理厂集中处理率82.5%。

城市园林绿化　2012年末，城市建成区绿化覆盖面积181.2万公顷，建成区绿化覆盖率39.6%；建成区园林绿地面积163.5万公顷，建成区绿地率35.7%；公园绿地面积51.8万公顷，人均公园绿地面积12.3平方米。

国家级风景名胜区　2012年末，全国共有225处国家级风景名胜区，统计了其中221处，风景名胜区面积9.7万平方公里，可游览面积4.4万平方公里，全年接待游人6.8亿人次。国家投入54.1亿元用于风景名胜区的维护和建设。

城市市容环境卫生　2012年末，全国城市道路清扫保洁面积57.4亿平方米，其中机械清扫面积24.5亿平方米，机械清扫率42.8%。全年清运生活垃圾、粪便1.89亿吨。全国城市共有生活垃圾无害化处理厂（场）702座，日处理能力44.6万吨，处理量1.45亿吨，城市生活垃圾无害化处理率84.8%。

Overview

General situation

There were 657 cities across the country at the end of 2012 with a total population of 370 million, among which 52 million were temporary population. The urban built areas amounted to 46 thousand square kilometers.

The fixed assets investment in municipal service facilities

In 2012, the total fixed assets investment in the urban municipal service facilities reached 1529.64 billion yuan, accounting for 4.08% of the country's total fixed assets investment. The fixed assets investment in roads and bridges, transit system, and landscaping and greening accounted for 48.4%, 13.5%, and 11.8% of the total fixed assets investment in municipal service facilities respectively.

This year saw the newly added fixed assets in the municipal service facilities amounting to 939.09 billion yuan. The fixed assets delivery rate reached 61.4%. The newly added production capacity or efficacy of major facilities were as follows: daily overall water production capacity was 5.23 million cubic meters, natural gas storage capacity was 8.69 million cubic meters, supply capacity of central heating from steam and hot water was 6 thousand tons per hour and 18 thousand megawatts respectively, length of urban roads totaled 13 thousand kilometers, drainage pipelines reached 21 thousand kilometers, daily urban wastewater treatment capacity was 5.21 million cubic meters, and daily urban domestic garbage treatment capacity was 24 thousand tons.

Urban water supply and water conservation

In 2012, the urban water supply totaled 52.3 billion cubic meters. 15.93 billion cubic meters of water was consumed in production and operation, 7.11 billion cubic meters in public service, and 18.48 billion cubic meters was for domestic use. The water supply served a population of 410 million with coverage rate of 97.2% and daily per capita consumption of domestic water being 171.79 liter. 4.01 billion cubic meters of urban water was saved in the year with total investment in water saving measures reaching 2.76 billion yuan.

Urban gas and central heating supply

In 2012, the man-made coal gas, natural gas, and LPG supply totaled 7.7 billion cubic meters, 79.5 billion cubic meters, and 11.148 million tons respectively, serving a population of 393 million and with coverage rate of 93.2%. By the end of 2012, the supply capacity of heating from steam and hot water reached 86 thousand tons per hour and 365 thousand megawatts respectively. The centrally heated area extended to reach 5.18 billion square meters.

Urban rail transit system

By the end of 2012, 2006 kilometers rail transit lines have been built in 16 cities across the country. The number of stations totaled 1307, among which 247 were transfer stations, and the number of vehicles in service amounted to 11492. There were 2060 kilometers rail transit lines under construction. These projects involved the construction of 1402 stations, among which 297 were transitions.

Urban roads and Bridge

At the end of 2012, the country claimed a total length of urban road of 327 thousand kilometers covering an area of 6.07 billion square meters with sidewalks 1.33 billion square meters, and per capita road surface area is 14.39 square meters.

Urban drainage and wastewater treatment

At the end of 2012, there were a total of 1670 wastewater treatment plants in cities with daily treatment capacity of 117. 33 million cubic meters. The length of drainage pipelines reached 439 thousand kilometers. The total quantity of urban wastewater treated within the year was 36. 38 billion cubic meters with treatment rate of 87. 3% and central treatment rate of 82. 5% .

Urban landscaping

By the end of 2012, the area in urban built district covered by greenery totaled 1. 812 million hectares with coverage rate of 39. 6% . The total green space in built areas amounted to 1. 635 million hectares with coverage rate of 35. 7% . The total public green space in cities was 518 thousand hectares with per capita public green space 12. 3 square meters.

State-level Scenic Spots and Historic Sites

By the end of 2012, there were 225 state-level scenic spots and historic sites in China, and data of 221 places have been collected. They covered an area of 97 thousand square kilometers with 44 thousand square kilometers open to visitation which added up to 680 million people times for the whole year. The Central Government invested 5. 41 billion yuan in the development and maintenance of national parks.

The urban environmental sanitation

By the end of 2012, the total surface area of road cleaned and maintained was 5. 74 billion square meters, of which mechanically cleaned area was 2. 45 billion square meters with a mechanical cleaning rate of 42. 8% . The yearly amount of domestic garbage and night soil cleared and transported totaled 189 million tons. There are 702 non-hazardous treatment facilities for domestic solid waste in cities across the country, handling a treatment volume of 145 million tons with daily treatment capacity of 446 thousand tons. The non-hazardous treatment rate for urban domestic solid waste is 84. 8% .

1-1-1 全国历年城市市政公用设施水平

1-1-1 Level of National Urban Service Facilities in Past Years

指标 Item / 年份 Year	用水普及率（%） Water Coverage Rate（%）	燃气普及率（%） Gas Coverage Rate（%）	每万人拥有公共交通车辆（标台） Motor Vehicle for Public Fransport Per 10,000 Persons（standard unit）	人均道路面积（平方米） Road Surface Area Per Capita（m^2）	污水处理率（%） Wastewater Treatment Rate（%）	园林绿化			每万人拥有公厕（座） Number of Public Lavatories per 10,000 Persons（unit）
						人均公园绿地面积（平方米） Public Recreational Green Space Per Capita（m^2）	建成区绿化覆盖率（%） Green Coverage Rate of Built District（%）	建成区绿地率（%） Green Space Rate of Built District（%）	
1981	53.7	11.6		1.81		1.50			3.77
1982	56.7	12.6		1.96		1.65			3.99
1983	52.5	12.3		1.88		1.71			3.95
1984	49.5	13.0		1.84		1.62			3.57
1985	45.1	13.0		1.72		1.57			3.28
1986	51.3	15.2	2.5	3.05		1.84	16.9		3.61
1987	50.4	16.7	2.4	3.10		1.90	17.1		3.54
1988	47.6	16.5	2.2	3.10		1.76	17.0		3.14
1989	47.4	17.8	2.1	3.22		1.69	17.8		3.09
1990	48.0	19.1	2.2	3.13		1.78	19.2		2.97
1991	54.8	23.7	2.7	3.35	14.86	2.07	20.1		3.38
1992	56.2	26.3	3.0	3.59	17.29	2.13	21.0		3.09
1993	55.2	27.9	3.0	3.70	20.02	2.16	21.3		2.89
1994	56.0	30.4	3.0	3.84	17.10	2.29	22.1		2.69
1995	58.7	34.3	3.6	4.36	19.69	2.49	23.9		3.00
1996	60.7	38.2	3.8	4.96	23.62	2.76	24.43	19.05	3.02
1997	61.2	40.0	4.5	5.22	25.84	2.93	25.53	20.57	2.95
1998	61.9	41.8	4.6	5.51	29.56	3.22	26.56	21.81	2.89
1999	63.5	43.8	5.0	5.91	31.93	3.51	27.58	23.03	2.85
2000	63.9	45.4	5.3	6.13	34.25	3.69	28.15	23.67	2.74
2001	72.26	60.42	6.10	6.98	36.43	4.56	28.38	24.26	3.01
2002	77.85	67.17	6.73	7.87	39.97	5.36	29.75	25.80	3.15
2003	86.15	76.74	7.66	9.34	42.39	6.49	31.15	27.26	3.18
2004	88.85	81.53	8.41	10.34	45.67	7.39	31.66	27.72	3.21
2005	91.09	82.08	8.62	10.92	51.95	7.89	32.54	28.51	3.20
2006	86.07	79.11	9.05	11.04	55.67	8.3	35.11	30.92	2.88
	(97.04)	(88.58)	(10.13)	(12.36)		(9.3)			(3.22)
2007	93.83	87.40	10.23	11.43	62.87	8.98	35.29	31.30	3.04
2008	94.73	89.55	11.13	12.21	70.16	9.71	37.37	33.29	3.12
2009	96.12	91.41		12.79	75.25	10.66	38.22	34.17	3.15
2010	96.68	92.04		13.21	82.31	11.18	38.62	34.47	3.02
2011	97.04	92.41		13.75	83.63	11.80	39.22	35.27	2.95
2012	97.16	93.15		14.39	87.30	12.26	39.59	35.72	2.89

注：1. 自2006年起，人均和普及率指标按城区人口和城区暂住人口合计为分母计算，以公安部门的户籍统计和暂住人口统计为准。括号中的数据为与往年同口径数据。

2. “人均公园绿地面积”指标2005年及以前年份为“人均公共绿地面积”。

3. 从2009年起，城市公共交通内容不再统计，增加城市轨道交通建设情况内容。

Note：1. Since 2006, figure in terms of per capita and coverage rate have been calculated based on denominater which combines both permanent and temporary residents in urban areas. And the population should come from statistics of police. The data in brackets are same index calculated by the method of past years.

2. Since 2006, Public Green Space Per Capita is changed to be Public Recreational Green Space Per Capita.

3. Since 2009, statistics on urban public transport have been removed, and relevant information on the construction of rail transit system has been added.

1-1-2 全国历年城市数量及人口、面积情况

1-1-2 National Changes in Number of Cities, Urban Population and Urban Area in Past Years

面积计量单位：平方公里 Area Measurement Unit：Square Meter

人口计量单位：万人 Population Measurement Unit：10, 000 persons

指标 Item / 年份 Year	城市个数 Number of Cities	地级 City at Prefecture Level	县级 City at County Level	县及其他个数 Number of Counties	城区人口 Urban Population	非农业人口 Non-Agricultural Population	城区暂住人口 Urban Temporary Population	城区面积 Urban Area	建成区面积 Area of Built District	城市建设用地面积 Area of Urban Construction Land
1978	193	98	92	2153	7682. 0					
1979	216	104	109	2153	8451. 0					
1980	223	107	113	2151	8940. 5					
1981	226	110	113	2144	14400. 5	9243. 6		206684. 0	7438. 0	6720. 0
1982	245	109	133	2140	14281. 6	9590. 0		335382. 3	7862. 1	7150. 5
1983	281	137	141	2091	15940. 5	10047. 2		366315. 9	8156. 3	7365. 6
1984	300	148	149	2069	17969. 1	10956. 9		480733. 3	9249. 0	8480. 4
1985	324	162	159	2046	20893. 4	11751. 3		458066. 2	9386. 2	8578. 6
1986	353	166	184	2017	22906. 2	12233. 8		805834. 0	10127. 3	9201. 6
1987	381	170	208	1986	25155. 7	12893. 1		898208. 0	10816. 5	9787. 9
1988	434	183	248	1936	29545. 2	13969. 5		1052374. 2	12094. 6	10821. 6
1989	450	185	262	1919	31205. 4	14377. 7		1137643. 5	12462. 2	11170. 7
1990	467	185	279	1903	32530. 2	14752. 1		1165970. 0	12855. 7	11608. 3
1991	479	187	289	1894	29589. 3	14921. 0		980685. 0	14011. 1	12907. 9
1992	517	191	323	1848	30748. 2	15459. 4		969728. 0	14958. 7	13918. 1
1993	570	196	371	1795	33780. 9	16550. 1		1038910. 0	16588. 3	15429. 8
1994	622	206	413	1735	35833. 9	17665. 5		1104712. 0	17939. 5	20796. 2
1995	640	210	427	1716	37789. 9	18490. 0		1171698. 0	19264. 2	22064. 0
1996	666	218	445	1696	36234. 5	18882. 9		987077. 9	20214. 2	19001. 6
1997	668	222	442	1693	36836. 9	19469. 9		835771. 8	20791. 3	19504. 6
1998	668	227	437	1689	37411. 8	19861. 8		813585. 7	21379. 6	20507. 6
1999	667	236	427	1682	37590. 0	20161. 6		812817. 6	21524. 5	20877. 0
2000	663	259	400	1674	38823. 7	20952. 5		878015. 0	22439. 3	22113. 7
2001	662	265	393	1660	35747. 3	21545. 5		607644. 3	24026. 6	24192. 7
2002	660	275	381	1649	35219. 6	22021. 2		467369. 3	25972. 6	26832. 6
2003	660	282	374	1642	33805. 0	22986. 8		399173. 2	28308. 0	28971. 9
2004	661	283	374	1636	34147. 4	23635. 9		394672. 5	30406. 2	30781. 3
2005	661	283	374	1636	35923. 7	23652. 0		412819. 1	32520. 7	29636. 8
2006	656	283	369	1635	33288. 7		3984. 1	166533. 5	33659. 8	34166. 7
2007	655	283	368	1635	33577. 0		3474. 3	176065. 5	35469. 7	36351. 7
2008	655	283	368	1635	33471. 1		3517. 2	178110. 3	36295. 3	39140. 5
2009	654	283	367	1636	34068. 9		3605. 4	175463. 6	38107. 3	38726. 9
2010	657	283	370	1633	35373. 5		4095. 3	178691. 7	40058. 0	39758. 4
2011	657	284	369	1627	35425. 6		5476. 8	183618. 0	43603. 2	41805. 3
2012	657	285	368	1624	36989. 7		5237. 1	183039. 4	45565. 8	45750. 7

注：1. 2005 年及以前年份“城区人口”为“城市人口”，“城区面积”为“城市面积”。

2. 2005 年、2009 年城市建设用地面积不含上海市。

Note：1. In 2005 and before, Urban Population is the population of the city proper, and Urban Area is the area of the city proper.

2. Urban usable land for construction purpose throughout the country does not include that in Shanghai in 2005 and 2009.

1-1-3 全国历年城市维护建设资金收入

1-1-3 National Revenue of Urban Maintenance and Construction Fund in Past Years

计量单位：万元　Measurement Unit：10,000 RMB

指标 Item / 年份 Year	合计 Total	城市维护建设税 Urban Maintenance and Construction Tax	城市公用事业附加 Extra-Charges for Municipal Utilities	中央财政拨款 Financial Allocation From Central Government Budget	地方财政拨款 Financial Allocation From Local Government Budget	水资源费 Water Resource Fee	国内贷款 Domestic Loan	利用外资 Foreign Investment	企事业单位自筹资金 Self-Raised Funds by Enterprises and Institutions	其他收入 Other Revenues
1980	276174		92966	66212						116996
1981	345600		92186	65657						187757
1982	425957		97416	69381						259160
1983	408524		103142	81571						223811
1984	468835		118445	96120						254270
1985	1168293	331296	129744	143313	123963	14142			49362	376473
1986	1448311	406817	157889	138944	351961	16812	31716	744		343428
1987	1638197	442275	176337	152094	225498	22420	61601	748		557224
1988	1845193	525452	192643	104666	181053	24396	75829	6386		734768
1989	1835625	603583	198409	91529	170347	24873	44494	10078		692312
1990	2104896	650908	226186	109126	198421	27876	88429	24713		779237
1991	2661198	695681	270109	99919	277595	35324	229274	107127		946169
1992	3934788	779701	310916	134237	576569	42506	322596	73484		1694779
1993	5811904	980234	329620	269593	594615	48498	445658	138159		3005527
1994	6748008	1161193	413851	213565	599378	47060	413327	183295		3716339
1995	7743732	1409097	447388	213543	725758	51964	476654	254876		4164452
1996	8476420	1578088	555873	103699	862641	60509	956850	558688	1194722	2605348
1997	11103424	1906696	561217	139392	1154245	61203	1657405	1407194	1077986	3138088
1998	14333158	2153203	603965	649420	1581006	63724	3069622	738402	1769411	3704405
1999	16271209	2191985	631558	1052000	1714628	77828	3741979	494463	2374802	3991966
2000	19889324	2372908	541475	1150668	2081330	100590	4146988	847124	3332242	5315999
2001	25262680	2709430	488144	895818	3237790	111087	7416589	563167	4095561	5745094
2002	31561758	3160358	498761	759545	3927309	123825	8739016	610535	6007620	7734789
2003	42761892	3717417	556909	771320	5329302	159757	13318273	681057	7696801	10531056
2004	52575966	4462912	590251	526414	6657678	206883	14455465	741815	9002038	15932510
2005	54225147	5512933	554799	621597	7958871	249990	16698914	927141	9460261	12240641
2006	35406259	5667745	762171	566632	10748459	244522				17416730
2007	47617452	6170604	824251	348134	12137926	279545				27856992
2008	56164219	7442775	896248	756011	14247316	254199				32567671
2009	67276878	7719472	980433	1066464	22311926	247971				34950612
2010	78534082	9970340	1090649	1747961	16855095	295347				48574690
2011	117817189	13395522	1571916	1383183	19817577	750347				80898644
2012	119233467	14797543	1663517	2453300	27252469	413782				72652856

注：自2006年起，城市维护建设资金收入仅包含财政性资金，不含社会融资。地方财政拨款中包括省、市财政专项拨款和市级以下财政资金；其他收入中包括市政公用设施配套费、市政公用设施有偿使用费、土地出让转让金、资产置换收入及其他财政性资金。

Note：Since 2006，national revenue of urban maintenance and construction fund includes the fund fiscal budget，not including social funds. Local Financail Allocation include province and city special finacial allocation，and Other Revenues include fee for expansion of municipal utilites capacity，fee for use of municaipal utilities，land drainage facilities，water resource fee，property displace fee and so on.

1-1-4 全国历年城市维护建设资金支出

指标 Item / 年份 Year	支出合计 Total	按用途分 By Purpose 固定资产投资支出 Expenditure From Investment in Fixed Assets	维护支出 Maintenance Expenditure	其他支出 Other Expenditures	供水 Water Supply	燃气 Gas Supply	集中供热 Central Heating
1978	163589	163589			38439		
1979	256895	114302	142593		49317		
1980	266451	112370	152991	1090	45258		
1981	325615	144837	180778		32932		
1982	369382	183897	172902	12583	50238		
1983	426986	185511	214709	26766	51642		
1984	462705	243479	219226		61886		
1985	1122714	721943	375563	25208	102424	86598	12157
1986	1343025	816154	431595	95276	139303	110697	17993
1987	1480706	895695	479768	105243	50997	99993	20339
1988	644695	246835	303420	94440	78875		
1989	737038	249516	361213	126309	99822		
1990	814901	269992	406025	138884	108132		
1991	2442190	1800536	446562	195092	265064	224584	
1992	3841602	2529896	1086759	224947	453996	261810	
1993	5573279	3757865	1550715	264699	613695	394564	
1994	6583051	4514337	1721457	347257	753151	376545	
1995	7578470	6056988	1092891	428591	839579	332546	
1996	8827009	6272955	2029361	524693	991630	405386	149145
1997	11229697	7832004	2149827	1247866	915220	477144	255485
1998	14374965	10927777	2354278	1092910	1250356	552624	406733
1999	16172386	12281137	2600945	1290304	1175347	485483	425240
2000	18960338	15400602	2699820	859916	1232155	620982	638120
2001	25372970	19207735	2367551	3797684	1530995	775355	789525
2002	31780253	24475402	3184473	4120378	1578903	844230	1137775
2003	42479605	32807384	3840924	5831298	1769459	1120184	1438295
2004	46617124	36924771	4662527	5029826	2013230	1237042	1538473
2005	52757240	40946915	5474379	6335946	2140834	1210925	1838492
2006	33494964	20005661	6950298	6888341	791690	344728	583932
2007	42473049	24649406	8689485	9134158	981690	409311	617348
2008	50083394	30612349	10432730	9279334	1074319	565441	1047382
2009	59270667	38125424	10982852	10187001	1175896	512700	1206084
2010	75080799	47144531	13443275	14389306	1751365	823824	1450987
2011	87390666	53139075	16790270	17461321			
2012	101981275	20228860	63505657	18246758			

注：1. 1978 年至 1984 年，1988 年至 1990 年供水支出为公用事业支出；1978 年至 2000 年道路桥梁支出为市政工程支

2. 自 2006 年起，城市维护建设资金支出仅包含财政性资金，不含社会融资。

3. "公共交通"中，2009 年至 2011 年数据仅包括城市轨道交通建设投资支出。

Note: 1. Data in the water supply column from 1978 to 1984 and from 1988 to 1990 reder to expenditure of public utilities; Data in

2. From 2006, expenditure of Urban maintenance and construction fund includes the fund from fiscal buget, not including

3. In the section of "Public Transit", data from 2009 to 2011 only included investment in the construction of urban rail

1-1-4 National Expenditure of Urban Maintenance and Construction Fund in Past Years

计量单位：万元　Measurement Unit：10, 000 RMB

按行业分　By Indurstry

公共交通 Public Transportation	道路桥梁 Road and Bridge	排水 Sewerage	防洪 Flood Control	园林绿化 Landscaping	市容环境卫生 Environmental Sanitation	其他 Other
	48882			13904		
	67940			19337	26541	
	77891			24708	26093	1089
	65032			23311	31751	
	114715			30304	41112	12585
	121204			35445	44873	26766
	150554			44421	52459	-6799
56073	331930			85831	76250	25208
43281	408526	86533		93234	107719	95276
50997	481682	92141		98347	109356	105242
	214471			61143	89510	94440
	229082			66320	94189	126309
	256539			73356	114880	138884
69668	757003			186574	206776	195092
106503	1198511			245334	283664	224947
199547	2336633			311418	363825	264699
139599	2929744			402105	440382	347257
154127	3222256			523299	575786	428591
201337	3590192	393753		532873	616247	524693
285625	4664378	539945		675787	736913	1247866
509899	6263259	881923		1035178	990036	1092909
504331	7359954	985336		1315396	953377	1290304
1434521	8188958	1291761		1779059	1526633	859916
1901819	8640772	2181103	568835	1776331	932631	6275604
2714424	11081731	2670957	1394590	918210	2628912	6810521
2540364	17463295	3580353	1089181	3348090	1665167	8465217
2405912	19862495	3361557	1494379	953154	3619398	10131484
3467801	23719550	3555419	1786861	908127	4224763	9904468
1511917	13154564	2215124	448841	2967691	1746169	9730308
3394326	16951020	2972994	729391	3611468	2100669	10704832
4012497	19769532	3709526	977739	4086639	2579521	12260798
2259540	23061301	4923007	820261	4979200	2716274	17616404
2530155	30396564	5808060	1604103	6908970	3666153	20140618

出，包含道路、桥梁、排水等。

the bridge and road column reder to expenditure of municipal engineering construction projects, including roads, bridges and sewers.

society fund.

infrastructure.

1-1-5 按行业分全国历年城市市政公用设施建设固定资产投资

1-1-5 National Fixed Assets Investment in Urban Sevice Facilities by Industry in Past Years

计量单位：亿元 Measurement Unit: 100 million RMB

指标 Item / 年份 Year	本年固定资产投资总额 Completed Investment of This Year	供水 Water Supply	燃气 Gas Supply	集中供热 Central Heating	公共交通 Public Transportation	道路桥梁 Road and Bridge	排水 Sewerage	污水处理及其再生利用 Wastewater Treatment and Reuse	防洪 Flood Control	园林绿化 Landscaping	市容环境卫生 Environmental Sanitation	垃圾处理 Garbage Treatment	其他 Other
1978	12.0	4.7				2.9							4.4
1979	14.2	3.4	0.6		1.8	3.1	1.2		0.1	0.4	0.1		3.4
1980	14.4	6.7				7.0							0.7
1981	19.5	4.2	1.8		2.6	4.0	2.0		0.2	0.9	0.7		3.2
1982	27.2	5.6	2.0		3.1	5.4	2.8		0.3	1.1	0.9		5.9
1983	28.2	5.2	3.2		2.8	6.5	3.3		0.4	1.2	0.9		4.7
1984	41.7	6.3	4.8		4.7	12.2	4.3		0.5	2.0	0.9		5.9
1985	64.0	8.1	8.2		6.0	18.6	5.6		0.9	3.3	2.0		11.3
1986	80.1	14.3	12.5	1.6	5.6	20.5	6.0		1.6	3.4	2.8		11.9
1987	90.3	17.2	10.9	2.1	5.5	27.1	8.8		1.4	3.4	2.1		11.9
1988	113.2	23.1	11.2	2.8	6.0	35.6	10.0		1.6	3.4	2.6		16.9
1989	107.0	22.2	12.3	3.3	7.7	30.1	9.7		1.2	2.8	2.8		14.8
1990	121.2	24.8	19.4	4.5	9.1	31.3	9.6		1.3	2.9	2.9		15.4
1991	170.9	30.2	24.8	6.4	9.8	51.8	16.1		2.1	4.9	3.6		21.3
1992	283.2	47.7	25.9	11.0	14.9	90.6	20.9		2.9	7.2	6.5		55.6
1993	521.8	69.9	34.8	10.7	22.1	191.8	37.0		5.9	13.2	10.6		125.8
1994	666.0	90.3	32.5	13.4	25.1	279.8	38.3		8.0	18.2	10.9		149.7
1995	807.6	112.4	32.9	13.8	30.9	291.6	48.0		9.5	22.5	13.6		232.5
1996	948.6	126.1	48.3	15.7	38.8	354.2	66.8		9.1	27.5	12.5		249.7
1997	1142.7	128.3	76.0	25.1	43.2	432.4	90.1		15.5	45.1	20.9		266.1
1998	1477.6	161.0	82.0	37.3	86.1	616.2	154.5		35.8	78.4	36.7		189.6
1999	1590.8	146.7	72.1	53.6	103.1	660.1	142.0		43.0	107.1	37.1		226.0
2000	1890.7	142.4	70.9	67.8	155.7	737.7	149.3		41.9	143.2	84.3		297.5
2001	2351.9	169.4	75.5	82.0	194.9	856.4	224.5	116.4	70.5	163.2	50.6	23.5	466.6
2002	3123.2	170.9	88.4	121.4	293.8	1182.2	275.0	144.1	135.1	239.5	64.8	29.7	551.0
2003	4462.4	181.8	133.5	145.8	281.9	2041.4	375.2	198.8	124.5	321.9	96.0	35.3	760.4
2004	4762.2	225.1	148.3	173.4	328.5	2128.7	352.3	174.5	100.3	359.5	107.8	53.0	838.4
2005	5602.2	225.6	142.4	220.2	476.7	2543.2	368.0	191.4	120.0	411.3	147.8	56.7	947.0
2006	5765.1	205.1	155.0	223.6	604.0	2999.9	331.5	151.7	87.1	429.0	175.8	51.8	554.3
2007	6418.9	233.0	160.1	230.0	852.4	2989.0	410.0	212.2	141.4	525.6	141.8	53.0	735.6
2008	7368.2	295.4	163.5	269.7	1037.2	3584.1	496.0	264.7	119.6	649.8	222.0	50.6	530.8
2009	10641.5	368.8	182.2	368.7	1737.6	4950.6	729.8	418.6	148.6	914.9	316.5	84.6	923.9
2010	13363.9	426.8	290.8	433.2	1812.6	6695.7	901.6	521.4	194.4	1355.1	301.6	127.4	952.2
2011	13934.2	431.8	331.4	437.6	1937.1	7079.1	770.1	420.5	243.8	1546.2	384.1	199.2	773.1
2012	15296.4	410.4	414.5	630.3	2064.5	7402.5	704.5	279.4	249.2	1798.7	296.5	110.9	1325.5

注："公共交通"中，2009年至2011年数据仅包括城市轨道交通建设投资。

Note: In the section of "Public Transit", data from 2009 to 2011 only included investment in the construction of urban rail infrastructure.

1-1-6 按资金来源分全国历年城市市政公用设施建设固定资产投资

1-1-6 National Fixed Assets Investment in Urban Service Facilities by Capital Source in Past Years

计量单位：亿元 Measurement Unit: 100 million RMB

指标 Item / 年份 Year	本年资金来源合计 Completed Investment of This Year	上年末结余资金 The Balance of The Previous Year	本年资金来源 Sources of Fund							
			小计 Subtotal	中央财政拨款 Financial Allocation From Central Government Budget	地方财政拨款 Financial Allocation From Local Government Budget	国内贷款 Domestic Loan	债券 Securities	利用外资 Foreign Investment	自筹资金 Self-Raised Funds	其他资金 Other Funds
1978	12.0		6.4	6.4						
1979	14.0									
1980	14.4		14.4	6.1		0.1			8.2	
1981	20.0		20.0	5.3		0.4		—	13.8	0.5
1982	27.2		27.2	8.6		1.0		—	16.5	1.1
1983	28.2		28.2	8.2		0.6			17.2	2.2
1984	41.7		41.7	11.8		2.1		—	25.5	2.3
1985	63.8		63.8	13.9		3.1		0.1	40.9	5.8
1986	79.8		79.8	13.2		3.1		0.1	57.4	6.0
1987	90.0		90.0	13.4		6.2		1.3	61.4	7.7
1988	112.6		112.6	10.2		7.1		1.6	78.0	15.7
1989	106.8		106.8	9.7		6.0		1.5	72.9	16.7
1990	121.2		121.2	7.4		11.0		2.2	82.2	18.4
1991	169.9		169.9	8.6		25.3		6.0	108.1	21.9
1992	265.4		265.4	9.9		42.9		10.3	180.4	38.9
1993	521.6		521.6	15.9		72.8		20.8	304.5	107.6
1994	665.5		665.5	27.9		58.3		64.2	397.1	118.0
1995	837.0		807.5	24.2		65.1		84.9	493.3	140.0
1996	939.1	68.0	871.1	34.8		122.2	4.9	105.6	486.1	117.5
1997	1105.6	49.0	1056.6	43.0		165.3	3.1	129.5	554.3	161.4
1998	1404.4	58.0	1346.4	100.2		284.8	40.3	110.1	600.4	210.6
1999	1534.2	81.0	1453.2	173.8		357.8	55.9	68.6	595.2	201.9
2000	1849.5	109.0	1740.5	222.0		428.6	29.0	76.7	682.7	301.5
2001	2351.9	109.0	2112.8	104.9	379.1	603.4	16.8	97.8	636.4	274.5
2002	3123.2	111.0	2705.9	96.3	516.9	743.8	7.3	109.6	866.3	365.7
2003	4264.1	120.7	4143.4	118.9	733.4	1435.4	17.4	90.0	1350.2	398.0
2004	4650.9	267.9	4383.0	63.0	938.4	1468.0	8.5	87.2	1372.9	445.0
2005	5505.5	229.0	5276.6	63.9	1050.6	1805.9	5.2	170.0	1728.0	453.0
2006	5800.6	365.4	5435.2	89.2	1339.0	1880.5	16.4	92.9	1638.1	379.2
2007	6283.5	369.5	5914.0	77.3	1925.7	1763.7	29.5	73.1	1635.7	409.0
2008	7277.4	386.9	6890.4	72.7	2143.9	2037.0	27.8	91.2	1980.1	537.6
2009	10938.1	460.4	10477.6	112.9	2705.1	4034.8	120.8	66.1	2487.1	950.7
2010	13351.7	659.3	12692.4	206.0	3523.6	4615.6	49.1	113.8	3058.9	1125.3
2011	14158.1	648.9	13509.1	166.3	4555.6	3992.8	111.6	100.3	3478.6	1103.9
2012	15264.2	595.4	14668.9	171.1	4446.6	4366.7	26.8	150.8	3740.5	1766.4

1-1-7 全国历年城市供水情况

1-1-7 National Urban Water Supply in Past Years

指标 Item / 年份 Year	综合生产能力（万立方米/日） Integrated Production Capacity (10,000m³/day)	供水管道长度（公里） Length of Water Supply Pipelines (km)	供水总量（万立方米） Total Quantity of Water Supply (10,000m³)	生活用量 Residential Use	用水人口（万人） Population with Access to Water Supply (10,000 persons)	人均日生活用水量（升） Daily Water Consumption Per Capita (liter)	用水普及率（%） Water Coverage Rate (%)
1978	2530.4	35984	787507	275854	6267.1	120.6	81.6
1979	2714.0	39406	832201	309206	6951.0	121.8	82.3
1980	2979.0	42859	883427	339130	7278.0	127.6	81.4
1981	3258.0	46966	969943	367823	7729.3	130.4	53.7
1982	3424.9	51513	1011319	391422	8102.2	132.4	56.7
1983	3539.0	56852	1065956	421968	8370.9	138.1	52.5
1984	3960.9	62892	1176474	465651	8900.7	143.3	49.5
1985	4019.7	67350	1280238	519493	9424.3	151.0	45.1
1986	10407.9	72557	2773921	706971	11757.9	161.9	51.3
1987	11363.6	77864	2984697	759702	12684.6	164.1	50.4
1988	12715.8	86231	3385847	873800	14049.9	170.4	47.6
1989	12821.1	92281	3936648	930619	14786.3	172.4	47.4
1990	14220.3	97183	3823425	1001021	15611.1	175.7	48.0
1991	14584.0	102299	4085073	1159929	16213.2	196.0	54.8
1992	16036.4	111780	4298437	1172919	17280.8	186.0	56.2
1993	16927.9	123007	4502341	1282543	18636.4	188.6	55.2
1994	18215.1	131052	4894620	1422453	20083.0	194.0	56.0
1995	19250.4	138701	4815653	1581451	22165.7	195.4	58.7
1996	19990.0	202613	4660652	1670673	21997.0	208.1	60.7
1997	20565.8	215587	4767788	1757157	22550.1	213.5	61.2
1998	20991.8	225361	4704732	1810355	23169.1	214.1	61.9
1999	21551.9	238001	4675076	1896225	23885.7	217.5	63.5
2000	21842.0	254561	4689838	1999960	24809.2	220.2	63.9
2001	22900.0	289338	4661194	2036492	25832.8	216.0	72.26
2002	23546.0	312605	4664574	2131919	27419.9	213.0	77.85
2003	23967.1	333289	4752548	2246665	29124.5	210.9	86.15
2004	24753.0	358410	4902755	2334625	30339.7	210.8	88.85
2005	24719.8	379332	5020601	2437374	32723.4	204.1	91.09
2006	26965.6	430426	5405246	2220459	32304.1	188.3	86.67 (97.04)
2007	25708.4	447229	5019488	2263676	34766.5	178.4	93.83
2008	26604.1	480084	5000762	2274266	35086.7	178.2	94.73
2009	27046.8	510399	4967467	2334082	36214.2	176.6	96.12
2010	27601.5	539778	5078745	2371488	38156.7	171.4	96.68
2011	26668.7	573774	5134222	2476520	39691.3	170.9	97.04
2012	27177.3	591872	5230326	2572473	41026.5	171.8	97.16

注：1. 1978 年至 1985 年综合供水生产能力为系统内数；1978 年至 1995 年供水管道长度为系统内数。

2. 自 2006 年起，用水普及率指标按城区人口和城区暂住人口合计为分母计算，括号中的数据为往年同口径数据。

Note: 1. Integrated production capacity from 1978 to 1985 is limited to the statistical figure in building secter; Length of water supply pipelines from 1978 to 1995 is limited to the statistical figure in building secter.

2. Since 2006, water coverage rate has been calculated based on denominator which combines both permanent and temporary residents in urban areas, and the datas of brackets are the same index but calculated by the method of past years.

1-1-8　全国历年城市节约用水情况

1-1-8　National Urban Water Conservation in Past Years

指标 Item / 年份 Year	计划用水量（万立方米）Planned Quantity of Water Use (10, 000m^3)	新水取用量（万立方米）Fresh Water Used (10, 000m^3)	工业用水重复利用量（万立方米）Quantity of Industrial Water Recycled (10, 000m^3)	节约用水量（万立方米）Water Saved (10, 000m^3)
1991	1977024	1921307	1985326	211259
1992	2077092	1939390	2843918	205087
1993	2076928	2004922	3000109	218317
1994	2299596	2497236	3375652	276241
1995	2123215	1930610	3626086	235113
1996	6285246	2166806	3345351	235194
1997	2004412	1875974	4429175	260885
1998	2490390	2343370	3978967	278835
1999	2409254	2223035	3966355	287284
2000	2153979	2071731	3811945	353569
2001	2504134	2126401	3881683	377733
2002	2463717	2091365	4849164	372352
2003	2353286	2014528	4572711	338758
2004	2441914	2048488	4183937	393426
2005	2676425	2300332	5670096	376093
2006		2356268	5535492	415755
2007		2295192	6026048	454794
2008		2121034	6547258	659114
2009		2064014	6130645	628692
2010		2161262	6872928	407152
2011		1694727	6334101	406578
2012	9226491	1838306	7388185	400806

注：2006 年至 2011 年，不统计计划用水量指标。

Note：From 2006 to 2011，"Planned Quantity of Water Use" has not been counted.

1-1-9 全国历年城市燃气情况
1-1-9 National Urban Gas in Past Years

指标 Item / 年份 Year	人工煤气 Man-Made Coal Gas				天然气 Natural Gas				液化石油气 LPG				燃气普及率（%）
	供气总量（万立方米） Total Gas Supplied (10,000 m^3)	家庭用量 Domestic Consumption	用气人口（万人） Population with Access to Gas (10,000 persons)	管道长度（公里） Length of Gas Supply Pipeline (km)	供气总量（万立方米） Total Gas Supplied (10,000 m^3)	家庭用量 Domestic Consumption	用气人口（万人） Population with Access to Gas (10,000 persons)	管道长度（公里） Length of Gas Supply Pipeline (km)	供气总量（吨） Total Gas Supplied (ton)	家庭用量 Domestic Consumption	用气人口（万人） Population with Access to Gas (10,000 persons)	管道长度（公里） Length of Gas Supply Pipeline (km)	Gas Coverage Rate (%)
1978	172541	66593	450	4157	69078	4103	24	560	194533	175744	635		14. 40
1979	182748	73557	500	4446	68489	9833	76	751	243576	218797	788		16. 10
1980	195491	83281	561	4698	58937	4893	80	921	290460	269502	924		17. 30
1981	199466	90326	594	4830	93970	8575	83	1059	330987	308028	995		11. 60
1982	208819	94896	630	5258	90421	8938	93	1098	388596	342828	1076		12. 60
1983	214009	89012	703	5967	49071	9443	91	1149	456192	414635	1159		12. 30
1984	231351	96228	768	7353	168568	38258	135	1965	535289	424318	1435		13. 00
1985	244754	107060	911	8255	162099	43268	281	2312	601803	540761	1534		13. 00
1986	337745	139374	951	7990	435887	65262	492	2409	1011308	763590	2041		15. 20
1987	686518	170887	1177	11650	501093	77719	634	5465	1049116	954534	2399		16. 70
1988	667927	171376	1357	13028	573983	73305	748	6186	1730261	1136883	2764		16. 50
1989	841297	204709	1498	14448	591169	91770	896	6849	1898003	1259349	3156		17. 80
1990	1747065	274127	1674	16312	642289	115662	972	7316	2190334	1428058	3579		19. 10
1991	1258088	311430	1867	18181	754616	154302	1072	8054	2423988	1694399	4084		23. 70
1992	1495531	305325	2181	20931	628914	152013	1119	8487	2996699	2019620	4796		26. 30
1993	1304130	345180	2490	23952	637207	139297	1180	8889	3150296	2316129	5770		27. 90
1994	1262712	416453	2889	27716	752436	146938	1273	9566	3664948	2817702	6745		30. 40
1995	1266894	456585	3253	33890	673354	163788	1349	10110	4886528	3701504	8355		34. 30
1996	1348076	472904	3490	38486	637832	138018	1470	18752	5758374	3943604	8864	2762	38. 20
1997	1268944	535412	3735	41475	663001	177121	1656	22203	5786023	4370979	9350	4086	40. 00
1998	1675571	480734	3746	42725	688255	195778	1908	25429	7972947	5478535	9995	4458	41. 80
1999	1320925	494001	3918	45856	800556	215006	2225	29510	7612684	4990363	10336	6116	43. 80
2000	1523615	630937	3944	48384	821476	247580	2581	33655	10537147	5322828	11107	7419	45. 40
2001	1369144	494191	4349	50114	995197	247543	3127	39556	9818313	5583497	13875	10809	60. 42
2002	1989196	490258	4541	53383	1259334	350479	3686	47652	11363884	6561738	15431	12788	67. 17
2003	2020883	583884	4792	57017	1416415	374986	4320	57845	11263475	7817094	16834	15349	76. 74
2004	2137225	512026	4654	56419	1693364	454248	5628	71411	11267120	7041351	17559	20119	81. 53
2005	2558343	458538	4369	51404	2104951	521389	7104	92043	12220141	7065214	18013	18662	82. 08
2006	2964500	381518	4067	50524	2447742	573441	8319	121498	12636613	6936513	17100	17469	79. 11 (88. 58)
2007	3223512	373522	4022	48630	3086365	662198	10190	155271	14667692	7280415	18172	17202	87. 40
2008	3558287	353162	3370	45172	3680393	779917	12167	184084	13291072	6292713	17632	28590	89. 55
2009	3615507	307134	2971	40447	4050996	913386	14544	218778	13400303	6887600	16924	14236	91. 41
2010	2799380	268763	2802	38877	4875808	1171596	17021	256429	12680054	6338523	16503	13374	92. 04
2011	847256	238876	2676	37100	6787997	1301190	19028	298972	11658326	6329164	16094	12893	92. 41
2012	769686	215069	2442	33538	7950377	1558311	21208	342752	11148032	6081312	15683	12651	93. 15

注：自 2006 年起，燃气普及率指标按城区人口和城区暂住人口合计为分母计算，括号中的数据为与往年同口径数据。

Note：Since 2006, gas coverage rate has been calculated based on denominator which combines both permanent and temporary residents in urban areas, and the datas in brackets are the same index but calculated by the method of past years.

1-1-10 全国历年城市集中供热情况

1-1-10 National Urban Centralized Heating in Past Years

指标 Item / 年份 Year	供热能力 Heating Capacity		供热总量 Total Heat Supplied		管道长度（公里） Length of Pipelines (km)		集中供热面积（万平方米）
	蒸汽（吨/小时） Steam (ton/hour)	热水（兆瓦） Hot Water (mega watts)	蒸汽（万吉焦） Steam (10, 000 gigajoules)	热水（万吉焦） Hot Water (10, 000 gigajoules)	蒸汽 Steam	热水 Hot Water	Heated Area (10, 000m^2)
1981	754	440	641	183	79	280	1167
1982	883	718	627	241	37	491	1451
1983	965	987	650	332	67	586	1841
1984	1421	1222	996	454	71	761	2445
1985	1406	1360	896	521	76	954	2742
1986	9630	36103	3467	2704	183	1335	9907
1987	16258	27601	6669	3650	163	1576	15282
1988	18550	32746	5978	4848	209	2193	13883
1989	20177	25987	6782	4334	401	2678	19386
1990	20341	20128	7117	21658	157	3100	21263
1991	21495	29663	8195	21065	656	3952	27651
1992	25491	45386	9267	26670	362	4230	32832
1993	31079	48437	10633	29036	532	5161	44164
1994	34848	52466	10335	32056	670	6399	50992
1995	67601	117286	16414	75161	909	8456	64645
1996	62316	103960	17615	56307	9577	24012	73433
1997	65207	69539	20604	62661	7054	25446	80755
1998	66427	71720	17463	64684	6933	27375	86540
1999	70146	80591	22169	69771	7733	30506	96775
2000	74148	97417	23828	83321	7963	35819	110766
2001	72242	126249	37655	100192	9183	43926	146329
2002	83346	148579	57438	122728	10139	48601	155567
2003	92590	171472	59136	128950	11939	58028	188956
2004	98262	174442	69447	125194	12775	64263	216266
2005	106723	197976	71493	139542	14772	71338	252056
2006	95204	217699	67794	148011	14012	79943	265853
2007	94009	224660	66374	158641	14116	88870	300591
2008	94454	305695	69082	187467	16045	104551	348948
2009	93193	286106	63137	200051	14317	110490	379574
2010	105084	315717	66397	224716	15122	124051	435668
2011	85273	338742	51777	229245	13381	133957	473784
2012	86452	365278	51609	243818	12690	147390	518368

注：1981 年至 1995 年热水供热能力计量单位为兆瓦/小时；1981 年至 2000 年蒸汽供热总量计量单位为万吨。

Note: Heating capacity through hot water from 1981 to 1995 is measured with the unit of maga watts/hour; Heating capacity through steam from 1981 to 2000 is measured with the unit of 10, 000 tons.

1-1-11 全国历年城市道路和桥梁情况

1-1-11 National Urban Roads and Bridges in Past Years

指标 Item / 年份 Year	道路长度（公里） Length of Roads (km)	道路面积（万平方米） Surface Area of Roads (10,000m²)	防洪堤长度（公里） Length of Flood Control Dikes (km)	人均城市道路面积（平方米） Urban Road Surface Area Per Capita (m²)
1978	26966	22539	3443	2.93
1979	28391	24069	3670	2.85
1980	29485	25255	4342	2.82
1981	30277	26022	4446	1.81
1982	31934	27976	5201	1.96
1983	33934	29962	5577	1.88
1984	36410	33019	6170	1.84
1985	38282	35872	5998	1.72
1986	71886	69856	9952	3.05
1987	78453	77885	10732	3.10
1988	88634	91355	12894	3.10
1989	96078	100591	14506	3.22
1990	94820	101721	15500	3.13
1991	88791	99135	13892	3.35
1992	96689	110526	16015	3.59
1993	104897	124866	16729	3.70
1994	111058	137602	16575	3.84
1995	130308	164886	18885	4.36
1996	132583	179871	18475	4.96
1997	138610	192165	18880	5.22
1998	145163	206136	19550	5.51
1999	152385	222158	19842	5.91
2000	159617	237849	20981	6.13
2001	176016	249431	23798	6.98
2002	191399	277179	25503	7.87
2003	208052	315645	29426	9.34
2004	222964	352955	29515	10.34
2005	247015	392166	41269	10.92
2006	241351	411449	38820	11.04 (12.36)
2007	246172	423662	32274	11.43
2008	259740	452433	33147	12.21
2009	269141	481947	34698	12.79
2010	294443	521322	36153	13.21
2011	308897	562523	35051	13.75
2012	327081	607449	33926	14.39

注：自2006年起，人均城市道路面积按城区人口和城区暂住人口合计为分母计算，括号内为与往年同口径数据。

Note: Since 2006, urban road surface per capita has been calculated based on denominator which combines both permanent and temporary residents in urban areas, and the data in brackets are the same index calculated by the method of past years.

1-1-12 全国历年城市排水和污水处理情况

1-1-12 National Urban Drainage and Wastewater Treatment in Past Years

指标 Item / 年份 Year	排水管道长度（公里）Length of Drainage Pipelines (km)	污水年排放量（万立方米）Annual Quantity of Wastewater Discharged (10,000m^3)	污水处理厂 座数（座）Number of Wastewater Treatment Plant (unit)	污水处理厂 处理能力（万立方米/日）Treatment Capacity (10,000m^3/day)	污水年处理量（万立方米）Annual Treatment Capacity (10,000m^3)	污水处理率（%）Wastewater Treatment Rate (%)
1978	19556	1494493	37	64		
1979	20432	1633266	36	66		
1980	21860	1950925	35	70		
1981	23183	1826460	39	85		
1982	24638	1852740	39	76		
1983	26448	2097290	39	90		
1984	28775	2253145	43	146		
1985	31556	2318480	51	154		
1986	42549	963965	64	177		
1987	47107	2490249	73	198		
1988	50678	2614897	69	197		
1989	54510	2611283	72	230		
1990	57787	2938980	80	277		
1991	61601	2997034	87	317	445355	14.86
1992	67672	3017731	100	366	521623	17.29
1993	75207	3113420	108	449	623163	20.02
1994	83647	3030082	139	540	518013	17.10
1995	110293	3502553	141	714	689686	19.69
1996	112812	3528472	309	1153	833446	23.62
1997	119739	3514011	307	1292	907928	25.84
1998	125943	3562912	398	1583	1053342	29.56
1999	134486	3556821	402	1767	1135532	31.93
2000	141758	3317957	427	2158	1135608	34.25
2001	158128	3285850	452	3106	1196960	36.43
2002	173042	3375959	537	3578	1349377	39.97
2003	198645	3491616	612	4254	1479932	42.39
2004	218881	3564601	708	4912	1627966	45.67
2005	241056	3595162	792	5725	1867615	51.95
2006	261379	3625281	815	6366	2026224	55.67
2007	291933	3610118	883	7146	2269847	62.87
2008	315220	3648782	1018	8106	2560041	70.16
2009	343892	3712129	1214	9052	2793457	75.25
2010	369553	3786983	1444	10436	3117032	82.31
2011	414074	4037022	1588	11303	3376104	83.63
2012	439080	4167602	1670	11733	3437868	87.30

注：1978 年至 1995 年污水处理厂座数及处理能力均为系统内数。

Note: Number of wastewater treatment plants and treatment capacity from 1978 to 1995 are limited to the statistical figure in the building sector.

1-1-13 全国历年城市园林绿化情况

1-1-13 National Urban Landscaping in Past Years

计量单位：公顷 Measurement Unit：Hectare

指标 Item / 年份 Year	建成区绿化覆盖面积 Built District Green Coverage Area	建成区绿地面积 Built District Area of Green Space	公园绿地面积 Area of Public Recreational Green Space	公园面积 Park Area	人均公园绿地面积（平方米）Public Recreational Green Space Per Capita (m^2)	建成区绿化覆盖率（%）Green Coverage Rate of Built District (%)	建成区绿地率（%）Green Space Rate of Built District (%)
1981		110037	21637	14739	1.50		
1982		121433	23619	15769	1.65		
1983		135304	27188	18373	1.71		
1984		146625	29037	20455	1.62		
1985		159291	32766	21896	1.57		
1986		153235	42255	30740	1.84	16.90	
1987		161444	47752	32001	1.90	17.10	
1988		180144	52047	36260	1.76	17.00	
1989		196256	52604	38313	1.69	17.80	
1990	246829		57863	39084	1.78	19.20	
1991	282280		61233	41532	2.07	20.10	
1992	313284		65512	45741	2.13	21.00	
1993	354127		73052	48621	2.16	21.30	
1994	396595		82060	55468	2.29	22.10	
1995	461319		93985	72857	2.49	23.90	
1996	493915	385056	99945	68055	2.76	24.43	19.05
1997	530877	427766	107800	68933	2.93	25.53	20.57
1998	567837	466197	120326	73198	3.22	26.56	21.81
1999	593698	495696	131930	77137	3.51	27.58	23.03
2000	631767	531088	143146	82090	3.69	28.15	23.67
2001	681914	582952	163023	90621	4.56	28.38	24.26
2002	772749	670131	188826	100037	5.36	29.75	25.80
2003	881675	771730	219514	113462	6.49	31.15	27.26
2004	962517	842865	252286	133846	7.39	31.66	27.72
2005	1058381	927064	283263	157713	7.89	32.54	28.51
2006	1181762	1040823	309544	208056	8.3 (9.3)	35.11	30.92
2007	1251573	1110330	332654	202244	8.98	35.29	31.30
2008	1356467	1208448	359468	218260	9.71	37.37	33.29
2009	1494486	1338133	401584	235825	10.66	38.22	34.17
2010	1612458	1443663	441276	258177	11.18	38.62	34.47
2011	1718924	1545985	482620	285751	11.80	39.22	35.27
2012	1812488	1635240	517815	306245	12.26	39.59	35.72

注：1. 自2006年起，"公共绿地"统计为"公园绿地"。

2. 自2006年起，"人均公共绿地面积"统计为以城区人口和城区暂住人口合计为分母计算的"人均公园绿地面积"，括号内数据约为与往年同口径数据。

Note：1. Since 2006，Public Green Space is changed to Public Recreatinal Green Space.

2. Since 2006，Public recreational green space per capita has been calculated based on denominator which combines both permanent and temporary resiclents in urban areas，and the datas in brackets are the same index but calculated by the method of past years.

1-1-14 全国历年城市市容环境卫生情况
1-1-14 National Urban Environmental Sanitation in Past Years

指标 Item / 年份 Year	生活垃圾 Domestic Garbage				粪便清运量（万吨） Volume of Soil Collected and Transported (10,000ton)	公厕数量（座） Number of Latrine (unit)	市容环卫专用车辆设备总数（台） Number of Vehicles and Equipment Designated for Municipal Environmental Sanitation (unit)	每万人拥有公厕（座） Number of Latrine per 10,000 Population (unit)
	清运量（万吨） Quantity of Collected and Transported (10,000ton)	无害化处理场(厂)座数（座） Number of Harmless Treatment Plants/Grounds (unit)	无害化处理能力（吨/日） Harmless Treatment Capacity (ton/day)	无害化处理量（万吨） Quantity of Harmlessly Treated (10,000ton)				
1979	2508	12	1937		2156	54180	5316	
1980	3132	17	2107	215	1643	61927	6792	
1981	2606	30	3260	162	1547	54280	7917	3.77
1982	3125	27	2847	190	1689	56929	9570	3.99
1983	3452	28	3247	243	1641	62904	10836	3.95
1984	3757	24	1578	188	1538	64178	11633	3.57
1985	4477	14	2071	232	1748	68631	13103	3.28
1986	5009	23	2396	70	2710	82746	19832	3.61
1987	5398	23	2426	54	2422	88949	21418	3.54
1988	5751	29	3254	75	2353	92823	22793	3.14
1989	6292	37	4378	111	2603	96536	25076	3.09
1990	6767	66	7010	212	2385	96677	25658	2.97
1991	7636	169	29731	1239	2764	99972	27854	3.38
1992	8262	371	71502	2829	3002	95136	30026	3.09
1993	8791	499	124508	3945	3168	97653	32835	2.89
1994	9952	609	130832	4782	3395	96234	34398	2.69
1995	10671	932	183732	6014	3066	113461	39218	3.00
1996	10825	574	155826	5568	2931	109570	40256	3.02
1997	10982	635	180081	6292	2845	108812	41538	2.95
1998	11302	655	201281	6783	2915	107947	42975	2.89
1999	11415	696	237393	7232	2844	107064	44238	2.85
2000	11819	660	210175	7255	2829	106471	44846	2.74
2001	13470	741	224736	7840	2990	107656	50467	3.01
2002	13650	651	215511	7404	3160	110836	52752	3.15
2003	14857	575	219607	7545	3475	107949	56068	3.18
2004	15509	559	238519	8089	3576	109629	60238	3.21
2005	15577	471	256312	8051	3805	114917	64205	3.20
2006	14841	419	258048	7873	2131	107331	66020	2.88 (3.22)
2007	15215	458	279309	9438	2506	112604	71609	3.04
2008	15438	509	315153	10307	2331	115306	76400	3.12
2009	15734	567	356130	11220	2141	118525	83756	3.15
2010	15805	628	387607	12318	1951	119327	90414	3.02
2011	16395	677	409119	13090	1963	120459	100340	2.95
2012	17081	701	446268	14490	1812	121941	112157	2.89

注：1. 1980 年至 1995 年生活垃圾无害化处理厂，无害化处理量为生活垃圾加粪便。

2. 自 2006 年起，生活垃圾填埋场的统计采用新的认定标准，生活垃圾无害化处理数据与往年不可比。

Note: 1. Quantity of Domestic garbage disposed harmlessly from 1980 to 1995 consists of quantity of domestic garbage and soil.

2. Since 2006, treatment of domestic garbage through sanitary landfill has adopted new certification standard, so the datas of harmless treatmented garbage are not compared with the past years.

1-2-1 全国城市市政公用设施水平（2012 年）

地区名称 Name of Regions			人口密度（人/平方公里） Population Density (person/square kilometer)	人均日生活用水量（升） Daily Water Consumption Per Capita (liter)	用水普及率（%） Water Coverage Rate (%)	燃气普及率（%） Gas Coverage Rate (%)	建成区供水管道密度（公里/平方公里） Density of Water Supply Pipelines in Built District (kilometer/square kilometer)	人均道路面积（平方米） Road Surface Area Per Capita (m^2)
全	**国**	**National Total**	**2307**	**171.79**	**97.16**	**93.15**	**12.99**	**14.39**
北	京	Beijing	1464	171.79	100.00	100.00	18.77	7.57
天	津	Tianjin	2782	134.12	100.00	100.00	17.90	17.88
河	北	Hebei	2411	126.23	99.96	99.79	8.82	17.84
山	西	Shanxi	3028	110.93	97.64	95.18	8.43	11.79
内蒙	古	Inner Mongolia	1032	91.12	94.43	84.39	8.80	17.67
辽	宁	Liaoning	1624	128.05	98.45	96.02	13.77	11.55
吉	林	Jilin	2878	111.60	92.38	89.46	7.42	12.61
黑龙	江	Heilongjiang	5054	125.48	94.14	83.39	7.45	11.83
上	海	Shanghai	3754	186.54	100.00	100.00	34.95	4.08
江	苏	Jiangsu	2002	215.44	99.70	99.43	19.54	22.35
浙	江	Zhejiang	1786	195.81	99.88	99.49	19.53	17.88
安	徽	Anhui	2401	165.45	98.02	94.61	11.13	18.47
福	建	Fujian	2388	178.37	99.13	98.60	13.92	14.13
江	西	Jiangxi	4663	175.69	97.67	94.40	10.98	14.99
山	东	Shandong	1349	131.60	99.85	99.48	10.68	24.70
河	南	Henan	4964	104.09	91.76	77.94	8.69	11.08
湖	北	Hubei	2004	215.72	98.24	95.09	13.84	15.85
湖	南	Hunan	3030	212.78	96.42	91.33	11.43	13.49
广	东	Guangdong	2927	246.68	97.62	94.93	15.11	13.42
广	西	Guangxi	1528	248.11	95.30	93.26	13.31	14.74
海	南	Hainan	2079	237.16	97.74	92.15	12.99	18.85
重	庆	Chongqing	1832	148.75	93.84	93.32	9.07	10.67
四	川	Sichuan	2866	195.58	92.04	87.96	12.03	12.72
贵	州	Guizhou	3324	144.88	92.07	71.35	12.74	6.80
云	南	Yunnan	4029	118.29	94.32	66.46	9.32	11.92
西	藏	Tibet	1655	127.69	75.39	29.79	6.98	14.22
陕	西	Shaanxi	5483	174.72	96.15	94.11	6.89	14.71
甘	肃	Gansu	4369	144.02	92.77	77.81	6.92	12.56
青	海	Qinghai	2674	194.19	99.90	92.65	12.56	11.17
宁	夏	Ningxia	1251	156.51	92.30	79.67	5.00	17.56
新	疆	Xinjiang	4312	171.02	99.13	96.60	7.76	14.16

注：本表中北京市的建成区绿化覆盖率和建成区绿地率均为该市调查面积内数据，全国城市建成区绿化覆盖率和建成区

Note：All of the green coverage rate and green space rate for the built-up areas of Beijing Municipality in the Table refer to the data appropriately.

1-2-1 Level of National Urban Service Facilities (2012)

建成区排水管道密度(公里/平方公里) Density of Sewers in Built District (kilometer/square kilometer)	污水处理率(%) Wastewater Treatment Rate (%)	污水处理厂集中处理率 Centralized Treatment Rate of Wastewater Treatment Plants	人均公园绿地面积(平方米) Public Recreational Green Space Per Capita (m^2)	建成区绿化覆盖率(%) Green Coverage Rate of Built District (%)	建成区绿地率(%) Green Space Rate of Built District (%)	生活垃圾处理率(%) Domestic Garbage Treatment Rate (%)	生活垃圾无害化处理率 Domestic Garbage Harmless Treatment Rate	地区名称 Name of Regions
9.64	**87.30**	**82.49**	**12.26**	**39.59**	**35.72**	**93.32**	**84.83**	**全国**
10.04	83.16	82.00	11.87	46.20	44.95	99.12	99.12	北京
24.59	88.24	87.40	10.54	34.88	30.91	99.81	99.81	天津
9.08	94.26	93.55	14.00	40.98	37.24	97.50	81.39	河北
6.44	87.98	84.85	10.82	38.60	34.12	84.71	80.25	山西
8.84	85.57	85.57	15.52	36.17	33.30	96.13	91.22	内蒙古
6.85	84.59	81.89	10.89	40.17	37.40	94.38	87.16	辽宁
6.89	82.35	81.64	10.96	33.94	29.50	93.19	45.79	吉林
5.43	60.77	57.68	11.75	35.98	32.86	50.95	47.58	黑龙江
18.21	91.29	91.29	7.08	38.29	33.76	83.59	83.59	上海
15.56	90.69	74.20	13.63	42.17	38.73	99.09	95.93	江苏
12.97	87.50	84.19	12.47	39.86	36.08	99.33	98.97	浙江
11.72	94.53	86.39	11.92	38.80	34.72	95.28	91.14	安徽
9.54	85.60	81.93	12.10	42.03	38.18	98.60	96.42	福建
8.80	84.25	83.15	14.10	45.95	42.74	100.00	89.05	江西
11.04	94.22	93.09	16.37	42.12	37.79	99.17	98.06	山东
7.79	87.83	86.32	9.23	36.90	32.32	91.05	86.40	河南
9.86	87.12	82.21	10.50	38.86	33.27	93.00	71.51	湖北
7.78	85.84	74.00	8.83	37.01	33.87	98.14	95.01	湖南
8.17	88.33	88.09	15.82	41.23	37.17	90.96	79.11	广东
7.13	87.78	59.26	11.42	37.50	32.54	98.00	98.00	广西
11.35	75.32	75.32	12.01	41.19	36.97	99.91	99.91	海南
8.42	90.07	89.01	18.13	42.94	39.89	99.28	99.28	重庆
9.86	83.63	76.12	10.79	38.69	34.59	94.55	88.29	四川
6.22	91.39	91.39	9.38	32.80	28.26	94.80	91.92	贵州
6.14	94.74	90.06	10.43	39.30	35.29	99.45	82.70	云南
2.97	0.06	0.06	9.40	32.41	28.67	96.88		西藏
7.39	88.49	87.64	11.58	40.36	33.51	97.23	88.49	陕西
4.82	75.38	64.62	9.52	30.02	26.38	98.05	41.68	甘肃
9.46	60.36	60.36	9.81	32.50	31.65	93.51	89.21	青海
3.11	93.36	67.93	15.71	38.37	36.65	92.49	70.64	宁夏
5.16	84.34	82.36	10.00	35.88	32.67	93.93	78.74	新疆

绿地率作适当修正。

for the areas surveyed in the city. The green coverage rate and green space rate for the nationwide urban built-up areas have been revised

1-2-2 全国城市人口和建设用地（2012 年）

地区名称 Name of Regions		市区面积 Urban District Area	市区人口 Urban District Population	市区暂住人口 Urban District Temporary Population	城区面积 Urban Area	城区人口 Urban Population	城区暂住人口 Urban Temporary Population	建成区面积 Area of Built District	小计 Subtotal
全国	**National Total**	**1911794.30**	**68671.18**	**7982.93**	**183039.42**	**36989.68**	**5237.11**	**45565.76**	**45750.67**
北京	Beijing	16410.00	2069.30		12187.00	1783.70		1261.11	1445.01
天津	Tianjin	7398.86	815.62	62.22	2334.47	596.87	52.54	722.14	722.14
河北	Hebei	32164.77	2775.87	141.71	6611.24	1498.77	95.27	1738.89	1609.33
山西	Shanxi	28753.61	1597.72	140.47	3427.17	954.45	83.34	1013.84	944.09
内蒙古	Inner Mongolia	147096.24	901.05	185.59	8500.97	712.75	164.71	1132.78	1198.84
辽宁	Liaoning	65714.87	3067.53	171.63	13966.53	2117.90	150.78	2329.08	2261.31
吉林	Jilin	101819.49	2210.14	105.10	3956.61	1049.64	89.17	1293.82	1209.78
黑龙江	Heilongjiang	163225.12	2195.84	86.11	2718.31	1294.99	78.94	1725.45	1747.71
上海	Shanghai	6340.50	2380.43		6340.50	2380.43		998.75	2904.25
江苏	Jiangsu	60533.26	5112.69	762.44	13957.00	2542.24	251.26	3655.05	3701.86
浙江	Zhejiang	52992.90	3242.50	981.69	10515.23	1430.37	447.87	2296.33	2246.68
安徽	Anhui	37143.36	2339.05	254.67	5569.09	1129.00	207.95	1696.01	1682.02
福建	Fujian	44147.83	1959.99	531.73	4500.88	820.90	253.76	1203.14	1126.05
江西	Jiangxi	32230.01	1631.08	103.34	1949.64	829.89	79.24	1077.61	1034.27
山东	Shandong	83994.90	5473.40	257.27	21421.45	2738.74	151.96	3926.97	3854.39
河南	Henan	42020.38	3929.42	486.47	4628.01	1863.60	433.83	2219.07	2083.42
湖北	Hubei	86372.44	3911.40	254.10	9052.31	1606.65	207.69	1889.61	2126.73
湖南	Hunan	47729.93	2560.97	153.16	4623.47	1282.88	118.11	1465.07	1430.16
广东	Guangdong	83308.39	6587.34	1740.92	15984.06	3439.76	1239.48	5026.44	4083.37
广西	Guangxi	56336.60	1954.75	183.30	6067.38	757.57	169.34	1083.57	1029.77
海南	Hainan	17291.79	616.67	83.50	1149.13	195.05	43.91	265.59	253.38
重庆	Chongqing	29622.29	1780.36	289.71	6105.70	900.53	217.77	1051.71	859.47
四川	Sichuan	56910.94	3470.17	233.42	6204.99	1642.82	135.49	1901.72	1855.64
贵州	Guizhou	24432.27	1024.05	161.64	1816.64	513.42	90.38	586.06	555.53
云南	Yunnan	55143.37	1253.86	276.10	2143.79	655.89	207.85	859.87	846.58
西藏	Tibet	5355.00	38.65	29.21	337.00	32.97	22.79	119.70	111.03
陕西	Shaanxi	31300.00	1537.76	56.65	1504.44	782.72	42.10	863.51	776.18
甘肃	Gansu	87361.07	887.90	75.34	1292.43	511.61	53.03	681.55	642.69
青海	Qinghai	147383.50	159.62	15.28	512.28	124.19	12.77	122.11	121.98
宁夏	Ningxia	22724.08	338.46	38.66	2103.16	228.91	34.16	399.57	332.94
新疆	Xinjiang	238536.53	847.59	121.50	1558.54	570.47	101.62	959.64	954.07

1-2-2 National Urban Population and Construction Land（2012）

面积计量单位：平方公里 Area Measurement Unit：Square Kilometer
人口计量单位：万人 Population Measurement Unit：10,000 persons

城市建设用地面积 Area of Urban Construction Land									本年征用土地面积		地区名称
居住用地 Residential	公共管理与公共服务用地 Administration and Public Services	商业服务业设施用地 Commercial and Business Facilities	工业用地 Industrial, Manufacturing	物流仓储用地 Logistics and Warehouse	道路交通设施用地 Road, Street and Transportation	公用设施用地 Municipal Utilities	绿地与广场用地 Green Space and Square	特殊用地 Land for Special Purposes	Area of Land Requisition This Year	耕地 Arable Land	Name of Regions
14283.43	**4481.77**	**3084.76**	**8712.44**	**1378.45**	**5462.72**	**2130.24**	**4771.19**	**2161.48**	**992.24**	**775.30**	**全　国**
								42.16	7.07	15.90	北　京
194.79	49.35	40.00	165.14	52.99	116.34	20.93	82.60	55.70	25.53	20.81	天　津
558.46	167.62	99.41	244.20	57.50	199.37	85.26	197.51	19.72	7.16	10.55	河　北
309.85	121.44	40.13	184.69	36.67	74.24	78.56	98.51	26.75	13.29	7.94	山　西
386.09	115.73	80.80	213.63	39.30	139.87	73.55	149.87	17.94	3.34	2.65	内蒙古
783.94	177.98	150.40	518.51	76.19	256.41	67.62	230.26	194.81	102.33	95.41	辽　宁
428.70	100.73	80.14	250.05	35.58	155.63	61.83	97.12	55.99	35.39	54.98	吉　林
624.51	162.67	141.79	272.62	73.95	201.06	75.73	195.38	39.65	8.83	17.64	黑龙江
1065.55	160.16	135.21	736.80	86.29	414.51	117.88	187.85	42.04	25.48		上　海
1143.75	305.71	300.44	839.49	101.93	411.31	159.75	439.48	245.90	104.28	74.32	江　苏
626.96	195.82	176.91	541.32	52.92	324.41	107.01	221.33	115.24	65.36	50.10	浙　江
542.78	164.13	142.39	301.43	49.58	198.07	76.18	207.46	128.62	52.38	53.00	安　徽
359.60	143.56	73.48	235.21	30.97	116.84	49.41	116.98	72.49	19.88	13.66	福　建
320.70	94.31	88.74	197.98	29.47	126.65	51.08	125.32	65.85	29.04	16.55	江　西
1143.35	435.57	276.36	819.51	120.49	444.54	180.15	434.42	150.70	66.96	49.27	山　东
612.01	242.86	130.96	305.91	72.66	323.04	98.11	297.87	44.66	19.23	14.46	河　南
652.38	271.43	106.88	485.49	65.33	254.87	104.77	185.58	34.28	5.14	29.88	湖　北
507.62	195.09	85.19	227.18	43.12	110.11	127.25	134.60	69.07	31.00	30.89	湖　南
1279.29	413.49	310.72	950.10	93.62	512.84	128.41	394.90	286.26	161.69	21.15	广　东
322.49	116.72	54.26	162.72	38.43	174.13	48.69	112.33	88.94	38.50	54.25	广　西
91.42	31.35	5.13	17.62	4.31	49.15	11.84	42.56	11.17	1.23	0.53	海　南
277.56	79.85	52.14	183.19	19.13	138.93	25.27	83.40	75.33	35.48	25.77	重　庆
587.76	213.60	125.18	350.49	36.95	214.46	135.01	191.55	71.11	34.96	32.56	四　川
169.64	64.94	33.32	86.70	22.65	70.42	25.81	82.05	17.07	7.11	0.60	贵　州
348.44	93.64	109.78	47.29	28.76	72.67	61.06	84.94	62.48	22.32	25.85	云　南
40.26	10.51	11.70	12.13	1.50	7.10	11.91	15.92			0.71	西　藏
210.91	130.04	100.64	79.90	21.07	99.03	35.18	99.41	28.68	17.48	20.92	陕　西
184.60	72.00	49.12	96.67	22.91	82.79	26.79	107.81	52.88	28.09	18.54	甘　肃
53.37	13.58	4.20	10.53	14.88	7.91	9.22	8.29	2.89	0.27	0.69	青　海
114.17	47.13	15.86	32.70	11.58	52.07	15.96	43.47	10.69	8.78	9.70	宁　夏
342.48	90.76	63.48	143.24	37.72	113.95	60.02	102.42	32.41	14.64	6.02	新　疆

1-2-3 全国城市维护建设资金（财政性资金）收支（2012 年）

地区名称 Name of Regions		城市维护建设资金收入 Revenue of Urban Maintenance									
		合计 Total	中央财政拨款 Financial Allocation from Central Government Budget	省级财政拨款 Financial Allocation from Provincial Government Budget	市财政资金						
					小计 Subtotal	市财政专项拨款 Special Financial Allocation from City Government Budget	城市维护建设税 Urban Maintenance and Construction Tax	城市公用事业附加 Extra-Charges for Municipal Utilities	市政公用设施配套费 Fee for Expansion of Municipal Utilities Capacity	市政公用设施有偿使用费 Fee for Use of Municipal Utilities	过桥过路费 Tolls on Roads and Bridges
全国	**National Total**	**119233467**	**2453300**	**2516423**	**110277638**	**24736046**	**14797543**	**1663517**	**5988665**	**3510982**	**753871**
北京	Beijing	18436572			18436572	6455670	1603445	162035		101414	
天津	Tianjin	1687948	16100	87755	1184628	649866	150644		218332		
河北	Hebei	3575184	27111	2140	3296396	384269	518740	91114	91239	79529	6817
山西	Shanxi	1921217	28289	9738	1827791	384561	375175	16900	94292	26927	
内蒙古	Inner Mongolia	1726507	14396	3434	1690217	755683	310210	33483	24066	9880	534
辽宁	Liaoning	6376488	114061	32041	5966032	184613	798075	70313	316552	116005	526
吉林	Jilin	1369846	51885	26706	1277320	421713	416958	20707	148432	39503	7166
黑龙江	Heilongjiang	2126914	153760	21590	1849420	265053	444364	22859	147719	41301	26078
上海	Shanghai	2372764	70588		2302176	1095736		175901	71706	270000	270000
江苏	Jiangsu	10292341	44391	193601	9798947	2186105	1687198	165238	667407	391513	15698
浙江	Zhejiang	5352956	60230	23223	5219234	1360513	711466	43811	61799	257475	7439
安徽	Anhui	3908590	104366	25148	3717487	966850	352554	16281	129015	89681	
福建	Fujian	5579730	131770	15551	5390647	161123	563708	72645	100178	161448	35000
江西	Jiangxi	3594547	27782	9890	3458291	954097	181329	16200	133289	45683	3618
山东	Shandong	10257592	78813	45269	9997228	1807592	1227617	99985	1226599	245247	192
河南	Henan	3059135	35522	17726	1982095	265051	445143	62037	276093	80070	
湖北	Hubei	2458489	85707	23970	2339407	421239	458254	19877	112161	147271	2950
湖南	Hunan	2890702	80498	145202	2595601	328647	652494	52451	171309	111467	8452
广东	Guangdong	10648858	69804	181022	10147864	1761428	1713178	253671	462609	622249	140513
广西	Guangxi	3252268	112268	60146	2638888	313517	293975	49586	53874	121930	53617
海南	Hainan	665467	3781	500	661186	116946	45010	17371	95578	34075	
重庆	Chongqing	3623844	73681	782427	2755701	784850	317836	37351	606284	53722	5178
四川	Sichuan	3596997	161838	115312	3256949	1391435	414554	69038	191929	170376	73866
贵州	Guizhou	406502	12073	5210	389199	170150	51876	4837	8723	13092	
云南	Yunnan	3169577	595449	338313	2218790	181975	210608	3774	115147	38444	300
西藏	Tibet	8324			8324	7307	657	360			
陕西	Shaanxi	3441368	113819	81210	2946257	518487	293692	18718	216155	114948	24500
甘肃	Gansu	765360	66242	46721	611958	91330	159106	12824	28037	20924	2100
青海	Qinghai	244529	44775	83126	116628	7175	36772	5422	20131	10745	2813
宁夏	Ningxia	676989	15465	125412	535882	146210	86169	33196	4809	4092	
新疆	Xinjiang	1745862	58836	14040	1660523	196855	276736	15532	195201	91971	66514

注：本表中北京市无法细分用于城市市政公用设施维护建设的土地出让转让收入资金，因此数据较大。

Note: As Beijing Municipality is unable to subdivide data on land transfer revenue used for maintenance and development of urban

1-2-3 National Revenue and Expenditure of Urban Maintenance and Construction Fund (Fiscal Budget) (2012)

计量单位：万元 Measurement Unit：10,000 RMB

and Construction Fund						城市维护建设资金支出 Expenditure of Urban Maintenance and Construction Fund					地区名称
City Fiscal Fund					其他财政资金	合计	维护支出	固定资产投资支出	其他支出		
污水处理费	垃圾处理费	土地出让转让收入	水资源费	其他收入						偿还贷款	
Wastewater Treatment Fee	Garbage Treatment Fee	Land Transfer Revenue	Water Resource Fee	Other Revenues	Others	Total	Maintenance Expenditure	Expenditure from Investment in Fixed Assets	Other Expenditures	Payment for Loans	Name of Regions
1841666	**581785**	**55084787**	**413782**	**4082316**	**3986106**	**101981275**	**20228860**	**63505657**	**18246758**	**11369559**	**全　国**
101414		10013032	100976			8106944	4307560	3799384			北　京
		150368		15418	399465	1688364	278509	1224609	185246	184846	天　津
57396	14314	1938760	21899	170846	249537	3208252	571697	1493145	1143410	801695	河　北
13127	11753	814432	9377	106127	55399	2573185	285655	1698068	589462	186474	山　西
4546	3471	546503	6070	4322	18460	1632103	346931	1158575	126597	19237	内蒙古
59004	8076	4413320	8371	58783	264354	4229221	894757	2684348	650116	418834	辽　宁
23242	3466	182351	2352	45304	13935	1608405	491250	592296	524859	496010	吉　林
12528	1908	820184	4154	103786	102144	2163245	399543	1365432	398270	241304	黑龙江
		237968		450865		2382074	175901	174819	2031354	2031354	上　海
285523	84561	4321557	93419	286510	255402	9500522	1404370	6218531	1877621	1048517	江　苏
201278	37245	2318977	5214	459979	50269	4855338	871664	3447931	535743	261320	浙　江
54431	13057	1948618	3697	210791	61589	4337081	936835	2950654	449592	249112	安　徽
90395	22804	4202279	5096	124170	41762	6734107	168799	6266415	298893	162061	福　建
24764	5142	1734068	1310	392315	98584	3605071	256648	3132978	215445	80506	江　西
178305	46894	5138851	59057	192280	136282	7847438	1308464	5718147	820827	473406	山　东
66757	13043	799808	17760	36133	1023792	2752148	639985	1673173	438990	438575	河　南
69894	14287	846709	8148	325748	9405	2038845	231853	1411116	395876	195053	湖　北
72824	22161	1134518	9486	135229	69401	2862082	675885	1578627	607570	524501	湖　南
288387	183450	5174663	31076	128990	250168	8777348	3012854	4146267	1618227	758498	广　东
44204	16574	1666409	2713	136884	440966	3048818	340514	1124357	1583947	1023380	广　西
13967	7838	328079	267	23860		516373	65135	268242	182996	44502	海　南
24681	13051	919429	2541	33688	12035	3607139	512168	1612109	1482862	995082	重　庆
73803	15669	932679	764	86174	62898	3308919	559487	2497695	251737	142809	四　川
11001	2091	90594	155	49772	20	513260	61675	425027	26558	223	贵　州
31190	6224	1601577	3053	64212	17025	2884786	244286	2330738	309762	215997	云　南
						7467	7467				西　藏
8997	12669	1481043	2790	300424	300082	3964042	427679	2631943	904420	18200	陕　西
10823	4388	297966	1268	503	40439	703478	226265	421547	55666	36985	甘　肃
3752	3533	27879	8096	408		241168	80965	153742	6461	5880	青　海
3408	684	248418	747	12241	230	552785	85371	307986	159428	72697	宁　夏
12025	13432	753748	3926	126554	12463	1731267	358688	997756	374823	242501	新　疆

public infrastructure into smaller categories, relevant figures in the Table appear to be relatively large in amount.

1-2-4 按行业分全国城市市政公用设施建设固定资产投资（2012 年）

地区名称 Name of Regions		本年完成投资 Completed Investment of This Year	供水 Water Supply	燃气 Gas Supply	集中供热 Central Heating	轨道交通 Urban Rail Transit System	道路桥梁 Road and Bridge	排水 Sewerage
全　国	**National Total**	**152964082**	**4103827**	**4144852**	**6302635**	**20644539**	**74024553**	**7044835**
北　京	Beijing	12162405	200013	253410	691449	3852795	3355409	400789
天　津	Tianjin	6540958	40081	159272	58738	923076	3042803	96370
河　北	Hebei	5202841	88115	238308	498758	111	2360788	265854
山　西	Shanxi	3356831	71964	270464	854342	1200	1416391	49193
内蒙古	Inner Mongolia	6079229	260040	97081	578718	3000	3474372	296501
辽　宁	Liaoning	8262694	208020	206221	909507	1145697	3545010	669831
吉　林	Jilin	2728689	100458	80208	201860	175077	1928225	50882
黑龙江	Heilongjiang	3553700	93367	106511	592182	72200	1541232	135233
上　海	Shanghai	3393269	254264	138720		1771279	603836	170844
江　苏	Jiangsu	13797311	614522	239189	9768	2783848	6543401	720955
浙　江	Zhejiang	6533208	204532	157165	2446	1484016	3128279	255704
安　徽	Anhui	6339795	198007	110600	20290	55175	4118822	355283
福　建	Fujian	5108988	173531	50646		331210	3212368	192917
江　西	Jiangxi	7813525	77017	745094		725600	3494090	144547
山　东	Shandong	9150818	362110	424822	701319	240733	3952703	518098
河　南	Henan	3046018	94553	141830	116210	281656	1584366	256864
湖　北	Hubei	8577231	130919	80576	6636	1404168	4852427	947621
湖　南	Hunan	6340166	92188	41318		464100	3156209	180476
广　东	Guangdong	6586058	133468	155654		2377075	2399678	261968
广　西	Guangxi	3367433	126756	30466		105306	2260162	144828
海　南	Hainan	698192	17775	1856			462692	114712
重　庆	Chongqing	4607586	119377	26200		995152	2569957	154071
四　川	Sichuan	6530341	85105	53566		820487	4564414	244019
贵　州	Guizhou	1385437	46267	30445			1186129	34773
云　南	Yunnan	1278326	98781	3984			834891	94676
西　藏	Tibet	45585					43267	786
陕　西	Shaanxi	4032828	41336	77495	101485	631578	1488116	97578
甘　肃	Gansu	2013513	47406	18899	103789		1459512	48750
青　海	Qinghai	416236	7566	7812	12331		299172	8247
宁　夏	Ningxia	334884	18037	24300	39143		160696	7294
新　疆	Xinjiang	3679987	98252	172740	803664		985136	125171

1-2-4 National Fixed Assets Investment in Urban Service Facilities by Industry (2012)

计量单位：万元 Measurement Unit：10，000 RMB

			防洪	园林绿化	市　容 环境卫生		其他	本年新增 固定资产	地区名称
污水处理	污泥处置	再生水 利　用				垃圾处理			
Wastewater Treatment	Sludge Disposal	Wastewater Recycled and Reused	Flood Control	Landscaping	Environmental Sanitation	Domestic Garbage Treatment	Other	Newly Added Fixed Assets of This Year	Name of Regions
2375886	**170360**	**417723**	**2492193**	**17986674**	**2964754**	**1108933**	**13255220**	**93908964**	**全　国**
73915	1500	296250	15391	1538045	245277	27994	1609827	3174952	北　京
1435		7866	46970	582542	85321	82429	1505785	1429853	天　津
153506		600	676232	636925	106510	26385	331240	4418829	河　北
29364		900	4005	501599	34052	26098	153621	2431760	山　西
70062	9000	19349	37237	1262789	64371	26052	5120	4153773	内蒙古
195897	407	800	52927	1207368	219080	19890	99033	6864716	辽　宁
35120				148830	36949	17104	6200	2136547	吉　林
66864		232	4113	260315	78204	23297	670343	2566023	黑龙江
585	43400		39789	193000	149831	117288	71706	2374523	上　海
299786	56990	5036	224667	2159628	212947	28195	288386	8891860	江　苏
93228	29170	3998	133328	722560	132773	55471	312405	3910912	浙　江
119723	2000	1113	287460	1033701	121712	72140	38745	4199787	安　徽
82621	771		25697	475659	147638	86943	499322	3109090	福　建
63963	3534	3650	155656	930401	59225	8786	1481895	2725364	江　西
209187		12276	138093	1760138	243773	75030	809029	6464288	山　东
115701		6990		501140	69399	44954		2403111	河　南
123528	1800		4348	554619	194977	64204	400940	8336211	湖　北
80480			265021	379454	265525	95795	1495875	2413929	湖　南
195868	3076	30204	93158	432893	141521	53550	590643	4276556	广　东
61900	1943		47547	555224	86008	25912	11136	1851561	广　西
15680		360	3650	74181	23326	2421		656783	海　南
61018	12733		37330	653055	27757	1130	24687	2265339	重　庆
58389	517		22617	325801	38937	19246	375395	4116962	四　川
14149	3519	2000		73255	5068	1100	9500	1418573	贵　州
34201		18637	4493	71243	63017	59776	107241	1288675	云　南
				1532				17527	西　藏
43620		500	55563	273413	42338	13365	1223926	1849253	陕　西
33839		2000	47922	260029	10289	3723	16917	414658	甘　肃
			68250	11878	980	980		421090	青　海
1224			729	40292	5063		39330	312119	宁　夏
41033		4962		365165	52886	29675	1076973	3014340	新　疆

1-2-5 按资金来源分全国城市市政公用设施建设固定资产投资（2012 年）

地区名称 Name of Regions		合计 Total	上年末结余资金 The Balance of The Previous Year	本年资金来源 小计 Subtotal	中央财政拨款 Financial Allocation from The Central Government Budget	地方财政拨款 Financial Allocation from Local Governments Budget	国内贷款 Domestic Loan
全　国	**National Total**	**152642270**	**5953561**	**146688709**	**1711442**	**44465619**	**43666600**
北　京	Beijing	11315748	1591837	9723911	74880	3764923	2449956
天　津	Tianjin	7729648	223599	7506049	93170	702364	5093562
河　北	Hebei	5073855	78703	4995152	46776	948303	488192
山　西	Shanxi	3400233	12557	3387676	24954	2112637	200436
内蒙古	Inner Mongolia	5644748	2710	5642038	37434	1220702	192152
辽　宁	Liaoning	7952213	238682	7713531	68302	2088217	2136876
吉　林	Jilin	2460885	103813	2357072	25572	249063	1537152
黑龙江	Heilongjiang	3388367	159722	3228645	104952	1221575	573721
上　海	Shanghai	3128581	79262	3049319	70122	417866	1507311
江　苏	Jiangsu	14205950	496623	13709327	91809	4856750	4340301
浙　江	Zhejiang	6686847	218935	6467912	38532	1978581	2250758
安　徽	Anhui	6008115	86573	5921542	85921	2723892	851667
福　建	Fujian	5362547	391744	4970803	68690	2370377	403723
江　西	Jiangxi	7656657	243559	7413098	62080	1753568	765500
山　东	Shandong	8363686	214203	8149483	49255	5125744	343418
河　南	Henan	3454495	565607	2888888	30672	1195804	711942
湖　北	Hubei	9181025	42873	9138152	106746	676101	6721114
湖　南	Hunan	6307497	65298	6242199	130587	895411	1618960
广　东	Guangdong	6738444	272937	6465507	38604	1866638	2639573
广　西	Guangxi	3548510	116225	3432285	18147	1029919	1261984
海　南	Hainan	904918	160526	744392	4700	126939	504091
重　庆	Chongqing	5078367	43759	5034608	72341	1082180	2239558
四　川	Sichuan	5572747	101386	5471361	115521	2757510	1212821
贵　州	Guizhou	1624204	58358	1565846	13069	277052	741952
云　南	Yunnan	1474551	143105	1331446	46173	393317	120640
西　藏	Tibet	26542		26542	13040	8499	
陕　西	Shaanxi	4154494	119285	4035209	13350	1543940	1092864
甘　肃	Gansu	1881636	91955	1789681	42298	203450	254363
青　海	Qinghai	450030	1708	448322	43159	134416	177191
宁　夏	Ningxia	294291	14769	279522	17793	110461	18936
新　疆	Xinjiang	3572439	13248	3559191	62793	629420	1215886

1-2-5 National Fixed Assets Investment in Urban Service Facilities by Capital Source (2012)

计量单位：万元　Measurement Unit：10, 000 RMB

Sources of Fund						各项应付款	地区名称
债券	利用外资		自筹资金		其他资金		
		外商直接投资		单位自有资金			
Securities	Foreign Investment	Foreign Direct Investment	Self-Raised Funds	Self-Owned Funds	Other Funds	Sum Payable This Year	Name of Regions
268212	**1507860**	**295336**	**37405165**	**9040113**	**17663811**	**16321588**	**全　国**
			1567209	968995	1866943	2762780	北　京
			1248553	732003	368400	2420969	天　津
	14615	13630	2406127	229991	1091139	153534	河　北
	18490		963705	559754	67454	224544	山　西
			3860542	505081	331208	13499	内蒙古
	91551	54100	2887757	1752123	440828	378704	辽　宁
1070	10559		431411	70415	102245	286802	吉　林
23650	75002	72960	1126590	243855	103155	519117	黑龙江
	52900		999523	173274	1597	393724	上　海
	6070	4500	3259880	930516	1154517	1806136	江　苏
3000	4822	1222	2120440	316434	71779	371406	浙　江
	45386		1732704	376738	481972	505945	安　徽
46522			1371546	69736	709945	46052	福　建
13392	75109	18705	1127493	213701	3615956	277493	江　西
23703	283240	5146	1605716	465317	718407	1127923	山　东
800	5193	3167	906375	140416	38102	287253	河　南
26976	35760	2760	1328150	62525	243305	285265	湖　北
13000	522461	15468	2111977	74304	949803	115529	湖　南
8912	116902	93502	931265	257440	863613	829317	广　东
5	5846	5846	937441	225097	178943	230381	广　西
12633	20113		29559	5550	46357	13305	海　南
	38763	450	451832	91207	1149934	165507	重　庆
34006	12342	2500	615425	129735	723736	1409828	四　川
46206	3500		264417	33070	219650	228548	贵　州
	14769	1380	414639	720	341908	258120	云　南
					5003		西　藏
10000	15400		858532	226897	501123	573425	陕　西
2186	17522		266705	48482	1003157	338618	甘　肃
			93556	962		54744	青　海
2151			76706	24541	53475	150386	宁　夏
	21545		1409390	111234	220157	92734	新　疆

1-2-6 全国城市市政公用设施建设施工规模和新增生产能力（或效益）(2012年)

指标名称	Index	计量单位	Measurement Unit
1. 供水综合生产能力	1. Integrated Water Production Capacity	万立方米/日	10,000m^3/day
2. 供水管道长度	2. Length of Water Pipelines	公里	Kilometer
3. 人工煤气生产能力	3. Production Capacity of Man-made Coal Gas	万立方米/日	10,000m^3/day
4. 人工煤气储气能力	4. Storage Capacity of Man-made Coal Gas	万立方米	10,000m^3
5. 人工煤气供气管道长度	5. Length of Man-made Gas Pipelines	公里	Kilometer
6. 天然气储气能力	6. Storage Capacity of Natural Gas	万立方米	10,000m^3
7. 天然气供气管道长度	7. Length of Natural Gas Pipelines	公里	Kilometer
8. 液化石油气储气能力	8. LPG Storage Capacity	吨	Ton
9. 液化石油气供气管道长度	9. Length of LPG Pipelines	公里	Kilometer
10. 集中供热能力：蒸汽	10. Central Heating Capacity（Steam）	吨/小时	Ton/Hour
11. 集中供热能力：热水	11. Central Heating Capacity（Hot Water）	兆瓦	Mega Watts
12. 集中供热管道长度：蒸汽	12. Length of Central Heating Pipelines（Steam）	公里	Kilometer
13. 集中供热管道长度：热水	13. Length of Central Heating Pipelines（Hot Water）	公里	Kilometer
14. 轨道交通运营线路长度	14. Length of Operational Lines for Rail Transit	公里	Kilometer
15. 桥梁座数	15. Number of Bridges	座	Unit
16. 道路新建、扩建长度	16. Length of Extension of Roads and New Roads	公里	Kilometer
17. 道路新建、扩建面积	17. Surface Area of Extension of Roads and New Roads	万平方米	10,000m^2
18. 排水管道长度	18. Length of Sewerage Pipelines	公里	Kilometer
19. 污水处理厂处理能力	19. Wastewater Treatment Capacity	万立方米/日	10,000m^3/day
20. 再生水管道长度	20. Length of Recycled Water Pipelines	公里	Kilometer
21. 再生水生产能力	21. Recycled Water Production Capacity	万立方米/日	10,000m^3/day
22. 绿地面积	23. Area of Green Space	公顷	Hectare
23. 垃圾无害化处理能力	24. Garbage Treatment Capacity	吨/日	Ton/day

1-2-6 National Urban Service Facilities Construction Scale and Newly Added Production Capacity (or Benefits) (2012)

建设规模 Construction Scale	本年施工规模 Construction Scale This Year	本年新开工 Newly Started This Year	累计新增生产能力（或效益） Accumulative Newly Added Production Capicity (or Benefits)	本年新增 Newly Added This Year
1236	865	584	549	523
29105	21875	19417	19193	18653
267	228	217	267	228
25	22	22	22	22
1204	1204	1204	1201	1201
2354	1369	1171	1024	869
38063	30506	23801	29813	23400
10496	10296	4456	8877	3037
577	370	344	521	363
7898	6388	5543	6388	5543
30595	28727	25617	19783	17836
1201	1138	769	1048	657
8363	7520	6936	6730	6234
1192	1021	214	501	228
2140	1798	1406	1362	1190
29502	21924	19075	14320	13196
52007	43377	37224	32600	31713
40941	27391	22439	22529	20519
1425	1148	547	627	521
666	315	272	257	248
128	87	68	47	47
76944	68092	61899	58761	55539
74493	64063	39510	29734	23939

1-2-7 城市供水（2012 年）

地区名称 Name of Regions		综合生产能力（万立方米/日）Integrated Production Capacity (10,000 m^3/day)	地下水 Underground Water	供水管道长度（公里）Length of Water Supply Pipelines (km)	供水总量（万立方米）合计 Total	生产运营用水 The Quantity of Water for Production and Operation	公共服务用水 The Quantity of Water for Public Service	居民家庭用水 The Quantity of Water for Household Use
全 国	**National Total**	**27177.32**	**6329.17**	**591872.11**	**5230325.98**	**1592723.41**	**711109.06**	**1848187.96**
北 京	Beijing	1644.19	1410.73	23674.10	159645.61	22317.09	47055.87	64683.51
天 津	Tianjin	439.54	81.41	12926.20	77217.64	30548.63	9008.51	23447.79
河 北	Hebei	974.18	715.88	15344.37	172396.34	64756.56	23120.80	49840.47
山 西	Shanxi	442.48	224.54	8549.90	82438.15	30996.44	6905.78	33998.44
内蒙古	Inner Mongolia	378.70	297.64	9967.29	64869.58	23027.51	9477.29	18078.09
辽 宁	Liaoning	1339.10	527.39	32062.11	274953.42	97402.69	38975.29	65203.69
吉 林	Jilin	747.49	92.24	9599.83	106530.36	33603.19	15324.83	27262.04
黑龙江	Heilongjiang	891.03	336.08	12847.45	152154.27	60561.88	18040.77	41036.93
上 海	Shanghai	1145.00	4.75	34904.09	309704.29	53826.43	62483.17	99596.97
江 苏	Jiangsu	2749.84	94.13	71412.81	492790.94	200532.40	61464.45	153553.42
浙 江	Zhejiang	1537.79	4.01	44841.39	281165.33	100337.53	30777.58	103229.47
安 徽	Anhui	1029.37	114.63	18869.15	156887.62	47010.09	19443.15	59439.10
福 建	Fujian	721.00	17.42	16743.33	146327.94	42842.88	14223.89	54912.27
江 西	Jiangxi	435.90	12.54	11830.56	94594.60	15907.07	16039.32	40512.57
山 东	Shandong	1644.45	682.65	41934.47	327449.02	143546.25	42709.89	95224.08
河 南	Henan	1042.31	552.30	19287.96	188538.03	73651.07	20188.46	59228.24
湖 北	Hubei	1327.98	32.48	26146.27	259048.82	61772.09	32661.07	107360.00
湖 南	Hunan	999.48	102.53	16747.40	186470.57	35229.19	20113.06	82806.40
广 东	Guangdong	3531.36	28.62	75935.41	817348.47	216226.84	116879.59	293810.66
广 西	Guangxi	664.97	55.03	14423.59	156784.86	58546.91	15636.24	63373.49
海 南	Hainan	151.70	38.30	3450.56	39045.21	3070.68	4784.34	15423.01
重 庆	Chongqing	447.83	5.21	9533.98	95902.70	22842.47	9912.48	46893.81
四 川	Sichuan	822.77	133.88	22880.14	190304.25	42245.74	27601.62	88918.69
贵 州	Guizhou	250.35	10.97	7466.45	48886.31	8105.53	5172.98	24161.68
云 南	Yunnan	353.10	15.74	8011.19	59717.19	15600.38	5600.22	29456.33
西 藏	Tibet	59.81	56.36	835.07	13042.88	4966.00	323.25	1569.80
陕 西	Shaanxi	380.48	158.42	5947.61	84703.20	20146.18	14517.77	36020.22
甘 肃	Gansu	370.44	117.84	4718.99	54243.42	18995.13	6811.99	20707.77
青 海	Qinghai	84.59	34.20	1534.26	22945.54	9288.64	1615.00	7652.70
宁 夏	Ningxia	144.30	126.70	1995.94	28368.59	10124.61	3866.34	9972.05
新 疆	Xinjiang	425.79	244.55	7450.24	85850.83	24695.31	10374.06	30814.27

1-2-7 Urban Water Supply (2012)

Total Quantity of Water Supply (10, 000m³)				用水户数（户）Number of Households with Access to Water Supply (unit)		用水人口（万人）Population with Access to Water Supply (10, 000 persons)	地区名称 Name of Regions
其他用水 The Quantity of Other Purposes	免费供水量 The Quantitiy of Free Water Supply	生活用水 Domestic Water Use	漏损水量 The Lossed Water		家庭用户 Household User		
269842. 46	**115406. 82**	**13175. 80**	**693056. 27**	**115319664**	**104337182**	**41026. 48**	**全 国**
5857. 40	561. 40	104. 40	19170. 34	5426497	5292350	1783. 70	北 京
4918. 48	32. 97		9261. 26	3514298	3328867	649. 41	天 津
15092. 81	2368. 24	453. 21	17217. 46	4517680	3740129	1593. 35	河 北
3026. 66	534. 51	125. 46	6976. 32	1338382	1245312	1013. 35	山 西
3784. 02	2871. 38	1. 10	7631. 29	2591514	2147437	828. 58	内蒙古
8894. 57	6543. 85	210. 00	57933. 33	8791687	8352870	2233. 43	辽 宁
3078. 36	1437. 26	265. 36	25824. 68	3711860	3346573	1051. 98	吉 林
5249. 30	1488. 93	158. 70	25776. 46	5119365	4742088	1293. 41	黑龙江
27615. 93	23402. 11		42779. 68	7634110	7087130	2380. 43	上 海
17627. 65	9728. 50	3990. 25	49884. 52	10417929	9507235	2785. 12	江 苏
9196. 60	4209. 75	71. 66	33414. 40	5868444	5243607	1876. 00	浙 江
4406. 33	2149. 73	256. 79	24439. 22	4179154	3889240	1310. 51	安 徽
11230. 28	1308. 31	224. 50	21810. 31	2767888	2532335	1065. 36	福 建
3871. 12	1511. 51	387. 98	16753. 01	2308941	1964661	887. 94	江 西
9236. 61	4032. 25	716. 21	32699. 94	7749202	7195900	2886. 48	山 东
8509. 13	3177. 25	680. 79	23783. 88	4251330	3927931	2108. 19	河 南
10755. 16	10832. 58	313. 18	35667. 92	5037233	4561625	1782. 33	湖 北
7113. 85	10389. 59	1995. 60	30818. 48	3489991	3247021	1350. 88	湖 南
64310. 11	12218. 19	585. 09	113903. 08	10606254	8651365	4567. 73	广 东
1623. 42	1559. 52	982. 15	16045. 28	1817756	1660764	883. 30	广 西
8836. 37	97. 57	9. 30	6833. 24	242467	197880	233. 55	海 南
3749. 96	948. 91	169. 73	11555. 07	2606141	2368698	1049. 40	重 庆
5374. 14	3723. 58	316. 41	22440. 48	4248230	3781224	1636. 69	四 川
2587. 06	2742. 89	64. 36	6116. 17	1042931	931906	555. 94	贵 州
3107. 13	640. 61	116. 74	5312. 52	1768915	1582727	814. 68	云 南
3651. 00	153. 37	66. 25	2379. 46	60733	45789	42. 04	西 藏
3588. 12	608. 16	37. 00	9822. 75	913669	816111	793. 07	陕 西
3427. 92	219. 22	14. 10	4081. 39	830097	762465	523. 79	甘 肃
1117. 20	690. 00	430. 00	2582. 00	113521	96808	136. 82	青 海
1804. 91	519. 40	32. 12	2081. 28	630027	532706	242. 81	宁 夏
7200. 86	4705. 28	397. 36	8061. 05	1723418	1556428	666. 21	新 疆

1-2-8 城市供水（公共供水）（2012 年）

地区名称 Name of Regions		综合生产能力（万立方米/日） Integrated Production Capacity (10,000 m^3/day)	地下水 Underground Water	供水管道长度（公里） Length of Water Supply Pipelines (km)	供水总量（万立方米） 合计 Total	售水量 Water Sold 小计 Subtotal	生产运营用水 The Quantity of Water for Production and Operation	公共服务用水 The Quantity of Water for Public Service	居民家庭用水 The Quantity of Water for Household Use
全　　国	**National Total**	**20873.49**	**3026.52**	**546306.16**	**4400494.99**	**3592031.90**	**1010892.01**	**638300.09**	**1718142.30**
北　　京	Beijing	411.29	177.83	14029.38	113557.79	93826.05	12045.24	34710.01	46303.06
天　　津	Tianjin	366.44	11.31	12904.30	66090.89	56796.66	22387.48	6446.78	23090.27
河　　北	Hebei	608.47	414.17	12836.27	102952.92	83367.22	22136.70	16341.39	40752.67
山　　西	Shanxi	290.34	165.53	6137.50	55560.26	48049.43	15258.67	4296.69	27448.05
内 蒙 古	Inner Mongolia	259.43	184.17	8081.69	48209.50	37706.83	10992.87	7207.54	16508.45
辽　　宁	Liaoning	916.28	297.22	28730.26	201214.49	136737.31	40910.58	29366.29	58792.75
吉　　林	Jilin	341.93	47.70	8440.28	80033.83	52771.89	14206.93	12897.26	23870.26
黑 龙 江	Heilongjiang	575.49	166.65	11621.65	109322.95	82057.56	27712.14	15488.86	35620.21
上　　海	Shanghai	1145.00	4.75	34904.09	309704.29	243522.50	53826.43	62483.17	99596.97
江　　苏	Jiangsu	2136.02	31.52	68789.56	384843.99	325230.97	107012.12	59214.61	144149.21
浙　　江	Zhejiang	1420.57	1.30	44066.93	270516.05	232891.90	91240.14	30376.07	102082.35
安　　徽	Anhui	597.21	57.94	17291.31	124930.74	98341.79	24130.03	16228.51	53928.15
福　　建	Fujian	692.30	11.80	15286.57	141164.82	118046.20	40230.55	13720.42	53093.69
江　　西	Jiangxi	414.81	6.80	11586.00	91326.86	73062.34	13867.42	15857.85	39585.54
山　　东	Shandong	1213.62	404.89	37383.54	235787.75	199055.56	79020.82	33172.76	81210.19
河　　南	Henan	744.30	313.43	17739.96	135497.21	108536.08	32904.41	15524.06	52950.85
湖　　北	Hubei	1137.30	14.30	24611.54	222804.92	176304.42	39368.24	31638.89	99059.32
湖　　南	Hunan	806.80	14.10	15835.36	167626.14	126418.07	22286.86	19008.07	78699.62
广　　东	Guangdong	3474.63	21.64	75632.98	807570.79	681449.52	207452.08	116789.51	293143.63
广　　西	Guangxi	462.30	43.20	13115.12	107991.47	90386.67	17552.88	15555.79	55917.85
海　　南	Hainan	150.10	38.30	3447.56	38980.21	32049.40	3070.68	4784.34	15358.01
重　　庆	Chongqing	376.19	0.96	8208.07	87640.52	75136.54	17191.50	9259.58	45285.67
四　　川	Sichuan	627.42	88.43	20959.13	161953.13	135789.07	22232.18	25822.86	83026.36
贵　　州	Guizhou	237.35	7.67	7042.35	45638.16	36779.10	6083.01	4786.75	23361.27
云　　南	Yunnan	330.50	8.40	7612.94	52701.92	46748.79	10619.50	5517.22	27800.40
西　　藏	Tibet	33.81	30.36	805.07	11869.38	9336.55	4797.00	226.75	810.80
陕　　西	Shaanxi	335.65	123.67	5483.21	74669.08	64238.17	14007.98	13526.90	33759.21
甘　　肃	Gansu	276.20	82.68	3984.94	44709.24	40408.63	13724.53	5690.48	19386.22
青　　海	Qinghai	58.50	20.00	1426.29	14909.50	11637.50	2913.40	1524.30	6230.90
宁　　夏	Ningxia	79.30	63.10	1454.44	17386.71	14786.03	2439.21	2907.57	9029.32
新　　疆	Xinjiang	353.94	172.70	6857.87	73329.48	60563.15	19270.43	7928.81	28291.05

1-2-8 Urban Water Supply（Public Water Suppliers）（2012）

Total Quantity of Water Supply（10,000m³）				用水户数（户）		用水人口（万人）	地区名称
其他用水 The Quantity of Other Purposes	免费供水量 The Quantitiy of Free Water Supply	生活用水量 Domestic Water Use	漏损水量 The Lossed Water	Number of Households with Access to Water Supply（unit）	家庭用户 Household User	Population with Access to Water Supply（10,000 persons）	Name of Regions
224697.50	**115406.82**	**13175.80**	**693056.27**	**107697235**	**97809839**	**38259.60**	**全　国**
767.74	561.40	104.40	19170.34	4169014	4041761	1188.12	北　京
4872.13	32.97		9261.26	3514277	3328862	648.41	天　津
4136.46	2368.24	453.21	17217.46	3664193	3266774	1345.77	河　北
1046.02	534.51	125.46	6976.32	913727	848747	839.34	山　西
2997.97	2871.38	1.10	7631.29	2300359	1914246	757.45	内蒙古
7667.69	6543.85	210.00	57933.33	8379197	7954176	2066.51	辽　宁
1797.44	1437.26	265.36	25824.68	3386143	3072694	967.83	吉　林
3236.35	1488.93	158.70	25776.46	4424678	4103628	1131.16	黑龙江
27615.93	23402.11		42779.68	7634110	7087130	2380.43	上　海
14855.03	9728.50	3990.25	49884.52	10291723	9402860	2739.10	江　苏
9193.34	4209.75	71.66	33414.40	5783718	5163013	1847.99	浙　江
4055.10	2149.73	256.79	24439.22	3896468	3614558	1208.92	安　徽
11001.54	1308.31	224.50	21810.31	2738124	2505679	1054.53	福　建
3751.53	1511.51	387.98	16753.01	2268811	1926206	870.13	江　西
5651.79	4032.25	716.21	32699.94	6963606	6519750	2572.66	山　东
7156.76	3177.25	680.79	23783.88	3824811	3531315	1953.94	河　南
6237.97	10832.58	313.18	35667.92	4637356	4241503	1678.17	湖　北
6423.52	10389.59	1995.60	30818.48	3359658	3131163	1277.25	湖　南
64064.30	12218.19	585.09	113903.08	10571339	8618147	4552.45	广　东
1360.15	1559.52	982.15	16045.28	1770181	1631155	821.76	广　西
8836.37	97.57	9.30	6833.24	235867	191280	231.95	海　南
3399.79	948.91	169.73	11555.07	2512928	2285819	1000.66	重　庆
4707.67	3723.58	316.41	22440.48	3880791	3497055	1537.57	四　川
2548.07	2742.89	64.36	6116.17	1001665	899873	545.19	贵　州
2811.67	640.61	116.74	5312.52	1706855	1532384	777.20	云　南
3502.00	153.37	66.25	2379.46	60002	45425	34.04	西　藏
2944.08	608.16	37.00	9822.75	792379	733927	741.14	陕　西
1607.40	219.22	14.10	4081.39	716855	663261	490.03	甘　肃
968.90	690.00	430.00	2582.00	95952	79666	130.33	青　海
409.93	519.40	32.12	2081.28	585931	492773	223.55	宁　夏
5072.86	4705.28	397.36	8061.05	1616517	1485009	646.02	新　疆

1-2-9 城市供水（自建设施供水）(2012 年)

地区名称 Name of Regions		综合生产能力（万立方米/日） Integrated Production Capacity (10,000m³/day)	地下水 Underground Water	供水管道长度（公里） Length of Water Supply Pipelines (km)	供水总量（万立方米） 合计 Total	生产运营用水 The Quantity of Water for Production and Operation
全　国	**National Total**	**6303.83**	**3302.65**	**45565.95**	**829830.99**	**581831.40**
北　京	Beijing	1232.90	1232.90	9644.72	46087.82	10271.85
天　津	Tianjin	73.10	70.10	21.90	11126.75	8161.15
河　北	Hebei	365.71	301.71	2508.10	69443.42	42619.86
山　西	Shanxi	152.14	59.01	2412.40	26877.89	15737.77
内蒙古	Inner Mongolia	119.27	113.47	1885.60	16660.08	12034.64
辽　宁	Liaoning	422.82	230.17	3331.85	73738.93	56492.11
吉　林	Jilin	405.56	44.54	1159.55	26496.53	19396.26
黑龙江	Heilongjiang	315.54	169.43	1225.80	42831.32	32849.74
江　苏	Jiangsu	613.82	62.61	2623.25	107946.95	93520.28
浙　江	Zhejiang	117.22	2.71	774.46	10649.28	9097.39
安　徽	Anhui	432.16	56.69	1577.84	31956.88	22880.06
福　建	Fujian	28.70	5.62	1456.76	5163.12	2612.33
江　西	Jiangxi	21.09	5.74	244.56	3267.74	2039.65
山　东	Shandong	430.83	277.76	4550.93	91661.27	64525.43
河　南	Henan	298.01	238.87	1548.00	53040.82	40746.66
湖　北	Hubei	190.68	18.18	1534.73	36243.90	22403.85
湖　南	Hunan	192.68	88.43	912.04	18844.43	12942.33
广　东	Guangdong	56.73	6.98	302.43	9777.68	8774.76
广　西	Guangxi	202.67	11.83	1308.47	48793.39	40994.03
海　南	Hainan	1.60		3.00	65.00	
重　庆	Chongqing	71.64	4.25	1325.91	8262.18	5650.97
四　川	Sichuan	195.35	45.45	1921.01	28351.12	20013.56
贵　州	Guizhou	13.00	3.30	424.10	3248.15	2022.52
云　南	Yunnan	22.60	7.34	398.25	7015.27	4980.88
西　藏	Tibet	26.00	26.00	30.00	1173.50	169.00
陕　西	Shaanxi	44.83	34.75	464.40	10034.12	6138.20
甘　肃	Gansu	94.24	35.16	734.05	9534.18	5270.60
青　海	Qinghai	26.09	14.20	107.97	8036.04	6375.24
宁　夏	Ningxia	65.00	63.60	541.50	10981.88	7685.40
新　疆	Xinjiang	71.85	71.85	592.37	12521.35	5424.88

1-2-9 Urban Water Supply (Suppliers with Self-Built Facilities) (2012)

Total Quantity of Water Supply (10,000m³)			用水户数（户）		用水人口（万人）	地区名称
公共服务用水 The Quantity of Water for Public Service	居民家庭用水 The Quantity of Water for Household Use	消防及其他用水 The Quantity of Water for Fire Control and Other Purposes	Number of Households with Access to Water Supply (unit)	家庭用户 Household User	Population with Access to Water Supply (10,000 persons)	Name of Regions
72808.97	**130045.66**	**45144.96**	**7622429**	**6527343**	**2766.88**	**全　国**
12345.86	18380.45	5089.66	1257483	1250589	595.58	北　京
2561.73	357.52	46.35	21	5	1.00	天　津
6779.41	9087.80	10956.35	853487	473355	247.58	河　北
2609.09	6550.39	1980.64	424655	396565	174.01	山　西
2269.75	1569.64	786.05	291155	233191	71.13	内蒙古
9609.00	6410.94	1226.88	412490	398694	166.92	辽　宁
2427.57	3391.78	1280.92	325717	273879	84.15	吉　林
2551.91	5416.72	2012.95	694687	638460	162.25	黑龙江
2249.84	9404.21	2772.62	126206	104375	46.02	江　苏
401.51	1147.12	3.26	84726	80594	28.01	浙　江
3214.64	5510.95	351.23	282686	274682	101.59	安　徽
503.47	1818.58	228.74	29764	26656	10.83	福　建
181.47	927.03	119.59	40130	38455	17.81	江　西
9537.13	14013.89	3584.82	785596	676150	313.82	山　东
4664.40	6277.39	1352.37	426519	396616	154.25	河　南
1022.18	8300.68	4517.19	399877	320122	104.16	湖　北
1104.99	4106.78	690.33	130333	115858	73.63	湖　南
90.08	667.03	245.81	34915	33218	15.28	广　东
80.45	7455.64	263.27	47575	29609	61.54	广　西
	65.00		6600	6600	1.6	海　南
652.90	1608.14	350.17	93213	82879	48.74	重　庆
1778.76	5892.33	666.47	367439	284169	99.12	四　川
386.23	800.41	38.99	41266	32033	10.75	贵　州
83.00	1655.93	295.46	62060	50343	37.48	云　南
96.50	759.00	149.00	731	364	8.00	西　藏
990.87	2261.01	644.04	121290	82184	51.93	陕　西
1121.51	1321.55	1820.52	113242	99204	33.76	甘　肃
90.70	1421.80	148.30	17569	17142	6.49	青　海
958.77	942.73	1394.98	44096	39933	19.26	宁　夏
2445.25	2523.22	2128.00	106901	71419	20.19	新　疆

1-2-10 城市节约用水（2012 年）

地区名称 Name of Regions		计划用水户数（户） Planned Water Consumers (unit)	自备水计划用水户数 Planned Self-produced Water Consumers	计划用水户实际用水量 Actual Quantity of				
				合计 Total	工业 Industry	新水取用量 Fresh Water Used	工业 Industry	重复利用量 Water Reused
全　国	**National Total**	**2547349**	**333472**	**9226491**	**7771534**	**1838306**	**858143**	**7388185**
北　京	Beijing	28299	6873	258101	37833	182758	23056	75343
天　津	Tianjin	5010		438088	434158	17418	14446	420670
河　北	Hebei	100750	7041	748758	572744	45594	32855	703164
山　西	Shanxi	19084	425	231935	209616	26560	11845	205375
内蒙古	Inner Mongolia	82193	637	225047	211068	42321	30990	182726
辽　宁	Liaoning	209811	1019	1379271	1266648	175509	95290	1203762
吉　林	Jilin	51936	691	154119	132664	50837	30859	103282
黑龙江	Heilongjiang	239140	218510	264021	230895	120632	95915	143389
上　海	Shanghai	33316		86930	37171	86930	37171	
江　苏	Jiangsu	171051	1035	1222229	1044218	235285	148289	986944
浙　江	Zhejiang	24567	373	218891	189051	64701	42471	154190
安　徽	Anhui	5814	211	330972	311187	30296	12936	300676
福　建	Fujian	13648		120752	66924	62665	9292	58087
江　西	Jiangxi	51384	2659	28451	17011	5643	1480	22808
山　东	Shandong	244232	51897	1319872	1163470	185670	87060	1134202
河　南	Henan	41985	4398	423655	387954	56612	26023	367043
湖　北	Hubei	238744	17018	330246	289449	72045	37523	258201
湖　南	Hunan	20813	21	42211	24589	32685	15906	9526
广　东	Guangdong	270495	457	225113	163772	77602	16261	147511
广　西	Guangxi	58404	200	416838	365910	73601	24811	343237
海　南	Hainan	60523	4075	24683	8287	14641	1561	10042
重　庆	Chongqing	200		740	130	550	90	190
四　川	Sichuan	21768	9224	96120	59256	43554	11276	52566
贵　州	Guizhou	3063	60	31388	24549	10505	4464	20883
云　南	Yunnan	115382	31	14732	1371	14343	982	389
陕　西	Shaanxi	159694	202	239471	208418	45422	16971	194049
甘　肃	Gansu	2271	784	234251	217778	30676	15783	203575
青　海	Qinghai	5	5	3160	995	1722	516	1438
宁　夏	Ningxia	40947	1911	95172	89120	12456	7304	82716
新　疆	Xinjiang	232820	3715	21274	5298	19073	4717	2201

1-2-10 Urban Water Conservation(2012)

计量单位：万立方米 Measurement Unit：10, 000m^3

Water Used				节约用水量 Water Saved		节水措施投资总额（万元）Total Investment in Water-Saving Measures (10, 000 RMB)	地区名称 Name of Regions
工业 Industry	超计划定额用水量 Water Quantity Consumed in Excess of Quota	重复利用率（%）Reuse Rate (%)	工业 Industry		工业 Industry		
6913391	**31531**	**80. 08**	**88. 96**	**400806**	**290712**	**275737**	**全国**
14777	2416	29. 19	39. 06	11310	3411	31097	北京
419712	126	96. 02	96. 67	386	201	2236	天津
539889	31	93. 91	94. 26	22166	20557	17741	河北
197771	126	88. 55	94. 35	11229	8503	1272	山西
180078		81. 19	85. 32	13685	11036		内蒙古
1171358	5366	87. 28	92. 48	35820	27287	10093	辽宁
101805	323	67. 01	76. 74	13388	12048	2107	吉林
134980		54. 31	58. 46	9477	7797	4336	黑龙江
				19770	12229	6342	上海
895929	6913	80. 75	85. 80	31073	25259	80604	江苏
146580	440	70. 44	77. 53	12458	8308	3120	浙江
298251	429	90. 85	95. 84	21016	16934	10171	安徽
57632	18	48. 10	86. 12	4066	2600	350	福建
15531	43	80. 17	91. 30	1851	1166	295	江西
1076410	3896	85. 93	92. 52	89979	79744	54963	山东
361931	853	86. 64	93. 29	12398	7656	6730	河南
251926		78. 18	87. 04	11931	6954	6175	湖北
8683	5647	22. 57	35. 31	7828	6280	5849	湖南
147511	672	65. 53	90. 07	12495	2467	187	广东
341099	2846	82. 34	93. 22	7301	5032	9009	广西
6726	15	40. 68	81. 16	2091	289	2417	海南
40		25. 68	30. 77	145	25		重庆
47980	107	54. 69	80. 97	7296	2513	2406	四川
20085	254	66. 53	81. 82	4871	4568	3109	贵州
389	820	2. 64	28. 37	2687	63	145	云南
191447	92	81. 03	91. 86	16792	12337	4537	陕西
201995		86. 90	92. 75	7921	3352	5564	甘肃
479		45. 51	48. 14	205	205	39	青海
81816		86. 91	91. 80	2397	1183	315	宁夏
581	98	10. 35	10. 97	6774	708	4528	新疆

1-2-11 城市人工煤气（2012 年）

地区名称 Name of Regions		生产能力（万立方米/日） Production Capacity (10,000m^3)	储气能力（万立方米） Gas Storage Capacity (10,000m^3)	供气管道长度（公里） Length of Gas Supply Pipeline (km)	自制气量（万立方米） Self-Produced Gas (10,000m^3)	
						合计 Total
全　国	**National Total**	**2656.15**	**1161.03**	**33537.77**	**487620.65**	**769685.87**
河　北	Hebei	88.10	70.50	3224.29	10924.70	89594.83
山　西	Shanxi	92.24	181.70	4712.81	20749.58	87786.53
内蒙古	Inner Mongolia	164.00	15.00	507.00	3361.00	2785.50
辽　宁	Liaoning	254.63	134.15	5465.04	41657.52	59736.46
吉　林	Jilin	80.00	28.60	1813.63	27960.80	17086.39
黑龙江	Heilongjiang	121.90	34.30	709.08	21287.30	8185.00
上　海	Shanghai	567.40	301.00	3595.62	90437.60	90437.61
江　苏	Jiangsu	43.00	31.00	768.00	1585.00	4889.30
浙　江	Zhejiang	1.80	1.90	111.71	650.00	463.00
福　建	Fujian	8.00	5.00	304.50	1542.00	3080.00
江　西	Jiangxi	157.30	54.20	1754.72	13085.00	48496.98
山　东	Shandong	58.09	36.80	1429.32	10091.20	21316.21
河　南	Henan	226.10	79.60	1393.84	60079.00	85359.26
湖　北	Hubei			275.20		5100.00
湖　南	Hunan		5.00	424.96		2706.88
广　东	Guangdong	14.59	1.78	8.00	2505.05	2509.34
广　西	Guangxi	10.60	18.20	425.00	3696.80	4422.90
四　川	Sichuan	511.00	35.00	550.28	159925.10	159925.10
贵　州	Guizhou	187.00	56.00	2902.89		34167.29
云　南	Yunnan	13.60	47.30	2655.84		37652.66
甘　肃	Gansu	10.80	17.00	392.74	1658.00	1658.00
宁　夏	Ningxia		5.00	42.00		136.63
新　疆	Xinjiang	46.00	2.00	71.30	16425.00	2190.00

1-2-11 Urban Man-Made Coal Gas (2012)

供气总量（万立方米） Total Gas Supplied (10,000m³)			用气户数（户）		用气人口（万人）	地区名称
销售气量 Quantity Sold	居民家庭 Households	燃气损失量 Loss Amount	Number of Household with Access to Gas (unit)	家庭用户 Household User	Population with Access to Gas (10,000 persons)	Name of Regions
738707.27	**215068.59**	**30978.60**	**7883115**	**7776176**	**2442.28**	**全　国**
84641.53	14538.47	4953.30	569269	565232	187.62	河　北
85047.82	21281.04	2738.71	604930	589736	236.56	山　西
2603.00	2603.00	182.50	135762	135762	46.16	内蒙古
55525.20	40324.81	4211.26	2052547	2021090	556.66	辽　宁
15775.48	9173.67	1310.91	646947	631745	188.49	吉　林
7930.00	4476.00	255.00	256322	250468	80.90	黑龙江
81864.40	39117.80	8573.21	770465	756944	197.73	上　海
4881.30	3883.37	8.00	89230	89040	27.50	江　苏
463.00	454.00		14901	14889	4.30	浙　江
2937.00	2479.00	143.00	52564	52402	19.41	福　建
46192.98	8515.84	2304.00	262302	256558	80.30	江　西
19485.11	6865.31	1831.10	277144	274549	88.33	山　东
84624.36	11036.00	734.90	262800	259580	120.51	河　南
5100.00	1974.00		39464	39416	12.38	湖　北
2512.97	2157.13	193.91	78446	77717	30.70	湖　南
2509.34			1			广　东
4380.80	3787.70	42.1	127385	127024	45.63	广　西
159623.24	5567.63	301.86	153722	152920	48.66	四　川
32549.09	14258.70	1618.20	582058	577734	176.05	贵　州
36162.02	18727.43	1490.64	820057	818071	265.22	云　南
1572.00	1553.00	86.00	55675	54192	18.57	甘　肃
136.63	104.69		9124	9107	3.60	宁　夏
2190.00	2190.00		22000	22000	7.00	新　疆

1-2-12 城市天然气（2012年）

地区名称 Name of Regions		储气能力（万立方米） Gas Storage Capacity (10,000m^3)	供气管道长度（公里） Length of Gas Supply Pipeline (km)	供气总量（万立方米） Total Gas	
				合计 Total	销售气量 Quantity Sold
全　国	**National Total**	**50840.33**	**342751.81**	**7950377.46**	**7744031.28**
北　京	Beijing	72.00	18656.00	924763.00	883385.00
天　津	Tianjin	115.71	13626.90	256241.10	253749.10
河　北	Hebei	262.92	10249.63	214451.01	206488.94
山　西	Shanxi	293.41	5106.81	213501.53	200314.56
内蒙古	Inner Mongolia	289.06	5436.50	113039.52	110540.91
辽　宁	Liaoning	662.02	10160.08	85701.01	78214.74
吉　林	Jilin	119.11	5169.72	69696.86	67252.01
黑龙江	Heilongjiang	72.15	6650.55	88191.24	84778.94
上　海	Shanghai	36935.00	21283.37	631126.20	600124.99
江　苏	Jiangsu	1560.94	43798.67	691763.28	674088.47
浙　江	Zhejiang	313.99	18151.32	191322.40	189550.69
安　徽	Anhui	702.34	13192.42	171251.42	165158.59
福　建	Fujian	270.72	6327.84	95324.73	94502.99
江　西	Jiangxi	422.57	6478.70	41910.48	39979.65
山　东	Shandong	934.58	31145.97	518343.66	507733.58
河　南	Henan	540.06	15442.32	241272.13	233928.50
湖　北	Hubei	225.21	15244.13	240806.57	239486.11
湖　南	Hunan	1514.72	9111.18	161273.97	160466.14
广　东	Guangdong	2823.64	17420.83	1174508.79	1168333.21
广　西	Guangxi	375.10	5093.70	16903.76	16775.89
海　南	Hainan	65.25	1725.16	17663.66	17475.45
重　庆	Chongqing	121.30	12674.16	324964.88	311095.39
四　川	Sichuan	200.71	25895.98	568317.24	553461.13
贵　州	Guizhou	575.20	485.55	9852.93	9735.43
云　南	Yunnan	95.80	672.07	1206.62	1193.23
陕　西	Shaanxi	401.95	7842.13	221162.01	214951.98
甘　肃	Gansu	229.97	1701.02	112098.40	111788.85
青　海	Qinghai	40.50	948.97	111917.27	109009.57
宁　夏	Ningxia	12.73	3088.63	179132.11	178966.66
新　疆	Xinjiang	591.67	9971.50	262669.68	261500.58

1-2-12 Urban Natural Gas (2012)

Supplied (10,000m³) 居民家庭 Households	燃气损失量 Loss Amount	用气户数(户) Number of Household with Access to Gas (unit)	家庭用户 Household User	用气人口(万人) Population with Access to Gas (10,000 persons)	天然气汽车加气站(座) Gas Stations for CNG-Fueled Motor Vehicles (unit)	地区名称 Name of Regions
1558310.77	**206346.18**	**75286731**	**72755133**	**21207.53**	**1909**	**全　国**
115401.00	41378.00	5240061	5194068	1366.85	25	北　京
27999.60	2492.00	2945182	2931328	637.23	27	天　津
49317.45	7962.07	2779643	2748952	981.57	100	河　北
43680.43	13186.97	1942295	1911354	584.06	43	山　西
17325.16	2498.61	1051646	1022830	347.14	81	内蒙古
42724.02	7486.27	3198653	3189779	956.61	19	辽　宁
19276.29	2444.85	1256690	1240379	387.18	35	吉　林
30206.30	3412.30	2311464	2288986	637.62	31	黑龙江
99281.20	31001.21	5085285	5028130	1320.90	7	上　海
121988.05	17674.81	7168060	6238734	1743.63	131	江　苏
52960.93	1771.71	2443519	2331207	703.82	24	浙　江
53130.56	6092.83	2973843	2923549	911.83	112	安　徽
7778.22	821.74	938642	920484	294.56	23	福　建
10821.99	1930.83	987805	980342	321.96	4	江　西
119684.89	10610.08	6356331	6006699	1865.59	276	山　东
65289.00	7343.63	3449784	3389007	1095.08	93	河　南
54577.77	1320.46	2894216	2842296	945.00	97	湖　北
44037.41	807.83	1751524	1738216	562.20	51	湖　南
64886.45	6175.58	3500039	3456224	1154.71	60	广　东
7590.54	127.87	563536	559512	186.83	5	广　西
4229.60	188.21	310904	300966	104.90	25	海　南
117963.74	13869.49	3580097	3325981	934.02	79	重　庆
177642.56	14856.11	6221778	5967949	1382.70	162	四　川
1084.12	117.50	170603	166984	54.81	11	贵　州
505.63	13.39	52998	52089	32.97	5	云　南
54997.35	6210.03	2456248	2398830	644.33	94	陕　西
22183.24	309.55	898143	891584	252.01	39	甘　肃
15403.80	2907.70	178691	172233	108.42	17	青　海
53912.62	165.45	559268	554628	141.32	39	宁　夏
62430.85	1169.10	2019783	1981813	547.68	194	新　疆

1-2-13 城市液化石油气（2012 年）

地区名称 Name of Regions		储气能力（吨） Gas Storage Capacity (ton)	供气管道长度（公里） Length of Gas Supply Pipeline (km)	供气总量（吨） Total Gas	
				合计 Total	销售气量 Quantity Sold
全　国	**National Total**	**1665176.64**	**12651.47**	**11148031.89**	**11065905.88**
北　京	Beijing	34745.00	414.00	418156.00	379371.00
天　津	Tianjin	6697.60	183.57	49104.50	49104.50
河　北	Hebei	19168.50	345.61	205387.77	203802.39
山　西	Shanxi	5802.50	411.60	90533.90	90098.90
内蒙古	Inner Mongolia	16247.80	176.26	98495.63	97616.23
辽　宁	Liaoning	50225.00	689.52	516426.32	515520.72
吉　林	Jilin	19425.30	107.94	220873.84	219478.44
黑龙江	Heilongjiang	17339.80	25.87	206057.30	205425.68
上　海	Shanghai	21130.00	516.23	392513.57	393310.70
江　苏	Jiangsu	99771.50	820.55	735757.00	732174.19
浙　江	Zhejiang	321483.20	2667.72	776395.89	775736.46
安　徽	Anhui	39953.00	254.43	537160.30	529492.00
福　建	Fujian	23285.15	437.23	288977.68	288471.62
江　西	Jiangxi	18751.25	464.97	204257.75	200726.30
山　东	Shandong	57620.10	817.46	511489.35	510554.67
河　南	Henan	13001.00	18.70	234450.25	233550.40
湖　北	Hubei	21305.60	643.18	386152.02	383722.95
湖　南	Hunan	29070.00	19.50	201279.41	200765.50
广　东	Guangdong	564619.70	2809.45	3872440.97	3858789.32
广　西	Guangxi	65344.37	76.00	326110.21	324221.45
海　南	Hainan	6372.00	17.96	55343.50	55322.00
重　庆	Chongqing	7758.60		93315.36	93115.36
四　川	Sichuan	16983.00	200.80	180446.80	179865.20
贵　州	Guizhou	4683.84	134.95	66100.70	65823.59
云　南	Yunnan	28195.83	214.16	174936.35	174868.73
西　藏	Tibet	24262.00	103.00	25918.11	25773.00
陕　西	Shaanxi	9868.00		31516.02	31127.94
甘　肃	Gansu	107000.00		151392.10	151168.00
青　海	Qinghai	1371.00		6833.95	6812.50
宁　夏	Ningxia	4378.00		17086.49	17058.19
新　疆	Xinjiang	9318.00	80.81	73122.85	73037.95

1-2-13 Urban LPG Supply (2012)

Supplied (ton)		用气户数（户）		用气人口（万人）	液化石油气汽车加气站（座）	地区名称
居民家庭 Households	燃气损失量 Loss Amount	Number of Household with Access to Gas (unit)	家庭用户 Household User	Population with Access to Gas (10,000 persons)	LPG Gas Stations for LPG-Fueled Motor Vehicles (unit)	Name of Regions
6081311.75	**82126.01**	**50909699**	**46084488**	**15682.86**	**426**	**全　国**
190975.00	38785.00	1968349	1941123	416.85	6	北　京
22663.80		59628	55360	12.18		天　津
122089.11	1585.38	1286866	1022324	421.51		河　北
75705.60	435.00	423034	375841	167.16		山　西
89889.23	879.40	936684	819721	347.18	12	内蒙古
249960.30	905.60	2432761	2154436	665.01	29	辽　宁
107059.76	1395.40	1299420	1103099	443.12	47	吉　林
114989.65	631.62	1265960	1144269	427.17	49	黑龙江
214172.41	-797.13	3327913	3282222	861.80	47	上　海
502258.34	3582.81	3880297	3658000	1006.52	7	江　苏
518155.87	659.43	3970854	3462568	1160.60	3	浙　江
143506.00	7668.30	1181017	1033381	353.05	2	安　徽
168761.18	506.06	2079832	1732864	745.65	3	福　建
163772.20	3531.45	1200637	1114105	455.93		江　西
354765.05	934.68	3247499	3045916	921.77	36	山　东
197610.04	899.85	1678472	1510566	575.02	9	河　南
222311.04	2429.07	2323740	1871904	767.95	14	湖　北
171614.00	513.91	2132528	1970239	686.59	8	湖　南
1692765.51	13651.65	9884207	9186606	3287.38	45	广　东
262661.01	1888.76	1979828	1818769	631.97	1	广　西
43546.00	21.5	582931	575824	115.30	51	海　南
31467.98	200.00	276309	204796	109.56		重　庆
102157.30	581.60	568046	503324	132.81	4	四　川
60872.68	277.11	547086	450769	199.96		贵　州
74919.85	67.62	806674	723526	275.85	6	云　南
8444.80	145.11	53796	35991	16.61	9	西　藏
29433.47	388.08	204162	177402	131.90		陕　西
70371.60	224.10	412563	391785	168.75		甘　肃
6782.50	21.45	63454	63128	18.47		青　海
10935.69	28.30	503184	409318	64.67		宁　夏
56694.78	84.90	331968	245312	94.57	38	新　疆

1-2-14 城市集中供热（2012 年）

地区名称 Name of Regions		蒸汽 Steam						
		供热能力（吨/小时）Heating Capacity (ton/hour)	热电厂供热 Heating by Co-Generation	锅炉房供热 Heating by Boilers	供热总量（万吉焦）Total Heat Supplied (10,000 gcal)	热电厂供热 Heating by Co-Generation	锅炉房供热 Heating by Boilers	管道长度（公里）Length of Pipelines (km)
全　国	**National Total**	**86452**	**67707**	**15074**	**51609**	**38822**	**8003**	**12690**
北　京	Beijing	450	450		289	289		44
天　津	Tianjin	3463	2770	693	1757	1379	378	564
河　北	Hebei	9244	4309	1278	6490	1760	451	1199
山　西	Shanxi	2639	1536	1103	1767	756	921	342
内蒙古	Inner Mongolia	1135	891	244	778	665	113	158
辽　宁	Liaoning	13038	10725	2283	6320	4730	1560	2259
吉　林	Jilin	1537	1382	155	420	315	105	208
黑龙江	Heilongjiang	4789	3750	1019	2454	1953	488	370
江　苏	Jiangsu	5442	5402	40	5713	5698	15	832
安　徽	Anhui	3846	3819	9	2868	2797	11	511
山　东	Shandong	24678	20874	3747	14759	12800	1924	3982
河　南	Henan	5856	4659	1197	3053	2606	447	1187
湖　北	Hubei	1816	1422	394	891	448	394	183
陕　西	Shaanxi	5795	3500	2265	2293	1419	766	546
甘　肃	Gansu	384	240	284	305	60	245	125
青　海	Qinghai							
宁　夏	Ningxia	381	32	349	151	48	103	25
新　疆	Xinjiang	1959	1945	14	1302	1097	85	155

1-2-14 Urban Central Heating (2012)

热水 Hot Water							供热面积（万平方米）Heated Area (10,000m²)		地区名称 Name of Regions
供热能力（兆瓦）Heating Capacity (mega watts)	热电厂供热 Heating by Co-Generation	锅炉房供热 Heating By Boilers	供热总量（万吉焦）Total Heat Supplied (10,000gcal)	热电厂供热 Heating by Co-Generation	锅炉房供热 Heating by Boilers	管道长度（公里）Length of Pipelines (km)		住宅 Housing	
365278	**150792**	**210889**	**243818**	**97757**	**143488**	**147390**	**518368**	**376055**	**全国**
38298	7187	31111	35222	5752	29470	11031	52555	35104	北京
21063	3680	17383	10244	1920	8323	16190	30000	23028	天津
26129	13531	11888	16197	8405	7633	9092	44670	32208	河北
20706	13475	6878	12295	7586	4328	6879	36056	25995	山西
29489	17275	12194	19145	10637	7610	6673	32921	22440	内蒙古
62826	19537	42974	42748	12163	30546	24787	87108	67072	辽宁
36536	15984	20553	20189	9883	10286	15019	38296	29095	吉林
38743	17989	19525	27815	14061	13233	15553	48336	33242	黑龙江
75	75						8575	84	浙江
182	40	142	43	5	38	15	2966	1068	安徽
33450	21843	11606	24018	16245	7674	24070	67423	53987	山东
6204	5135	950	3139	2562	558	3149	13006	10233	河南
278	200	78	43	11	31	10	1682	1125	湖北
6682	1353	5309	3465	499	2849	918	12308	10072	陕西
12758	2715	9931	7569	2099	5470	3825	12943	9847	甘肃
258		258	199		199	114	304	212	青海
7927	2588	4619	4794	1799	2675	2690	7373	5752	宁夏
23675	8185	15490	16691	4128	12564	7376	21844	15491	新疆

1-2-15 城市轨道交通（建成）(2012年)

地区名称 Name of Regions		线路长度（公里） Length of Lines (kilometer)								
		合计 Total	地铁 Subway	轻轨 Light Rail	单轨 Monorail	有轨 Cable Car	磁浮 Maglev	按敷设方式 by Ways of Laying		
								地面线 Surface Lines	地下线 Underg-round Lines	高架线 Elevated Lines
全 国	**National Total**	**2005. 53**	**1672. 42**	**256. 46**	**38. 95**	**7. 80**	**29. 90**	**170. 94**	**1214. 40**	**620. 19**
北 京	Beijing	442. 00	442. 00					50. 00	282. 00	110. 00
天 津	Tianjin	138. 56	85. 35	45. 41		7. 80		16. 43	65. 69	56. 44
辽 宁	Liaoning	136. 69	49. 92	86. 77				54. 51	49. 92	32. 26
吉 林	Jilin	31. 96		31. 96				19. 43	1. 57	10. 96
上 海	Shanghai	461. 80	431. 90				29. 90	17. 40	271. 00	173. 40
江 苏	Jiangsu	110. 36	84. 62	25. 74				0. 89	74. 47	35. 00
湖 北	Hubei	28. 68		28. 68						28. 68
广 东	Guangdong	484. 49	466. 01	18. 48				8. 26	396. 97	79. 26
重 庆	Chongqing	130. 57	72. 2	19. 42	38. 95			1. 39	42. 62	86. 56
四 川	Sichuan	22. 40	22. 40						22. 40	
云 南	Yunnan	18. 02	18. 02					2. 63	7. 76	7. 63

1-2-15 Urban Rail Transit System（Completed）（2012）

车站数(个) Number of Stations（unit）				换乘站数（个）	配置车辆数（辆） Number of Vehicles in Service（unit）						地区名称
合计 Total	地面站 Surface Lines	地下站 Underground Lines	高架站 Elevated Lines	Number of Transfer Stations (unit)	合计 Total	地铁 Subway	轻轨 Light Rail	单轨 Monorail	有轨 Cable Car	磁浮 Maglev	Name of Regions
1307	**160**	**739**	**408**	**247**	**11492**	**10580**	**650**	**240**	**8**	**14**	**全　国**
261	22	199	40	36	3367	3367					北　京
96	18	52	26	14	604	568	28		8		天　津
107	45	41	21	2	368	258	110				辽　宁
30	20		10	1	16		16				吉　林
284	37	75	172	88	3052	3038				14	上　海
81		61	20	4	576	480	96				江　苏
25			25	5	132		132				湖　北
307	14	253	40	64	2517	2349	168				广　东
92	4	37	51	27	722	382	100	240			重　庆
20		20		5	138	138					四　川
4		1	3	1							云　南

1-2-16 城市轨道交通（在建）（2012 年）

地区名称 Name of Regions		线路长度（公里） Length of Lines (kilometer) 合计 Total	地铁 Subway	轻轨 Light Rail	单轨 Monorail	有轨 Cable Car	磁浮 Maglev	按敷设方式 by Ways of Laying 地面线 Surface Lines	地下线 Underground Lines	高架线 Elevated Lines
全　国	**National Total**	**2060.43**	**1612.47**	**352.82**	**12.00**	**83.14**		**43.64**	**1576.47**	**440.32**
北　京	Beijing	114.70	114.70					6.20	101.80	6.70
天　津	Tianjin	98.28	98.28					2.33	91.85	4.10
辽　宁	Liaoning	148.04	64.90			83.14		21.62	73.21	53.21
吉　林	Jilin	34.44	18.14	16.30					21.44	13.00
黑龙江	Heilongjiang	17.53	17.53						17.53	
上　海	Shanghai	151.85	92.89	58.96				0.49	104.79	46.57
江　苏	Jiangsu	370.29	273.11	97.18				2.88	259.16	108.25
浙　江	Zhejiang	150.51	150.51					0.20	108.05	42.26
安　徽	Anhui	24.47	24.47						24.47	
福　建	Fujian	24.89	24.89						24.89	
江　西	Jiangxi	28.84	28.84						28.84	
山　东	Shandong	24.78	24.78						24.78	
河　南	Henan	44.47	44.47						44.47	
湖　北	Hubei	94.96	94.96					0.30	86.06	8.60
湖　南	Hunan	45.81	45.81						44.81	1.00
广　东	Guangdong	374.91	226.65	148.26				8.39	261.44	105.08
广　西	Guangxi	32.12		32.12					32.12	
重　庆	Chongqing	54.30	42.30		12.00			0.52	34.52	19.26
四　川	Sichuan	67.28	67.28						59.18	8.10
云　南	Yunan	61.16	61.16						47.99	13.17
陕　西	Shaanxi	96.80	96.80					0.71	85.07	11.02

1-2-16 Urban Rail Transit System（Under Construction）（2012）

车站数(个) Number of Stations（unit）				换乘站数（个） Number of Transfer Stations（unit）	配置车辆数（辆） Number of Vehicles in Service（unit）						地区名称 Name of Regions
合计 Total	地面站 Surface Lines	地下站 Underground Lines	高架站 Elevated Lines		合计 Total	地铁 Subway	轻轨 Light Rail	单轨 Monorail	有轨 Cable Car	磁浮 Maglev	
1402	**32**	**1109**	**261**	**297**	**8212**	**7366**	**748**	**78**	**20**		**全　国**
87	7	77	3	29							北　京
80	1	75	4	7	302	302					天　津
69	5	50	14	12	350	330			20		辽　宁
30		18	12	1	42		42				吉　林
18		18		5	102	102					黑龙江
88		70	18	26	1074	936	138				上　海
225	2	180	43	58	1402	1022	380				江　苏
93		74	19	12	366	366					浙　江
23		23		6	6	6					安　徽
21		21		5	168	168					福　建
24		24		5	6	6					江　西
22		22			144	144					山　东
35		35		12	294	294					河　南
75		70	5	27	601	601					湖　北
39		38	1	6	234	234					湖　南
266	17	126	123	38	1289	1281	8				广　东
25		25		6	180		180				广　西
17		13	4	6	296	218		78			重　庆
48		44	4	12	492	492					四　川
48		42	6	6	384	384					云　南
69		64	5	18	480	480					陕　西

1-2-17 城市道路和桥梁（2012 年）

1-2-17 Urban Roads and Bridges（2012）

地区名称 Name of Regions		道路长度（公里）Length of Roads (km)	道路面积（万平方米）Surface Area of Roads (10,000 m^2)	人行道面积 Surface Area of Sidewalks	桥梁数（座）Number of Bridges (unit)	立交桥 Inter-section	道路照明灯盏数（盏）Number of Road Lamps (unit)	安装路灯道路长度（公里）Length of The Road with Street Lamp (km)	防洪堤长度（公里）Length of Flood Control Dikes (km)	百年一遇 Length of Dikes to Withstand The Biggest Floods Every A Century	五十年一遇 Length of Dikes to Withstand The Biggest Floods Every 50 Years
全　　国	**National Total**	**327081**	**607449**	**132755**	**57601**	**4048**	**20622248**	**235389**	**33926**	**6957**	**11206**
北　　京	Beijing	7894	13509	2303	2885	424	236963	5948			
天　　津	Tianjin	6462	11611	2752	736	89	282067	5827	2017	17	
河　　北	Hebei	12419	28433	6576	1286	161	646138	8933	858	170	186
山　　西	Shanxi	6382	12233	2856	520	107	459630	3949	314	66	149
内 蒙 古	Inner Mongolia	7299	15502	3897	354	68	753481	4403	618	107	150
辽　　宁	Liaoning	15513	26200	5963	1612	247	1487208	11269	1526	229	562
吉　　林	Jilin	8056	14362	2889	696	142	604010	5346	746	175	120
黑 龙 江	Heilongjiang	11128	16252	3394	876	182	559554	6724	790	175	292
上　　海	Shanghai	4775	9717	2447	2151	54	497604	4775	1129	807	60
江　　苏	Jiangsu	34966	62438	9204	12922	290	2727053	27714	6852	1300	2787
浙　　江	Zhejiang	17672	33575	7185	8984	153	1255868	15426	1707	352	939
安　　徽	Anhui	11571	24693	5521	1311	173	722017	8085	1363	284	299
福　　建	Fujian	8210	15183	3343	1689	87	618846	5671	475	186	83
江　　西	Jiangxi	6477	13630	2802	550	54	467213	4724	628	187	285
山　　东	Shandong	36566	71390	14971	4660	272	1629070	27047	2583	544	854
河　　南	Henan	10798	25458	6294	1215	121	769427	8625	812	219	161
湖　　北	Hubei	17461	28755	6778	1822	95	383132	8804	1604	304	712
湖　　南	Hunan	10367	18902	4768	718	79	574828	7980	689	244	168
广　　东	Guangdong	41388	62787	14096	6044	420	1858370	25053	5056	944	1960
广　　西	Guangxi	7021	13662	2720	668	80	564069	5324	343	5	152
海　　南	Hainan	2104	4504	1030	143	7	162796	1967	5	1	4
重　　庆	Chongqing	5956	11936	3449	1201	255	305758	4469	240	53	91
四　　川	Sichuan	11287	22628	5759	1798	212	836531	9006	1388	201	448
贵　　州	Guizhou	2521	4103	1210	436	26	271026	1327	227	70	80
云　　南	Yunnan	4855	10297	1923	639	44	352667	3844	607	42	188
西　　藏	Tibet	396	793	158	13	1	20414	255	7		
陕　　西	Shaanxi	5422	12137	3682	618	117	585751	3710	289	54	105
甘　　肃	Gansu	3580	7093	1685	385	31	225814	2537	580	168	233
青　　海	Qinghai	773	1529	436	85	4	103369	574	50	31	15
宁　　夏	Ningxia	1948	4619	944	148	6	249296	1646	146	4	30
新　　疆	Xinjiang	5813	9517	1720	436	47	412278	4432	277	18	93

1-2-18 城市排水和污水处理（2012 年）

地区名称 Name of Regions		污水排放量（万立方米）Annual Quantity of Wastewater Discharged (10,000 m^3)	排水管道长度（公里）Length of Drainage Pipelines (km)	污水管道 Sewers	雨水管道 Rainwater Drainage Pipeline	雨污合流管道 Combined Drainage Pipeline	污水处理厂			
							座数（座）Number of Wastewater Treatment Plant (unit)	二、三级处理 Secondary and Tertiary Treatment	处理能力（万立方米/日）Treatment Capacity (10,000 m^3/day)	二、三级处理 Secondary and Tertiary Treatment
全　国	**National Total**	**4167602**	**439080**	**177995**	**157825**	**103260**	**1670**	**1413**	**11733.1**	**10306.3**
北　京	Beijing	152010	12665	5735	4808	2122	43	43	388.5	388.5
天　津	Tianjin	74473	17756	8632	7203	1920	36	36	254.6	254.6
河　北	Hebei	148329	15787	6085	5720	3982	73	49	511.5	281.2
山　西	Shanxi	61355	6530	1900	1033	3598	35	21	184.2	108.7
内蒙古	Inner Mongolia	50488	10012	5894	3421	698	37	31	167.4	141.9
辽　宁	Liaoning	220454	15945	3340	4076	8528	74	57	606.0	503.4
吉　林	Jilin	81629	8910	3203	3424	2283	36	21	243.3	202.2
黑龙江	Heilongjiang	121945	9376	2816	1914	4646	46	35	288.2	258.5
上　海	Shanghai	236803	18191	7244	9253	1694	49	49	701.3	701.3
江　苏	Jiangsu	388975	56887	27525	20097	9266	183	168	1048.2	993.1
浙　江	Zhejiang	221437	29786	14143	12964	2680	73	67	634.6	605.2
安　徽	Anhui	131535	19885	7639	7964	4282	53	36	370.0	249.0
福　建	Fujian	111913	11483	6274	3984	1225	51	51	304.2	304.2
江　西	Jiangxi	75575	9484	4169	3089	2226	33	33	212.0	212.0
山　东	Shandong	277438	43357	16309	20898	6151	137	102	816.6	623.3
河　南	Henan	164967	17292	6436	6074	4782	63	52	515.3	421.7
湖　北	Hubei	171706	18634	4918	5038	8679	68	56	482.1	425.1
湖　南	Hunan	159155	11402	4903	2285	4214	55	51	384.2	353.2
广　东	Guangdong	615166	41056	13769	15590	11697	204	193	1695.5	1636.3
广　西	Guangxi	121395	7726	1910	1572	4244	34	25	254.0	228.5
海　南	Hainan	25625	3015	1121	1404	490	18	16	73.9	69.4
重　庆	Chongqing	76782	8851	4588	1932	2332	39	38	234.5	231.5
四　川	Sichuan	149029	18753	8260	7572	2921	71	61	357.9	330.4
贵　州	Guizhou	40107	3648	1751	1118	779	28	21	124.8	107.8
云　南	Yunnan	68307	5276	2223	1577	1476	30	24	207.9	182.4
西　藏	Tibet	7831	355	22	22	311	1		5.0	
陕　西	Shaanxi	71442	6383	2964	2420	999	29	15	225.2	102.2
甘　肃	Gansu	40073	3282	1277	697	1309	21	19	133.1	128.6
青　海	Qinghai	16198	1155	610	470	74	6	6	32.1	32.1
宁　夏	Ningxia	29143	1242	264	80	897	11	9	69.5	50.5
新　疆	Xinjiang	56317	4956	2073	130	2754	33	28	207.5	179.5

1-2-18 Urban Drainage and Wastewater Treatment (2012)

Wastewater Treatment Plant				其他污水处理设施 Other Wastewater Treatment Facilities		污水处理总量（万立方米）	再生水 Recycled Water			地区名称
处理量（万立方米） Quantity of Wastewater Treated (10,000 m^3)	二、三级处理 Secondary and Tertiary Treated	干污泥产生量（吨） Quantity of Dry Sludge Produced (ton)	干污泥处置量（吨） Quantity of Dry Sludge Treated (ton)	处理能力（万立方米/日） Treatment Capacity (10,000 m^3/day)	处理量（万立方米） Quantity of Wastewater Treated (10,000 m^3)	Total Quantity of Wastewater Treated (10,000 m^3)	生产能力（万立方米/日） Recycled Water Production Capacity (10,000 m^3/day)	利用量（万立方米） Annual Quantity of Wastewater Recycled and Reused (10,000 m^3)	管道长度（公里） Length of Pipelines (km)	Name of Regions
3437868	**3046661**	**6550551**	**6391019**	**1959.8**	**200370**	**3638238**	**1452.7**	**320796**	**6440**	**全　国**
124655	124655	1124047	1106213	12.0	1756	126411		75003	1136	北　京
65093	65093	71036	71036	2.6	619	65712	24.0	1879	807	天　津
138756	75344	295800	293769	11.3	1066	139822	151.0	33076	430	河　北
52061	34110	74345	73998	5.9	1919	53980	48.0	7216	310	山　西
43204	37895	56701	56654			43204	61.5	7587	599	内蒙古
180537	153050	261811	253840	64.9	5938	186475	126.8	21978	133	辽　宁
66643	57827	105924	98003	4.5	579	67222	20.0	776	24	吉　林
70336	64121	173296	172696	35.0	3775	74111	22.0	3962	27	黑龙江
216166	216166	271286	271286			216166				上　海
288619	276883	488253	482946	516.3	64140	352759	208.5	33525	270	江　苏
186435	178636	265432	261875	56.5	7316	193751	32.2	10580	27	浙　江
113636	78071	171375	105948	141.4	10702	124338	21.3	1129	37	安　徽
91687	91687	136454	134357	87.9	4108	95795	8.9	46	9	福　建
62843	62843	81172	81172	14.0	828	63671	2.6	796	125	江　西
258276	198216	411056	410419	137.4	3139	261415	229.1	38595	833	山　东
142400	113011	201853	169633	12.5	2482	144882	64.0	5785	261	河　南
141161	125101	213591	211570	74.9	8423	149584	47.3	15569	26	湖　北
117779	107539	170587	169910	191.1	18837	136616	2.1	332	5	湖　南
541926	524374	818258	810639	9.8	1468	543394	33.5	3653	278	广　东
71935	65697	55263	55108	466.2	34628	106563				广　西
19301	18491	18820	18650			19301	6.3	554	34	海　南
68341	67421	105782	105782	3.9	814	69155	3.8	395	38	重　庆
113435	103347	314608	317815	45.2	11195	124630	16.5	22	46	四　川
36654	31756	57289	56589			36654	58.0	18100		贵　州
61520	57725	87135	86695	21.8	3196	64716	104.2	25389	174	云　南
5						5				西　藏
62610	27564	256652	254093	2.0	611	63221	39.0	3966	70	陕　西
25895	24777	109861	109094	26.0	4312	30207	18.9	1265	69	甘　肃
9777	9777	11627	11627			9777	2.9	45	60	青　海
19797	16003	72920	72920	10.0	7410	27207	17.3	1453	121	宁　夏
46385	39481	68317	66682	6.7	1110	47495	83.1	8120	491	新　疆

1-2-19 城市园林绿化（2012 年）
1-2-19 Urban Landscaping（2012）

地区名称 Name of Regions		绿化覆盖面积（公顷）Green Coverage Area (hectare)	建成区 Built District	绿地面积（公顷）Area of Green Space (hectare)	建成区 Built District	公园绿地面积（公顷）Area of Public Recreational Green Space (hectare)	公园个数（个）Number of Parks (unit)	公园面积（公顷）Park Area (hectare)
全　　国	**National Total**	**2747866**	**1812488**	**2367842**	**1635240**	**517815**	**11604**	**306245**
北　　京	Beijing	68204	68204	65540	65540	21178	236	11356
天　　津	Tianjin	26875	25191	22319	22319	6846	84	1801
河　　北	Hebei	83775	71257	73517	64762	22320	446	14966
山　　西	Shanxi	41512	39133	35653	34595	11224	258	7831
内 蒙 古	Inner Mongolia	49723	40978	46727	37718	13618	200	10440
辽　　宁	Liaoning	192045	93550	118297	87098	24710	338	12222
吉　　林	Jilin	45108	43906	38781	38170	12486	161	5093
黑 龙 江	Heilongjiang	82945	62083	73820	56701	16142	304	9372
上　　海	Shanghai	134405	38242	124204	33716	16848	157	2217
江　　苏	Jiangsu	277481	154135	247001	141542	38069	783	16465
浙　　江	Zhejiang	138877	91525	122723	82853	23420	1015	14803
安　　徽	Anhui	95952	65806	79592	58891	15941	287	9881
福　　建	Fujian	62054	50569	54544	45931	13004	495	10256
江　　西	Jiangxi	50752	49517	46874	46053	12817	285	8104
山　　东	Shandong	199899	165409	176342	148400	47318	686	25023
河　　南	Henan	88232	81880	77038	71718	21202	280	11083
湖　　北	Hubei	91713	73427	68803	62875	19042	295	10356
湖　　南	Hunan	60071	54219	51822	49624	12366	190	9251
广　　东	Guangdong	465408	207219	401669	186813	74029	3032	61787
广　　西	Guangxi	72785	40631	66964	35254	10585	179	7481
海　　南	Hainan	52470	10939	50668	9818	2871	48	1824
重　　庆	Chongqing	51689	45157	47156	41948	20275	276	9973
四　　川	Sichuan	92255	73577	83179	65781	19188	408	10630
贵　　州	Guizhou	38873	19221	32948	16563	5666	59	4112
云　　南	Yunnan	39210	33796	35313	30347	9007	564	6434
西　　藏	Tibet	4398	3880	3432	3432	524	64	681
陕　　西	Shaanxi	38668	34848	30990	28935	9552	152	3488
甘　　肃	Gansu	23069	20462	18548	17979	5373	97	2629
青　　海	Qinghai	4121	3968	4033	3865	1344	26	895
宁　　夏	Ningxia	21969	15331	19833	14644	4132	60	2110
新　　疆	Xinjiang	53328	34428	49512	31355	6718	139	3681

注：本表中北京市的各项绿化数据均为该市调查面积内数据。

Note: All the greening-related data for Beijing Municipality in the Table are those for the areas surveyed in the city.

1-2-20 国家级风景名胜区（2012 年）

风景名胜区名称 Name of Scenic Spots	风景名胜区面积（平方公里） Area of Scenic Spots (km^2)	供游览面积 Tourism-Only Area	游人量（万人次） Number of Visits (10,000 person-times)	境外游人 Visits by Foreign Tourists	景区资金收入合计（万元） Total Revenues of Scenic Spots (10,000RMB)	国家拨款 Financial Allocation from Central Government
全国	**96506**	**44256**	**67614.9**	**2502.3**	**4974808**	**540605**
北京	**316**	**59**	**1387.1**	**110.3**	**66707**	**3219**
八达岭	55	3	798.6	59.6	29074	1200
石花洞	85	40	58.5		7550	496
十三陵	176	16	530.0	50.7	30083	1523
天津	**106**	**10**	**116.7**	**6.5**	**7729**	**792**
盘山	106	10	116.7	6.5	7729	792
河北	**3991**	**2792**	**4258.9**	**48.8**	**170304**	**2559**
西柏坡——天桂山	256	205	600.0	0.6	103000	
苍岩山	63	10	52.0	0.3	2940	90
嶂石岩	120	39	16.4		530	
秦皇岛北戴河	366	160	1450.0	25.0	43300	
娲皇宫	132	56	358.5	2.8	2396	523
崆山白云洞	161	23	63.0		1598	675
野三坡	499	499	139.0	2.1	4240	1071
承德避暑山庄外八庙	2394	1800	1580.0	18.0	12300	200
山西	**1374**	**423**	**602.9**	**11.7**	**37310**	**1900**
恒山	148	91	93.1	5.7	5480	
五老峰	300	30	12.5		780	300
五台山	593	171	406.0	4.6	25066	
黄河壶口瀑布	100	21	28.3	1.2	2534	400
碛口	145	60	26.0	0.1	1650	1200
北武当山	88	50	37.0	0.1	1800	
内蒙古	**1234**	**242**	**30.0**		**60**	
扎兰屯	1234	242	30.0		60	
辽宁	**1865**	**1178**	**2146.8**	**40.5**	**94003**	**2360**
大连海滨——旅顺口	283	78	800.0	12.0	805	
金石滩	110	13	450.0	8.5	61000	
鞍山千山	125	84	120.0	5.0	5394	
本溪水洞	45	19	56.6	0.9	4192	180
鸭绿江	824	824	226.0	10.6	5980	150
青山沟	150	82	14.2		675	40
凤凰山	217	60	51.0	0.3	4200	1600

1-2-20 State-Level Scenic Spots and Historic Sites across the Country (2012)

经营收入 Operational Income (10,000 RMB)	门票 Ticket Fees	景区资金支出合计(万元) Total Expenditure of Scenic Spots (10,000 RMB)	经营支出 Operational Expenditure	固定资产投资完成额 Completed Investment in Fixed Assets	维护支出 Maintenance Expenditure	风景名胜区名称 Name of Scenic Spots
3945019	**1927889**	**4018109**	**1564189**	**1933340**	**473278**	**全国**
57375	**45078**	**62939**	**6792**	**40477**	**22175**	**北京**
27865	25611	32188	3292	15466	570	八达岭
950	950	4500	3500	1000	850	石花洞
28560	18517	26251		24011	20755	十三陵
6937	**3278**	**8197**	**996**	**7201**	**350**	**天津**
6937	3278	8197	996	7201	350	盘山
130045	**92428**	**134445**	**96172**	**36257**	**17049**	**河北**
65400	43500	98800	86800	12000	8000	西柏坡——天桂山
2850	900	3500	1000	2500	300	苍岩山
530	530	411		411	305	嶂石岩
43300	29970	10900	5000	5900	4000	秦皇岛北戴河
1773	1360	3569	2063	1485	684	娲皇宫
923	923	990	115	875	300	崆山白云洞
3169	3145	6400	694	5706	960	野三坡
12100	12100	9875	500	7380	2500	承德避暑山庄外八庙
34810	**22004**	**15098**	**9495**	**5203**	**4511**	**山西**
5480		2000	550	1450	1450	恒山
480	370	820	420	400	68	五老峰
25066	18900	9800	7500	2300	2300	五台山
2134	2134	78	25	53	53	黄河壶口瀑布
450		1100	700	400	240	碛口
1200	600	1300	300	600	400	北武当山
		60	**40**	**20**	**12**	**内蒙古**
		60	40	20	12	扎兰屯
87833	**39429**	**53252**	**20336**	**30146**	**6732**	**辽宁**
805	274	13385	5914	7471	646	大连海滨——旅顺口
61000	22000	8000	6000	2000	2000	金石滩
5394	3786	7333	3305	3816	557	鞍山千山
4012	4012	4463	336	4127	524	本溪水洞
5181	3364	3553	1310	2237	893	鸭绿江
635	588	641	51	568	22	青山沟
2600	1600	5050	3050	2000	400	凤凰山

1-2-20 续 1

风景名胜区名称 Name of Scenic Spots	风景名胜区面积（平方公里） Area of Scenic Spots (km^2)	供游览面积 Tourism-Only Area	游人量（万人次） Number of Visits (10,000 person-times)	境外游人 Visits by Foreign Tourists	景区资金收入合计（万元） Total Revenues of Scenic Spots (10,000RMB)	国家拨款 Financial Allocation from Central Government
医巫闾山	64	13	271.0	3.0	11200	
兴城海滨	47	5	158.0	0.2	557	390
吉林	**828**	**168**	**524.1**	**7.3**	**8209**	
“八大部”——净月潭	96	96	100.0	5.0		
松花湖	550	50	410.0	1.2	8000	
防川	139	7	10.1	1.1	159	
仙景台	43	15	4.0		50	
黑龙江	**2874**	**1322**	**380.4**	**20.3**	**36575**	**14636**
太阳岛	88	88	159.0		8281	536
镜泊湖	1726	514	101.4	0.3	24494	12600
五大连池	1060	720	120.0	20.0	3800	1500
江苏	**1137**	**284**	**7750.4**	**203.4**	**172922**	**30586**
南京钟山	36	36	2208.9	7.5	42823	25025
太湖	905	99	4426.0	165.0	97861	3941
云台山	167	145	218.5	15.9	8551	672
蜀岗瘦西湖	12	2	426.0	2.0	19610	
三山	17	2	471.0	13.0	4077	948
浙江	**4317**	**1617**	**9867.9**	**303.3**	**326949**	**102265**
富春江——新安江	1423	413	2220.2	12.9	84091	1988
杭州西湖	59	38	2818.9	225.3	131743	86162
雪窦山风景名胜	380	140	587.0	18.7	13215	
楠溪江	671	328	313.1	0.2	1801	
百丈漈——飞云湖	137	23	32.1	9.9	3483	2033
雁荡山	448	129	607.5	2.5	13602	4177
莫干山	43	10	21.3	1.6	4759	500
天姥山	143	48	234.6	4.5	6210	
浣江——五泄	74	45	150.0	1.0	4605	50
双龙	80	60	79.6	4.9	3037	100
大红岩	51	51	45.0		803	145
方岩	152	88	77.0	3.0	2355	40
江郎山	67	17	28.0	2.0	2603	500
普陀山	70	44	945.1	6.9	40031	4737
嵊泗列岛	37	3	270.2	1.6	1580	
天台山	132	95	998.2	5.3	6891	549
仙居	158	15	248.0	2.0	1740	140
方山——长屿硐天	26	26	107.0		3170	1144
仙都	166	44	85.1	1.0	1230	

经营收入 Operational Income (10, 000 RMB)	门票 Ticket Fees	景区资金支出合计(万元) Total Expenditure of Scenic Spots (10, 000 RMB)	经营支出 Operational Expenditure	固定资产投资完成额 Completed Investment in Fixed Assets	维护支出 Maintenance Expenditure	风景名胜区名称 Name of Scenic Spots
8200	3800	10270		7790	1640	医巫闾山
6	5	557	370	137	50	兴城海滨
8209	**685**	**2940**	**2530**	**282**	**98**	**吉林**
						“八大部”——净月潭
8000	485	200		200	40	松花湖
159	159	2690	2520	42	38	防川
50	41	50	10	40	20	仙景台
21750	**11905**	**40579**	**22920**	**14313**	**3117**	**黑龙江**
7656	6455	9212	461	5405	1869	太阳岛
11894	4800	28867	20459	8408	1248	镜泊湖
2200	650	2500	2000	500		五大连池
130350	**95576**	**190728**	**61523**	**88511**	**18024**	**江苏**
5965	1544	44301	11347	1462	1367	南京钟山
93920	70097	87137	20963	56972	12547	太湖
7726	7636	7490	1170	6320	550	云台山
19610	14510	47723	28043	19680	780	蜀岗瘦西湖
3129	1789	4077		4077	2780	三山
218718	**149323**	**298339**	**121760**	**171358**	**47829**	**浙江**
80575	47482	60451	27657	29433	5756	富春江——新安江
45581	28480	121933	39000	82933	32463	杭州西湖
12827	12410	8095	1997	6098	268	雪窦山风景名胜
1801	1801	6600	6600			楠溪江
1450	954	3848	3068	780	330	百丈漈——飞云湖
9425	7961	11993	2849	8303	1125	雁荡山
4259	1293	5741	1900	3841	245	莫干山
6210	5942	5125	2655	2235	653	天姥山
2500	2055	8980	7820	1090	160	浣江——五泄
2937	2866	6454	3479	2975	1837	双龙
658	658	155	80	75	75	大红岩
1331	984	1666		1532	566	方岩
1103	981	2783	1342	1441	1108	江郎山
35294	23176	38406	12815	25591	1413	普陀山
1580	1250	1350	900	450	205	嵊泗列岛
6342	6342	532		452	80	天台山
1600	1500	7700	6000	1200	500	仙居
2015	1958	3027	598	2429	545	方山——长屿硐天
1230	1230	3500	3000	500	500	仙都

1-2-20 续 2

风景名胜区名称 Name of Scenic Spots	风景名胜区面积（平方公里） Area of Scenic Spots (km^2)	供游览面积 Tourism-Only Area	游人量（万人次） Number of Visits (10,000 person-times)	境外游人 Visits by Foreign Tourists	景区资金收入合计（万元） Total Revenues of Scenic Spots (10,000RMB)	国家拨款 Financial Allocation from Central Government
安徽	**2229**	**1417**	**1361.0**	**75.5**	**393527**	**14431**
巢湖	1196	800	128.0	0.6	4610	
采石	64	40	59.0		2388	1548
天柱山	102	102	70.0	5.8	110000	1600
花亭湖	258	169	35.0	0.3	9000	1500
黄山	161	60	301.0	31.0	205762	3962
花山谜窟——渐江	81	7	26.2	1.8	1427	
齐云山	110	60	24.1	2.0	840	50
琅琊山	115	37	56.0	2.0	5700	510
九华山	120	120	615.7	26.0	50000	5011
太极洞	22	22	46.0	6.0	3800	250
福建	**1250**	**633**	**3896.2**	**131.6**	**634181**	**34681**
鼓山	50	28	530.0	25.0	1544	1305
十八重溪	62	17	13.1		261	107
青云山	52	21	69.0	2.1	13376	
海坛	71	25	115.0	1.9	2204	1851
鼓浪屿——万石山	104	20	2048.9	39.1	47415	14796
湄洲岛	49	49	226.5		145000	5895
玉华洞	45	9	98.0	2.1	1350	
泰宁	140	64	98.0	6.5	6000	2500
桃源洞——鳞隐石林	29	29	20.1	4.2	2050	1150
清源山	62	25	70.3	5.9	5036	3556
灵通山	20	12	55.0	8.0	5000	
宝山	85	43	1.8		350780	
佛子山	52	11	5.3			
武夷山	79	79	248.0	20.4	40056	654
冠豸山	123	65	101.0	9.0	1920	
鸳鸯溪	66	22	106.5	1.8	6080	150
福安白云山	69	22	5.0		2589	2520
太姥山	92	92	84.7	5.6	3520	197
江西	**3043**	**1246**	**3060.5**	**69.6**	**427755**	**47313**
梅岭——滕王阁	144	65	145.2		92820	28000
高岭——瑶里	95	77	180.0	0.9	12608	1200
云居山——柘林湖	655	349	108.0	6.3	5098	1699
庐山	330	129	314.0	10.0	151000	3600
仙女湖	195	94	107.0	2.0	35500	500
龙虎山	220	40	506.0	16.0	27500	6200
三百山	138	94	26.1	0.6	1752	
武功山	365	121	20.0	0.3	1000	

经营收入 Operational Income (10,000 RMB)	门票 Ticket Fees	景区资金支出合计（万元） Total Expenditure of Scenic Spots (10,000 RMB)	经营支出 Operational Expenditure	固定资产投资完成额 Completed Investment in Fixed Assets	维护支出 Maintenance Expenditure	风景名胜区名称 Name of Scenic Spots
349997	**119414**	**731445**	**355305**	**274659**	**22574**	**安徽**
4610	4610	4610	1200	2000	1410	巢湖
840	782	2740	1347	1393	387	采石
85000	5480	126500	13000	104000	1950	天柱山
6500	650	9000	6500	1500	670	花亭湖
201800	59289	351200	201100	150100	8920	黄山
1427	1213	2626	1209	1417	86	花山谜窟——渐江
790	660	1210	500	669	180	齐云山
3530	1630	6459	3849	2610	980	琅琊山
42000	42000	224100	125000	9670	6891	九华山
3500	3100	3000	1600	1300	1100	太极洞
559756	**125766**	**148269**	**60782**	**85617**	**32456**	**福建**
201	150	1589	687	200	200	鼓山
108	80	240	107	98	12	十八重溪
7156	6220	1420		1300	135	青云山
353	353	1600	1170	389	41	海坛
32619	18950	34972	1920	33048	17023	鼓浪屿——万石山
106025	4965	40272	40272			湄洲岛
1350	1350	1672	1326	336	264	玉华洞
3500	3500	2500	1350	1150	1150	泰宁
900	900	1997	529	900	100	桃源洞——鳞隐石林
1480	1480	5109	3000	2109	1516	清源山
5000	970	3900	2100	1800	400	灵通山
350780	63750	1347	1214	133	2	宝山
		136	120	16		佛子山
39042	13930	38866	183	38683	10808	武夷山
1920	1920	3163	2603	320	320	冠豸山
5930	3900	2950	1500	1450	300	鸳鸯溪
69	32	2514	1984	530	35	福安白云山
3323	3316	4022	717	3155	150	太姥山
353469	**131342**	**393487**	**168404**	**195771**	**53326**	**江西**
64300	520	3700	3000	400	300	梅岭——滕王阁
7908	3546	6900	4800	2100	800	高岭——瑶里
3399	3399	134648	104500	5148	2150	云居山——柘林湖
143825	28500	140267		139825	28680	庐山
35000	28000	33000	10000	20000	13000	仙女湖
21300	19000	16700	5200	11500	500	龙虎山
1131	621	7801	6640	1107	54	三百山
1000		15000	14000	1000	800	武功山

1-2-20 续3

风景名胜区 名　　称 Name of Scenic Spots	风景名胜区 面　　积 （平方公里） Area of Scenic Spots (km^2)	供游览面积 Tourism-Only Area	游人量 （万人次） Number of Visits (10,000 person-times)	境外游人 Visits by Foreign Tourists	景区资金 收入合计 （万元） Total Revenues of Scenic Spots (10,000RMB)	国家拨款 Financial Allocation from Central Government
井冈山	333	114	847.7	5.3	52428	
龟峰	39	12	68.3	2.6	2444	300
三清山	230	28	611.0	23.9	40112	5278
灵山	102	31	60.0		3500	
神农源	43	11	16.0	1.2	1600	400
大茅山	154	81	51.2	0.5	393	136
山东	**884**	**458**	**3194.7**	**63.7**	**147065**	**7273**
青岛崂山	489	179	1269.2	18.4	29924	
博山	73	73	400.0	1.2	4700	750
胶东半岛海滨	92	26	1002.7	19.6	81755	53
青州	59	55	30.0	2.1	965	
泰山	171	125	492.8	22.4	29721	6470
河南	**1407**	**1021**	**2485.3**	**62.1**	**165946**	**5832**
郑州黄河	20	17	64.0	1.5	11934	2120
嵩山	152	38	449.0	13.0	21105	
洛阳龙门	9	3	249.0	8.3	31392	1010
石人山	268	268	62.0	6.0	1516	
林虑山	310	100	207.2	7.0	3120	40
云台山	55	45	506.0	17.0	42299	599
青天河	91	80	320.0	1.3	11950	
神农山	102	96	414.3	5.8	16076	520
桐柏山——淮源	108	82	63.0	1.0	509	
鸡公山	27	27	44.0		23648	1543
王屋山	265	265	106.8	1.2	2397	
湖北	**1590**	**710**	**1924.4**	**35.5**	**309489**	**82486**
武汉东湖	62	62	369.4	2.2	20126	11436
武当山	312	170	426.0	14.9	248600	70000
长江三峡	180	155	91.0	8.0	7231	0
隆中	209	13	47.0	1.0	2117	
大洪山	499	185	878.0	7.9	22660	800
九宫山	210	45	65.0		7500	250
陆水	118	80	48.0	1.5	1255	
湖南	**3140**	**1655**	**4679.6**	**138.1**	**444009**	**46227**
岳麓山	35	7	700.0		12111	9035
沩山	190	20	172.0	8.0	24500	
炎帝陵	119	5	20.0	1.0	1246	35
韶山	112	78	758.0	2.9	212800	28000

经营收入 Operational Income (10, 000 RMB)	门票 Ticket Fees	景区资金支出合计（万元） Total Expenditure of Scenic Spots (10, 000 RMB)	经营支出 Operational Expenditure	固定资产投资完成额 Completed Investment in Fixed Assets	维护支出 Maintenance Expenditure	风景名胜区名称 Name of Scenic Spots
52428	27169	16800	8950	7850	6200	井冈山
2144	1718	2207	820	1387	292	龟峰
17417	17417	12541	8356	4055	130	三清山
2200	215	3100	1890	1210	390	灵山
1160	980	434	216	186	28	神农源
257	257	389	32	3	2	大茅山
124115	**103326**	**109067**	**16595**	**80764**	**40794**	**山东**
20273	13234	17653	287	8498	3877	青岛崂山
3900	2100	4700	1750	1600	930	博山
75726	65879	56427	12274	42813	8920	胶东半岛海滨
965	918	1117	31	936	150	青州
23251	21195	29170	2253	26917	26917	泰山
137357	**103007**	**150444**	**73642**	**68950**	**4011**	**河南**
9814	2424	11153	3053	7518	582	郑州黄河
19041	18764	14310	428	13438	240	嵩山
30382	21558	56978	48187	8791	1205	洛阳龙门
1516	802	7350	6300	366	304	石人山
3080	2656	9500	7695	1491	683	林虑山
41700	25265	35305	5395	29074	836	云台山
11950	11950	3350	2222	860		青天河
15556	15556	4800	50	3200		神农山
509	509	405	312	80	63	桐柏山——淮源
1546	1260	5030		1869		鸡公山
2263	2263	2263		2263	98	王屋山
88978	**39304**	**155275**	**85529**	**63599**	**28855**	**湖北**
6895	4975	20343	238	15865	4240	武汉东湖
48000	20839	89000	59000	30000	19800	武当山
4801	2430	6701	550	4569	1582	长江三峡
2117	1800	4161	2841	1320	73	隆中
18660	8010	25315	20400	4915	2360	大洪山
7250	550	8500	2500	6000	500	九宫山
1255	700	1255		930	300	陆水
346260	**182443**	**412470**	**106973**	**263766**	**37809**	**湖南**
3076		12111		3076	2076	岳麓山
1476	1476	24400	22900	1500	500	沩山
400	360	1195	40	115	89	炎帝陵
163400	21400	206800	72000	105000	29800	韶山

1-2-20 续 4

风景名胜区名称 Name of Scenic Spots	风景名胜区面积（平方公里） Area of Scenic Spots (km^2)	供游览面积 Tourism-Only Area	游人量（万人次） Number of Visits (10,000 person-times)	境外游人 Visits by Foreign Tourists	景区资金收入合计（万元） Total Revenues of Scenic Spots (10,000RMB)	国家拨款 Financial Allocation from Central Government
衡山	100	78	430.0	3.0	23653	
白水洞	120	17	40.0		66	
虎形山——花瑶	118	86	11.3	1.0	1317	976
崀山	108	93	170.0	20.0	15500	2000
南山	187	16	7.6		861	
岳阳楼洞庭湖	333	265	155.0	15.0	5500	
福寿山——汨罗江	165	58	45.6	0.1	830	586
桃花源	158	29	32.7	3.0	5206	1625
武陵源	397	264	1800.0	75.6	125000	
苏仙岭——万华岩	46	2	87.4	0.2	2460	932
东江湖	290	200	20.9	0.7	4910	1345
万佛山——侗寨	166	90	40.0		2200	
紫鹊界梯田——梅山龙宫	81	81	16.0	1.0	589	223
凤凰	81	63	37.1	0.1	890	20
猛洞河	226	158	90.0	4.0	3500	800
德夯	108	45	46.0	2.5	870	650
广东	**714**	**290**	**4444.4**	**50.5**	**96002**	**20226**
白云山	22	18	1269.8	33.2	17307	5041
丹霞山	292	60	309.0	8.0	11875	
梧桐山	32	11	1500.3		15960	12431
西樵山	14		98.0		3496	116
湖光岩	5	2	87.0	0.7	2459	791
肇庆星湖	20	13	275.3		7610	
惠州西湖	21	18	669.0		2945	1847
罗浮山	308	168	236.0	8.6	34350	
广西	**6465**	**2423**	**3460.2**	**189.5**	**58370**	**755**
桂林漓江	2064	2000	3292.7	182.4	55770	
桂平西山	1400	408	95.0	3.0	2010	255
花山	3001	15	72.5	4.1	590	500
海南	**231**	**67**	**1182.4**	**372.1**	**140505**	**17975**
三亚热带海滨	231	67	1182.4	372.1	140505	17975
重庆	**2500**	**897**	**892.9**	**66.4**	**206491**	**9722**
潭獐峡	80	62	1.9		1385	1200
重庆缙云山	170	12	19.0		2302	2022
四面山	213	106	140.0	4.1	68410	
金佛山	441	220	97.0	1.0	31900	2800
长江三峡	1095	400	398.2	58.1	73316	200

经营收入 Operational Income (10,000 RMB)	门票 Ticket Fees	景区资金支出合计(万元) Total Expenditure of Scenic Spots (10,000 RMB)	经营支出 Operational Expenditure	固定资产投资完成额 Completed Investment in Fixed Assets	维护支出 Maintenance Expenditure	风景名胜区名称 Name of Scenic Spots
23653	15680	3215	2132	823	563	衡山
62	62	93	25	30	25	白水洞
341	55	1110	890	220	168	虎形山——花瑶
10000	3500	2900	1500	1400	300	崀山
735	100	861	483	149	72	南山
5500	4500	1150	650	500	380	岳阳楼洞庭湖
210	34	590	520	70	45	福寿山——汨罗江
3581	1949	5486	1398	4088	2782	桃花源
125000	125000	139700		139700	240	武陵源
1244	1051	2162	277	1885	354	苏仙岭——万华岩
1827	1801	4691	1150	2232	45	东江湖
2200	2000	1408	1208	200	100	万佛山——侗寨
215	195	128	50	58	20	紫鹊界梯田——梅山龙宫
870	870	100		100	35	凤凰
2250	2250	3500	1100	2400	150	猛洞河
220	160	870	650	220	65	德夯
61035	**25510**	**100303**	**20674**	**77913**	**32196**	**广东**
12265	5152	17032	413	16619	5379	白云山
6759	4565	10040	4237	5377	257	丹霞山
3361	3222	15622	2308	13314	13314	梧桐山
3169	3169	5388	996	4392	3710	西樵山
1668	1329	2548	141	2407	179	湖光岩
7610	6081	7610	472	6278	6278	肇庆星湖
1097	138	2939	43	2896	2369	惠州西湖
25106	1854	39124	12064	26630	710	罗浮山
29445	**10800**	**54865**	**13380**	**30100**	**17816**	**广西**
27600	9674	42550	3300	28600	17500	桂林漓江
1755	1036	11725	9575	1415	311	桂平西山
90	90	590	505	85	5	花山
110530	**67163**	**118542**	**48215**	**64639**	**27717**	**海南**
110530	67163	118542	48215	64639	27717	三亚热带海滨
196232	**47417**	**228248**	**103243**	**111435**	**25021**	**重庆**
185		1680	1200	480	420	潭獐峡
280	280	2302	1900	402	250	重庆缙云山
68410	4295	98439	59000	29000	4400	四面山
29100	2128	48425	20000	25608	2817	金佛山
72756	20856	60339	13357	46942	14989	长江三峡

1-2-20 续 5

风景名胜区 名　　称 Name of Scenic Spots	风景名胜区 面　　积 (平方公里) Area of Scenic Spots (km^2)	供游览面积 Tourism-Only Area	游 人 量 (万人次) Number of Visits (10,000 person-times)	境外游人 Visits by Foreign Tourists	景区资金 收入合计 (万元) Total Revenues of Scenic Spots (10,000RMB)	国家拨款 Financial Allocation from Central Government
天坑地缝	400	11	121.8	3.2	23563	3500
芙蓉江	101	86	115.0		5615	
四川	**17014**	**5147**	**2925.4**	**71.4**	**321639**	**53188**
西岭雪山	483	115	59.3	2.6	19465	758
青城山——都江堰	150	49	511.9	7.6	28472	319
龙门山	81	35	20.0		404	404
天台山	106	40	31.5		1727	
剑门蜀道	616	292	340.8	5.3	8179	
白龙湖	482	334	6.2		956	950
峨眉山	172	96	607.0	20.2	87716	4413
蜀南竹海	103	44	126.0	6.0	7660	64
石海洞乡	74	28	31.0	0.5	2100	
光雾山——诺水河	456	310	508.0	0.3	13270	3000
黄龙	1340	700	231.5	3.2	54838	15284
九寨沟	720	55	363.9	13.0	89878	24459
四姑娘山	560	560	13.7	0.7	4473	3506
贡嘎山	11055	2354	53.6	12.0	1689	
邛海——螺髻山	616	135	21.0		812	31
贵州	**3263**	**1732**	**1884.2**	**29.4**	**363216**	**29994**
红枫湖	200	180	10.0		374	
赤水	328	328	284.2	2.1	257411	
龙宫	60	8	138.8	0.1	6915	77
黄果树	163	47	880.2	4.9	67181	22770
紫云格凸河穿洞	57	11	42.9	1.0	570	350
九龙洞	56	16	7.5		1092	790
石阡温泉群	54	21	10.0			
沿河乌江山峡	102	45	40.0	15.0	110	110
马岭河峡谷	450	74	14.5	3.2	428	108
九洞天	86	86	6.2		210	60
织金洞	307	2	96.0		16026	1894
㵲阳河	625	425	20.4		602	
黎平侗乡	156	94	95.0	3.0	3500	1000
榕江苗山侗水	168	108	153.0	0.1	2614	2600
荔波樟江	119	119	80.1		5790	
瓮安江界河	134	24	2.0			
平塘	110	56	1.2		110	
都匀斗篷山——剑江	88	88	2.2		283	235

经营收入 Operational Income (10,000 RMB)	其中: 门票 Ticket Fees	景区资金支出合计(万元) Total Expenditure of Scenic Spots (10,000 RMB)	经营支出 Operational Expenditure	固定资产投资完成额 Completed Investment in Fixed Assets	其中: 维护支出 Maintenance Expenditure	风景名胜区名称 Name of Scenic Spots
19886	14243	14051	6826	6951	1730	天坑地缝
5615	5615	3012	960	2052	415	芙蓉江
262484	**215929**	**203108**	**80970**	**99146**	**7363**	**四川**
14317	5148	25843	25843			西岭雪山
28153	27079	34705	9638	25067	105	青城山——都江堰
		404		50	50	龙门山
310	1417	24301	22711	1590	817	天台山
8029	3661	4923	2100	2700	123	剑门蜀道
6	6	480	380	60		白龙湖
83303	57649	45827	10844	18018	1016	峨眉山
7596	7596	7655	3	6770	892	蜀南竹海
2100	2000	1620	46	1486	77	石海洞乡
10270	3440	9510	3800	5710	1323	光雾山——诺水河
39544	39544	16182	442	11200	345	黄龙
65419	65419	25623	3135	22488	278	九寨沟
967	889	4289	1941	2348	2306	四姑娘山
1689	1300	1200		1200		贡嘎山
781	781	546	87	459	31	邛海——螺髻山
312470	**38077**	**206804**	**22241**	**37089**	**7878**	**贵州**
374		476	1	475	86	红枫湖
257411	1721	152128	766	6138	4729	赤水
3630	3209	5291	1115	4031	145	龙宫
39411	24000	31548	10746	20227	575	黄果树
220	80	196	110	63	23	紫云格凸河穿洞
302	302	2717	1270	1447	1447	九龙洞
						石阡温泉群
		40	20	20	20	沿河乌江山峡
320	178	495	353	142	55	马岭河峡谷
150	150	117	35	48	34	九洞天
1908	1860	6470	3713	2487	270	织金洞
602	602	450		442	8	㵲阳河
2186	25	2080	900	160	90	黎平侗乡
14	14	2624	2612	12	10	榕江苗山侗水
5785	5785	1780	395	1350	345	荔波樟江
						瓮安江界河
110	110	140				平塘
47	41	252	205	47	41	都匀斗篷山——剑江

风景名胜区名　称 Name of Scenic Spots	风景名胜区面　积（平方公里） Area of Scenic Spots (km^2)	供游览面积 Tourism-Only Area	游人量（万人次） Number of Visits (10,000 person-times)	境外游人 Visits by Foreign Tourists	景区资金收入合计（万元） Total Revenues of Scenic Spots (10,000RMB)	国家拨款 Financial Allocation from Central Government
云南	**2607**	**805**	**2526.8**	**263.9**	**175672**	**740**
昆明滇池	355	55	47.0	6.0	2148	
九乡	167	33	97.1	8.1	6808	203
路南石林	350	12	335.0	14.5	54173	
腾冲热地火山	115	52	160.0	140.0	13000	10
丽江玉龙雪山	360	180	855.0	79.0	52100	
建水	152	20	276.6	2.3	2368	
阿庐	13	2	32.4	1.7	1680	
普者黑	145	145	11.0	0.1	5298	
西双版纳	63	26	467.6	7.0	32577	
大理	86	44	148.8	2.2	5520	527
三江并流	467	53	0.6			
瑞丽江——大盈江	334	183	95.7	3.0		
西藏	**13791**	**4681**	**176.6**	**5.1**	**7267**	**10**
纳木措——念青唐古拉山	4873	2433	53.6		5767	
雅砻河	920	920	123.0	5.1	1500	10
唐古拉山——怒江源	7998	1328				
陕西	**760**	**359**	**1552.6**	**84.9**	**107215**	**2965**
临潼骊山	120	91	1183.0	80.0	76466	
宝鸡天台山	134	40	2.3		90	25
合阳洽川	177	165	50.3		2457	1257
华山	148	50	152.0	1.1	15966	
黄河壶口瀑布	178	12	75.0	3.8	6662	1583
黄帝陵	3	1	90.0		5574	100
甘肃	**1099**	**250**	**389.0**	**35.9**	**18285**	**949**
麦积山	215	215	148.0	10.2	5198	659
崆峒山	84	20	161.0	17.7	6137	
鸣沙山	800	15	80.0	8.0	6950	290
青海	**8978**	**8978**	**101.2**	**1.1**	**13541**	
青海湖	8978	8978	101.2	1.1	13541	
宁夏	**86**	**13**	**105.0**	**1.2**	**5176**	**1662**
西夏王陵	86	13	105.0	1.2	5176	1662
新疆	**7413**	**3379**	**307.3**	**2.7**	**18689**	**5859**
库木塔格沙漠	1880	250	21.0	0.1	578	214
天山天池	548	122	176.0	2.3	10099	
赛里木湖	1301	1301	40.4	0.1	2922	2445
罗布人村寨	134	43	17.0		390	
博斯腾湖	3550	1663	52.9	0.2	4700	3200

经营收入 Operational Income (10,000 RMB)	门票 Ticket Fees	景区资金支出合计（万元） Total Expenditure of Scenic Spots (10,000 RMB)	经营支出 Operational Expenditure	固定资产投资完成额 Completed Investment in Fixed Assets	维护支出 Maintenance Expenditure	风景名胜区名称 Name of Scenic Spots
160129	**119642**	**128264**	**35243**	**51472**	**9351**	**云南**
2148	1910	2141		2141	94	昆明滇池
6605	6184	6009	281	5728	26	九乡
54173	53469	39900	3490	8100	3750	路南石林
9500	3500	28000	20000	6500	1500	腾冲热地火山
52100	36100	2800	2200	500	300	丽江玉龙雪山
2368	1706	2276	79	1978	91	建水
1680	1680	1702	18	1587	97	阿庐
2600	320	5850	930	3537	1383	普者黑
24462	12812	36020	7591	18489	1886	西双版纳
4493	1961	3416	654	2762	74	大理
						三江并流
		150		150	150	瑞丽江——大盈江
7167	**5927**	**1385**	**194**	**1181**	**10**	**西藏**
5767	5767	1360	194	1166		纳木措——念青唐古拉山
1400	160	25		15	10	雅砻河
						唐古拉山——怒江源
102861	**100715**	**25336**	**11716**	**10903**	**1505**	**陕西**
76465	76465					临潼骊山
60	48	350	150	180	150	宝鸡天台山
1200	655	9350	8880	470	210	合阳洽川
14599	13010	8560	1890	5550	535	华山
5078	5078	1583	73	1510	450	黄河壶口瀑布
5459	5459	5493	723	3193	160	黄帝陵
17336	**12516**	**14644**	**5516**	**8566**	**2031**	**甘肃**
4539	2974	5004	2760	2244	891	麦积山
6137	3184	6329	2652	3115	562	崆峒山
6660	6358	3311	104	3207	578	鸣沙山
13541	**7989**	**12235**	**1627**	**10608**	**441**	**青海**
13541	7989	12235	1627	10608	441	青海湖
3150	**364**	**4461**	**300**	**2430**	**1731**	**宁夏**
3150	364	4461	300	2430	1731	西夏王陵
12680	**11532**	**12880**	**11076**	**964**	**496**	**新疆**
364	306	998	282	716	328	库木塔格沙漠
10099	10099	2640	2640			天山天池
477	477	1957	1119	48	48	赛里木湖
240	150	285	235			罗布人村寨
1500	500	7000	6800	200	120	博斯腾湖

1-2-21 城市市容环境卫生（2012 年）

地区名称 Name of Regions		道路清扫保洁面积（万平方米） Surface Area of Roads Cleaned and Maintained (10,000 m^2)	生活垃圾									
			机械化 Mechanization	清运量（万吨） Collected and Transported (10,000 ton)	密闭车（箱）清运量 Quantity of Garbage Transported by Air-tight Vehicle (10,000 ton)	处理量（万吨） Volume of Treated (10,000 ton)	无害化处理场（厂）数（座） Number of Harmless Treatment Plants/Grounds (unit)	卫生填埋 Sanitary Landfill	焚烧 Incineration	其他 other	无害化处理能力（吨/日） Harmless Treatment Capacity (ton/day)	卫生填埋 Sanitary Landfill
全　国	**National Total**	**573507**	**245392**	**17080.87**	**15387.60**	**15940.46**	**701**	**540**	**138**	**23**	**446268**	**310927**
北　京	Beijing	14346	9085	648.31	648.31	642.60	20	13	3	4	16830	11380
天　津	Tianjin	8723	5517	185.77	185.77	185.41	9	6	3		9500	6200
河　北	Hebei	23128	11460	577.44	515.14	563.01	31	23	4	4	13629	8917
山　西	Shanxi	12637	5725	392.39	340.05	332.39	18	13	4	1	9936	6166
内蒙古	Inner Mongolia	12755	3550	385.91	366.73	370.98	21	20		1	9868	9028
辽　宁	Liaoning	33403	9642	929.92	685.91	877.65	27	25	1	1	21304	19487
吉　林	Jilin	13287	4179	508.55	374.16	473.91	11	8	3		8773	5933
黑龙江	Heilongjiang	18320	7394	710.01	468.06	361.76	21	19	2		11807	11307
上　海	Shanghai	17294	11667	716.00	716.00	598.51	10	4	2	4	11732	6232
江　苏	Jiangsu	48098	22578	1210.07	1186.73	1199.06	47	26	21		43113	21844
浙　江	Zhejiang	30973	14118	1055.03	1023.06	1048.01	53	27	26		37161	14796
安　徽	Anhui	22229	11044	442.06	399.98	421.20	22	18	4		12426	9876
福　建	Fujian	12696	5178	493.81	424.81	486.91	27	14	12	1	16425	6375
江　西	Jiangxi	11964	3010	327.15	275.80	327.15	15	15			9193	9193
山　东	Shandong	56109	28292	1062.38	1012.20	1053.54	58	47	9	2	35795	26535
河　南	Henan	23569	7361	795.84	715.68	724.60	42	38	3	1	21790	18490
湖　北	Hubei	21086	6398	716.63	609.05	666.48	28	21	7		17040	9028
湖　南	Hunan	16216	7657	565.43	516.08	554.92	30	29	1		16704	16104
广　东	Guangdong	71791	28942	2136.88	1959.00	1943.67	55	37	18		43197	27362
广　西	Guangxi	11601	4130	266.21	252.28	260.88	21	18	2	1	8271	7271
海　南	Hainan	6384	2160	110.18	97.02	110.08	9	6	3		4167	2517
重　庆	Chongqing	10311	6409	335.29	324.87	332.86	14	12	2		8154	4554
四　川	Sichuan	19318	9781	702.75	664.17	664.44	29	26	3		17296	16685
贵　州	Guizhou	4910	1974	235.69	203.22	223.44	13	13			6296	6296
云　南	Yunnan	15643	5338	306.74	286.44	305.06	19	14	5		9995	5035
西　藏	Tibet	678	399	25.62	24.72	24.82						
陕　西	Shaanxi	12267	4862	433.10	401.97	421.12	13	11		2	11212	10262
甘　肃	Gansu	6235	1642	270.54	253.76	265.26	12	12			3178	3178
青　海	Qinghai	2070	74	66.25	66.25	61.95	4	4			2006	2006
宁　夏	Ningxia	5021	1229	116.23	96.03	107.50	4	4			2160	2160
新　疆	Xinjiang	10445	4597	352.69	294.35	331.29	18	17		1	7310	6710

1-2-21 Urban Environmental Sanitation（2012）

Domestic Garbage						粪便 Excrement and Urine		公厕数（座）		市容环卫专用车辆设备总数（台）	地区名称
焚烧 Incineration	其他 other	无害化处理量（万吨） Volume of Harmlessly Treated (10,000 ton)	卫生填埋 Sanitary Landfill	焚烧 Incineration	其他 other	清运量（万吨） Quantity of Excrement Transported (10,000 ton)	处理量（万吨） Quantity of Excrement Treated (10,000 ton)	Number of Latrines (unit)	三类以上 Grade Ⅲ and Above	Number of Vehicles and Equipment Designated for Municipal Environmental Sanitation (unit)	Name of Regions
122649	**12692**	**14489.54**	**10512.49**	**3584.06**	**392.99**	**1811.80**	**801.38**	**121941**	**85314**	**112157**	**全　国**
2800	2650	633.13	443.18	94.65	95.30	207.15	183.41	5773	5773	9384	北　京
3300		185.41	103.07	82.34		32.05	13.23	1192	754	2453	天　津
2850	1862	469.99	310.41	114.33	45.25	85.68	29.52	6661	3846	3889	河　北
3620	150	314.89	203.09	105.30	6.50	79.50	0.88	3206	1141	3986	山　西
	840	352.02	335.22		16.8	105.95	27.67	4459	1510	2093	内蒙古
1537	280	810.56	773.67	29.59	7.3	113.40	26.40	5582	1713	5323	辽　宁
2840		232.88	176.45	56.43		88.78	58.16	4184	1074	4759	吉　林
500		337.81	328.63	9.18		151.14	44.65	7058	1695	5749	黑龙江
2500	3000	598.51	377.49	103.62	117.40	200.00	64.55	6340	4404	5102	上　海
21269		1160.86	493.27	667.59		72.92	45.45	10035	8031	8709	江　苏
22365		1044.12	469.63	574.49		84.20	64.89	7852	6172	5607	浙　江
2550		402.91	314.82	88.09		27.17	8.24	3096	2603	2320	安　徽
9550	500	476.11	238.10	218.01	20	4.10	2.92	2890	2850	2222	福　建
		291.33	291.33			44.62	8.85	2041	1532	1184	江　西
8200	1060	1041.74	719.37	295.86	26.51	120.60	59.63	5745	4717	8598	山　东
2900	400	687.60	588.34	90.96	8.30	66.44	15.46	7162	6188	3614	河　南
8012		512.44	302.28	210.16		37.18	7.08	4702	3417	4091	湖　北
600		537.20	514.46	22.74		4.92	1.66	3280	2729	2810	湖　南
15835		1690.56	1195.89	494.67		99.43	57.65	9648	9137	9066	广　东
600	400	260.88	244.64	7.64	8.60	13.40	9.13	2159	1522	2022	广　西
1650		110.08	48.53	61.55		22.17		459	336	1824	海　南
3600		332.86	237.83	95.03		63.94	18.69	1992	1586	1807	重　庆
611		620.44	603.31	17.13		19.74	9.98	5147	3928	3797	四　川
		216.64	216.64			4.85	3.80	1262	1064	1681	贵　州
4960		253.66	108.96	144.70		17.74	11.43	2409	2002	2102	云　南
								43		38	西　藏
	950	383.24	356.47		26.77	22.92	8.28	2872	2620	2072	陕　西
		112.75	112.75			17.07	16.86	1334	949	1499	甘　肃
		59.10	59.10			1.25		592	257	319	青　海
		82.10	82.10			3.12	1.94	604	502	672	宁　夏
	600	277.72	263.46		14.26	0.37	0.97	2162	1262	3365	新　疆

二、县城部分
Statistics for County Seats

2012 年县城部分概述

概况 2012 年末，全国有县城 1624 个，据其中 1607 个县、16 个特殊区域及 145 个新疆生产建设兵团师团部驻地统计汇总，县城人口 1.34 亿人，暂住人口 1514 万人，建成区面积 1.87 万平方公里。

县城市政公用设施固定资产投资 2012 年，县城市政公用设施固定资产完成投资 3466 亿元。其中：道路桥梁、园林绿化、排水分别占县城市政公用设施固定资产投资的 50.1%、16.8% 和 6.6%。

全国县城市政公用设施投资新增固定资产 2761.1 亿元，固定资产投资交付使用率 79.7%。主要新增生产能力（或效益）是：供水日综合生产能力 222 万立方米，天然气储气能力 830 万立方米，集中供热蒸汽能力 934 吨/小时，热水能力 9363 兆瓦，道路长度 6293 公里，排水管道长度 1.1 万公里，污水处理厂日处理能力 167 万立方米，生活垃圾无害化日处理能力 1.7 万吨。

县城供水和节水 2012 年，县城全年供水总量 102 亿立方米，其中生产运营用水 28.2 亿立方米，公共服务用水 10.8 亿立方米，居民家庭用水 45.4 亿立方米。用水人口 1.3 亿人，用水普及率 86.9%。人均日生活用水量 119.5 升。2012 年，县城节约用水 3.1 亿立方米，节水措施总投资 4.4 亿元。

县城燃气和集中供热 2012 年，人工煤气供应总量 8.6 亿立方米，天然气供气总量 70.1 亿立方米，液化石油气供气总量 256.9 万吨。用气人口 1.02 亿人，燃气普及率 68.5%。2012 年末，蒸汽供热能力 1.4 万吨/小时，热水供热能力 9.7 万兆瓦，集中供热面积 9 亿平方米。

县城道路桥梁 2012 年末，县城道路长度 11.8 万公里，道路面积 21 亿平方米，其中人行道面积 5.3 亿平方米，人均城市道路面积 14.1 平方米。

县城排水与污水处理 2012 年末，全国县城共有污水处理厂 1416 座，污水厂日处理能力 2623 万立方米，排水管道长度 13.7 万公里。县城全年污水处理总量 64.2 亿立方米，污水处理率 75.2%，其中污水处理厂集中处理率 72.9%。

县城园林绿化 2012 年末，县城建成区绿化覆盖面积 52 万公顷，建成区绿化覆盖率 27.7%；建成区园林绿地面积 43.7 万公顷，建成区绿地率 23.3%；公园绿地面积 13.4 万公顷，人均公园绿地面积 8.99 平方米。

县城市容环境卫生 2012 年末，全国县城道路清扫保洁面积 18.4 亿平方米，其中机械清扫面积 5.1 亿平方米，机械清扫率 27.7%。全年清运生活垃圾、粪便 0.75 亿吨。全国县城共有生活垃圾无害化处理厂（场）848 座，日处理能力 12.7 万吨，处理量 0.37 亿吨，县城生活垃圾无害化处理率 53.97%。

Overview

General situation There were 1627 counties across the country at the end of 2012. Based on 1607 counties statistics, 16 special regions and 145 Xinjiang Production and Construction Corps stations with a total population of 134 million and temporary residents of 15. 14 million. Built-up areas in county seats accounted for 18. 7 thousand square kilometers.

The fixed assets investment in municipal utilities In 2012, The fixed assets investment in the county seat municipal utilities reached 346. 6 billion. Among this fixed assets investment in the municipal utilities, the investment in roads and bridges, greening and landscaping, drainage accounted for 50. 1% , 116. 8% , 6. 6% of the total fixed assets investment in municipal utilities respectively.

The newly increased fixed assets in the municipal utilities amounted to 276. 11 billion. The fixed assets delivery rate reached 79. 7% . The newly added production capacity or benefits of major utilities included: daily overall water production capacity was 2. 22 million m^3, natural gas storage capacity was 8. 3million m^3, the supply capacity of central heating from steam and hot water was 934 tons per hour and 9. 363 thousand megawatts respectively, the length of County Seat roads totaled 6. 293 thousand kilometers, the drainage pipelines reached 11 thousand kilometers, daily wastewater treatment capacity was 1. 67 million m^3, and daily County Seat domestic garbage treatment capacity was 17 thousand tons.

County Seat water supply and water conservation In 2012, the total quantity of County Seat water supplied was 10. 2 billion m^3. The total quantity of water used for industrial production and operation was 2. 82 billion m^3. The quantity of water used for public service was 1. 08 billion m^3. The quantity of domestic water use came to 4. 54 billion m^3. County Seat water coverage rate was 86. 9% , supplying a total population of 130 million. Daily per capita water consumption was 119. 5 liter. 310 million cubic meters of county seat water was saved in the year with total investment in water saving measures reaching RMB 440 million yuan.

County Seat gas and centralized heating In 2012, the total quantity of man-made coal gas supply was 860 million m^3, natural gas supply was 7. 01 billion m^3, and LPG supply was 2. 569 million tons. County Seat population supplied with gas was 102 million with coverage rate registering 68. 5% . By the end of 2012, the supply capacity of heating from steam and hot water reached 14 thousand tons per hour and 97 thousand megawatts respectively. The centrally heated area extended to reach 900 million square meters.

County Seat roads and bridge

At the end of 2012, the country claimed a total length of County Seat road of 118 thousand kilometers whose surface area was 2. 1 billion square meters with sidewalks 0. 53 billion square meters, and per capita road surface area is 14. 1 square meters.

County Seat drainage and wastewater treatment At the end of 2012, there were a total of 1416 wastewater treatment plants in cities with daily treatment capacity of 26. 23 million cubic meters. The length of drainage pipelines reached 137 thousand kilometers. The total quantity of county seat wastewater treated within the year was 6. 42 billion cubic meters with treatment rate of 75. 2% and central treatment rate of 72. 9% .

County Seat greening and landscaping By the end of 2012, the area in built-up district covered by greenery totaled 520 thousand hectare. The coverage rate increased to 27.7%. The total green space in built-up areas amounted to 437 thousand hectares with coverage rate of 23.3%. The country claimed 134 thousand hectares of public green space with public green space per capita was 8.99 square meters

The County Seat environmental sanitation By the end of 2012, the total surface area of road cleaned and maintained was 1.84 billion square meters, of which mechanically cleaned area was 510 million square meters with a mechanical cleaning rate of 27.7%. The total amount of domestic garbage and night soil cleared and transported throughout the year was 75 million tons. There are 848 non-hazardous treatment facilities for domestic solid waste in county seat across the country, handling a treatment volume of 37 million tons with daily treatment capacity of 127 thousand tons. The non-hazardous treatment rate for county seat domestic solid waste is 53.97%.

2-1-1 全国历年县城市政公用设施水平

2-1-1 Level of Service Facilities of National County Seat in Past Years

指标 Item / 年份 Year	用水普及率（%） Water Coverage Rate（%）	燃气普及率（%） Gas Coverage Rate（%）	每万人拥有公共交通车辆（标台） Motor Vehicle for Public Fransport Per 10,000 Persons（standard unit）	人均道路面积（平方米） Road Surface Area Per Capita（m^2）	污水处理率（%） Wastewater Treatment Rate（%）	园林绿化 人均公园绿地面积（平方米） Public Recreational Green Space Per Capita（m^2）	园林绿化 建成区绿化覆盖率（%） Green Coverage Rate of Built District（%）	园林绿化 建成区绿地率（%） Green Space Rate of Built District（%）	每万人拥有公厕（座） Number of Public Lavatories per 10,000 Persons（unit）
2000	84.83	54.41	2.64	11.20	7.55	5.71	10.86	6.51	2.21
2001	76.45	44.55	1.89	8.51	8.24	3.88	13.24	9.08	3.54
2002	80.53	49.69	2.51	9.37	11.02	4.32	14.12	9.78	3.53
2003	81.57	53.28	2.52	9.82	9.88	4.83	15.27	10.79	3.59
2004	82.26	56.87	2.77	10.30	11.23	5.29	16.42	11.65	3.54
2005	83.18	57.80	2.86	10.80	14.23	5.67	16.99	12.26	3.46
2006	76.43	52.45	2.59	10.30	13.63	4.98	18.70	14.01	2.91
2007	81.15	57.33	3.07	10.70	23.38	5.63	20.20	15.41	2.90
2008	81.59	59.11	3.04	11.21	31.58	6.12	21.52	16.90	2.90
2009	83.72	61.66		11.95	41.64	6.89	23.48	18.37	2.96
2010	85.14	64.89		12.68	60.12	7.70	24.89	19.92	2.94
2011	86.09	66.52		13.42	70.41	8.46	26.81	22.19	2.80
2012	86.94	68.50		14.09	75.24	8.99	27.74	23.32	2.09

注：1. 自2006年起，人均和普及率指标按县城人口和县城暂住人口合计为分母计算，以公安部门的户籍统计和暂住人口统计为准。

2. “人均公园绿地面积”指标2005年及以前年份为“人均公共绿地面积”。

3. 从2009年起，县城公共交通内容不再统计，增加轨道交通建设情况内容。

Note: 1. Since 2006, figure in tems of per capita and coverage rate have been calculated based on denominater which combines both permanent and temporary residents in county seat areas. And the population should come from statistics of police.

2. Since 2006, Public Green Space Per Capita is changed to be Public Recreational Green Space Per Capita.

3. Since 2009, statistics on county seat public transport have been removed, and relevant information on the construction of rail trainsit system has been added.

2-1-2 全国历年县城数量及人口、面积情况

2-1-2 National Changes in Number of Counties, Population and Area in Past Years

面积计量单位：平方公里 Area Measurement Unit: Square Meter

人口计量单位：万人 Population Measurement Unit: 10,000 persons

指标 Item / 年份 Year	县及其他个数 Number of Counties	县城人口 Couty Seat Population	县城暂住人口 Couty Seat Temporary Population	县城面积 Couty Seat Area	建成区面积 Area of Built District	城市建设用地面积 Area of Urban Construction Land
2000	1674	14157		53197	13135	8788
2001	1660	9012		57651	10427	9157
2002	1649	8874		56138	10496	9455
2003	1642	9235		53197	11115	10180
2004	1636	9641		53649	11774	11106
2005	1636	10030		63382	12383	12383
2006	1635	10963	934	76508	13229	13456
2007	1635	11581	1011	93887	14260	14680
2008	1635	11947	1079	130813	14776	15534
2009	1636	12259	1120	154603	15558	15671
2010	1633	12637	1236	175926	16585	16405
2011	1627	12946	1393	93567	17376	16151
2012	1624	13406	1514	94834	18740	17437

2-1-3　全国历年县城维护建设资金收入

2-1-3　National Revenue of County Seat Maintenance and Construction Fund in Past Years

计量单位：万元　Measurement Unit：10,000 RMB

指标 Item / 年份 Year	合计 Total	城市维护建设税 Urban Maintenance and Construction Tax	城市公用事业附加 Extra-Charges for Municipal Utilities	中央财政拨款 Financial Allocation From Central Government Budget	地方财政拨款 Financial Allocation From Local Government Budget	水资源费 Water Resource Fee	国内贷款 Domestic Loan	利用外资 Foreign Investment	企事业单位自筹资金 Self-Raised Funds by Enterprises and Institutions	其他收入 Other Revenues
2000	1475288	218874	45849	83404	209840	5421	177939	52215	243841	437904
2001	2339413	284380	47428	68460	378484	7807	261940	65162	535359	690393
2002	3165232	319198	49195	163717	552206	9087	374804	76792	775543	844690
2003	4703331	418992	52225	249529	829818	14283	603166	131672	1261785	1141861
2004	5178923	482254	58156	159856	1080049	13112	645288	134733	1203808	1401667
2005	6043627	562226	66971	173570	1405247	16618	698906	158159	1440598	1521332
2006	5280388	624690	87843	281139	121727	30201				4134788
2007	7218834	827944	115565	255958	2022760	55081				3941526
2008	9736493	1109612	217957	647527	2927932	59435				4774030
2009	13820241	1272267	165937	1125862	5319207	88990				5847978
2010	20582038	1520894	215283	1410514	5465372	116924				11853051
2011	26240827	1989632	393902	1878689	7259456	267072				14452076
2012	31833379	2529027	403033	2937679	9382874	283277				16297489

注：自2006年起，县城维护建设资金收入仅包含财政性资金，不含社会融资。地方财政拨款中包括省、市财政专项拨款和市级以下财政资金；其他收入中包括市政公用设施配套费、市政公用设施有偿使用费、土地出让转让金、资产置换收入及其他财政性资金。

Note：Since 2006，national revenue of county seats' maintenance and construction fund includes the fund fiscal budget，not including social funds. Local Financial Allocation include province and city special finacial allocation，and Other Revenues include fee for expansion of municipal utilites capacity，fee for use of municaipal utilities，land drainage facilities，water resource fee，property displace fee and so on.

2-1-4 全国历年县城维护建设资金支出

指标 Item / 年份 Year	支出合计 Total	按用途分 By Purpose 固定资产投资支出 Expenditure from Investment in Fixed Assets	维护支出 Maintenance Expenditure	其他支出 Other Expenditures	供水 Water Supply	燃气 Gas Supply	集中供热 Central Heating
2000	1543701	1224032	280838	38831	159991	17394	44294
2001	2336929	1746365	333699	256865	203748	42053	81911
2002	3196841	2529827	389298	277716	237120	82809	100698
2003	4661734	3907547	459527	294660	350503	120290	176962
2004	5077874	4221092	559888	296894	418492	132216	226354
2005	5927238	4831130	659689	436419	486596	187305	270791
2006	4971017	3660147	858483	452387	335755	84706	138289
2007	6806308	4796581	1207586	802141	356545	91517	227936
2008	9192126	6722788	1434309	1020577	429065	161977	322488
2009	13182941	10266437	1773499	1322453	581938	195643	471494
2010	20451108	16006075	2348570	2096535	764970	347357	607139
2011	24246084	18101051	3240910	2904123			
2012	33299318	23820534	3899428	5579356			

注：从2009年起，县城公共交通内容不再统计。

Note: Since 2009, statistics on county seat public transport have been removed.

2-1-4 National Expenditure of County Seat Maintenance and Construction Fund in Past Years

计量单位：万元 Measurement Unit：10, 000 RMB

按行业分 By Indurstry

公共交通 Public Transportation	道路桥梁 Road and Bridge	排水 Sewerage	防洪 Flood Control	园林绿化 Landscaping	市容环境卫生 Environmental Sanitation	其他 Other
21325		113500		81017	69388	226679
56570	900589	170371	84847	167091	105395	524354
69067	1267934	256982	107759	213189	129337	731946
92844	2040028	401354	149805	293000	208242	828706
110896	2068361	447482	164216	386914	206046	916897
136966	2390132	545025	192193	419119	239892	1059219
93385	2192650	533822	144505	434397	284086	729422
164390	2897997	781286	191378	605518	398862	1090879
232359	3904437	1098048	183828	964899	524292	1370733
	5120827	2278356	299657	1375296	1009819	1849911
	8356614	2383811	418408	2543138	1380225	7444422

2-1-5 按行业分全国历年县城市政公用设施建设固定资产投资

2-1-5 National Fixed Assets Investment of County Seat Sevice Facilities by Industry in Past Years

计量单位：亿元 Measurement Unit：100 million RMB

指标 Item / 年份 Year	本年固定资产投资总额 Completed Investment of This Year	供水 Water Supply	燃气 Gas Supply	集中供热 Central Heating	公共交通 Public Transportation	道路桥梁 Road and Bridge	排水 Sewerage	污水处理及其再生利用 Wastewater Treatment and Reuse	防洪 Flood Control	园林绿化 Landscaping	市容环境卫生 Environmental Sanitation	垃圾处理 Garbage Treatment	其他 Other
2000													
2001	337.4	23.6	6.2	8.3	10.0	117.2	20.4	5.3	11.8	18.2	6.9	1.6	114.9
2002	412.2	28.1	10.5	13.2	10.6	152.9	33.0	12.9	13.7	22.0	10.6	3.9	117.7
2003	555.7	38.8	13.9	18.5	11.8	228.3	44.6	16.1	17.5	30.5	14.9	7.0	136.6
2004	656.8	44.4	15.1	24.3	12.3	246.7	52.5	17.2	19.1	41.0	14.7	4.5	186.7
2005	719.1	53.4	21.9	29.8	14.1	285.1	63.5	24.6	20.4	45.0	17.0	5.4	169.8
2006	730.5	44.3	24.1	28.9	10.3	319.1	72.1	37.0	11.6	46.2	42.2	7.6	132.4
2007	812.0	42.3	26.9	42.4	17.7	358.1	107.1	67.2	17.5	76.0	29.2	16.4	94.9
2008	1146.1	48.2	35.7	58.5	18.3	532.1	141.2	80.8	26.4	174.1	37.2	23.2	74.4
2009	1681.4	78.2	37.0	72.9		690.3	305.7	225.7	42.1	222.8	94.7	62.9	137.6
2010	2569.8	88.1	67.2	124.2		1132.1	271.1	165.7	45.8	373.6	121.9	83.4	345.9
2011	2859.6	127.6	112.7	155.7		1393.4	201.6	108.8	49.3	445.7	172.2	67.2	201.5
2012	3984.7	146.6	137.3	167.8		1934.7	229.6	105.0	69.8	581.4	274.6	136.0	442.8

注：从2009年起，县城公共交通内容不再统计。

Note：Since 2009，statistics on county seat public transport have been removed.

2-1-6 按资金来源分全国历年县城市政公用设施建设固定资产投资

2-1-6 National Fixed Assets Investment of County Seat Service Facilities by Capital Source in Past Years

计量单位：亿元 Measurement Unit：100 million RMB

指标 Item / 年份 Year	本年资金来源合计 Completed Investment of This Year	上年末结余资金 The Balance of The Previous Year	本年资金来源 Sources of Fund							
			小计 Subtotal	中央财政拨款 Financial Allocation From Central Government Budget	地方财政拨款 Financial Allocation From Local Governments Budget	国内贷款 Domestic Loan	债券 Securities	利用外资 Foreign Investment	自筹资金 Self-Raised Funds	其他资金 Other Funds
2000										
2001	306. 4	7. 6	298. 8	13. 7	47. 4	33. 2	1. 5	23. 4	116. 1	63. 5
2002	377. 1	4. 2	372. 9	19. 7	74. 2	46. 3	1. 2	12. 6	149. 5	69. 4
2003	518. 1	6. 8	511. 3	30. 2	101. 6	69. 0	1. 6	25. 1	202. 2	81. 7
2004	619. 2	7. 3	611. 9	20. 6	133. 4	84. 1	2. 2	38. 7	222. 1	110. 7
2005	682. 8	9. 5	673. 3	25. 1	170. 1	76. 9	2. 2	39. 9	247. 3	111. 9
2006	755. 2	16. 9	738. 3	54. 8	255. 4	89. 6	1. 5	26. 2	234. 2	76. 6
2007	833. 0	13. 1	819. 8	34. 5	346. 7	88. 1	2. 2	26. 3	240. 3	81. 8
2008	1126. 7	16. 3	1110. 4	52. 5	520. 4	107. 6	1. 4	28. 0	297. 0	103. 5
2009	1682. 9	20. 8	1662. 1	107. 0	662. 0	298. 6	11. 7	32. 9	385. 5	164. 4
2010	2559. 8	34. 3	2525. 5	325. 5	985. 8	332. 6	4. 1	44. 3	606. 6	226. 6
2011	2872. 6	31. 7	2840. 9	152. 4	1523. 8	278. 0	3. 2	31. 8	644. 6	207. 2
2012	3887. 7	51. 7	3835. 9	205. 0	2073. 7	318. 1	2. 3	85. 0	877. 2	274. 7

2-1-7 全国历年县城供水情况

2-1-7 National County Seat Water Supply in Past Years

指标 Item / 年份 Year	综合生产能力（万立方米/日） Integrated Production Capacity (10,000m³/day)	供水管道长度（公里） Length of Water Supply Pipelines (km)	供水总量（万立方米） Total Quantity of Water Supply (10,000m³)	生活用量 Residential Use	用水人口（万人） Population with Access to Water Supply (10,000 persons)	人均日生活用水量（升） Daily Water Consumption Per Capita (liter)	用水普及率（%） Water Coverage Rate (%)
2000	3662	70046	593588	310331	6931. 2	122. 7	84. 83
2001	3754	77316	577948	327081	6889. 2	130. 1	76. 45
2002	3705	78315	567915	338689	7145. 7	129. 9	80. 53
2003	3400	87359	606189	363311	7532. 9	132. 1	81. 57
2004	3680	92867	653814	395181	7931. 1	136. 5	82. 26
2005	3862	98980	676548	409045	8342. 2	134. 3	83. 18
2006	4207	113553	746892	407389	9093. 4	122. 7	76. 43
2007	5744	131541	794495	448943	10218. 7	120. 4	81. 15
2008	5976	142507	826300	459866	10628. 4	119. 4	81. 59
2009	4775	148578	856291	484644	11200. 7	118. 6	83. 72
2010	4683	159905	925705	509266	11811. 4	118. 9	85. 14
2011	5174	173452	977115	534918	12345. 0	118. 7	86. 09
2012	5446	186500	1020298	565835	12971. 0	119. 5	86. 94

2-1-8 全国历年县城节约用水情况

2-1-8 National County Seat Water Conservation in Past Years

指标 Item / 年份 Year	计划用水量（万立方米） Planned Quantity of Water Use (10, 000m^3)	新水取用量（万立方米） Fresh Water Used (10, 000m^3)	工业用水重复利用量（万立方米） Quantity of Industrial Water Recycled (10, 000m^3)	节约用水量（万立方米） Water Saved (10, 000m^3)
2000	115591	109069	95763	20322
2001	161795	133634	24206	28161
2002	110702	91610	26321	19092
2003	120551	94938	24815	25613
2004	123176	98004	25790	25163
2005	155933	118727	32852	37206
2006		122700	32523	21546
2007		127318	99648	22675
2008		122275	53278	20480
2009		139735	130864	23135
2010		157563	133337	35963
2011		119923	95932	26165
2012	246792	180603	52051	30853

2-1-9 全国历年县城燃气情况

2-1-9 National County Seat Gas in Past Years

指标 Item / 年份 Year	人工煤气 Man-Made Coal Gas				天然气 Natural Gas				液化石油气 LPG				燃气普及率（%）
	供气总量（亿立方米） Total Gas Supplied (100 million m^3)	家庭用量 Domestic Consumption	用气人口（万人） Population with Access to Gas (10,000 persons)	管道长度（公里） Length of Gas Supply Pipeline (km)	供气总量（亿立方米） Total Gas Supplied (100 million m^3)	家庭用量 Domestic Consumption	用气人口（万人） Population with Access to Gas (10,000 persons)	管道长度（公里） Length of Gas Supply Pipeline (km)	供气总量（吨） Total Gas Supplied (ton)	家庭用量 Domestic Consumption	用气人口（万人） Population with Access to Gas (10,000 persons)	管道长度（公里） Length of Gas Supply Pipeline (km)	Gas Coverage Rate (%)
2000	1. 72	1. 63	73. 10	615	3. 31	2. 25	237	5268	110. 84	98. 23	2723	96	54. 41
2001	2. 14	1. 85	89. 85	424	4. 37	2. 71	274	6400	127. 55	109. 90	3653	674	44. 55
2002	1. 19	1. 13	68. 30	493	6. 36	3. 30	316	7398	142. 42	124. 23	4025	760	49. 69
2003	0. 73	0. 60	51. 33	519	7. 67	4. 16	361	8397	174. 45	140. 17	4508	1033	53. 28
2004	1. 80	1. 51	81. 91	551	10. 97	5. 43	437	9881	188. 94	156. 37	4961	1172	56. 87
2005	3. 04	2. 01	127. 35	830	18. 12	5. 83	519	12602	185. 90	147. 10	5151	1203	57. 80
2006	1. 26	0. 49	54. 58	745	16. 47	7. 11	780	17487	195. 04	147. 07	5405	1728	52. 45
2007	1. 44	0. 51	58. 52	1158	24. 45	7. 01	943	21882	203. 22	158. 60	6217	2355	57. 33
2008	2. 68	1. 84	72. 22	1426	23. 26	9. 00	1123	27110	202. 14	160. 60	6504	2899	59. 11
2009	1. 78	0. 97	69. 12	1459	32. 16	13. 79	1404	34214	212. 58	171. 00	6776	3136	61. 66
2010	4. 06	1. 03	69. 97	1520	39. 98	17. 09	1835	42156	218. 50	174. 97	7098	3053	64. 89
2011	9. 51	1. 14	66. 53	1458	53. 87	22. 83	2414	52450	242. 17	205. 23	7058	2594	66. 52
2012	8. 57	1. 08	53. 58	1255	70. 14	28. 11	2926	66697	256. 94	212. 13	7241	2773	68. 50

2-1-10 全国历年县城集中供热情况

2-1-10 National County Seat Centralized Heating in Past Years

指标 Item / 年份 Year	供热能力 Heating Capacity		供热总量 Total Heat Supplied		管道长度（公里）Length of Pipelines（km）		集中供热面积（万平方米）
	蒸汽（吨/小时）Steam（ton/hour）	热水（兆瓦）Hot Water（mega watts）	蒸汽（万吉焦）Steam（10,000 gigajoules）	热水（万吉焦）Hot Water（10,000 gigajoules）	蒸汽 Steam	热水 Hot Water	Heated Area（10,000m²）
2000	4418	11548	1409	9076	1144	4187	0.67
2001	3647	11180	1872	20568	658	4478	0.92
2002	4848	14103	2627	27245	881	4778	1.45
2003	5283	19446	2871	22286	904	6136	1.73
2004	5524	20891	3194	21847	991	7094	1.72
2005	8837	20835	8781	18736	1176	8048	2.06
2006	9193	26917	8520	23535	1367	9450	2.37
2007	13461	35794	15780	39071	1564	12795	3.17
2008	12370	44082	14708	75161	1612	14799	3.74
2009	16675	62330	12519	56013	1874	18899	4.81
2010	15091	68858	16729	103005	1773	23737	6.09
2011	14738	81348	8475	63264	1665	28577	7.81
2012	13914	97281	8358	51943	1965	31901	9.05

注：2000 年蒸汽供热总量计量单位为万吨。

Note：Heating capacity through steam in 2000 is measured with the unit of 10，000 tons.

2-1-11 全国历年县城道路和桥梁情况

2-1-11 National County Seat Roads and Bridges in Past Years

指标 Item 年份 Year	道路长度（万公里）Length of Roads (10000km)	道路面积（亿平方米）Surface Area of Roads (100 million m^2)	防洪堤长度（万公里）Length of Flood Control Dikes (10000km)	人均城市道路面积（平方米）Urban Road Surface Area Per Capita (m^2)
2000	5.04	6.24	0.93	11.20
2001	5.10	7.67	0.90	8.51
2002	5.32	8.31	0.96	9.37
2003	5.77	9.06	0.93	9.82
2004	6.24	9.92	1.00	10.30
2005	6.68	10.83	0.98	10.80
2006	7.36	12.26	1.32	10.30
2007	8.38	13.44	1.17	10.70
2008	8.88	14.60	1.33	11.21
2009	9.50	15.98	1.19	11.95
2010	10.59	17.60	1.25	12.68
2011	10.86	19.24	1.37	13.42
2012	11.80	21.02	1.38	14.09

2-1-12 全国历年县城排水和污水处理情况

2-1-12 National County Seat Drainage and Wastewater Treatment in Past Years

指标 Item / 年份 Year	排水管道长度（万公里） Length of Drainage Pipelines (10000km)	污水年排放量（亿立方米） Annual Quantity of Wastewater Discharged (100 million m^3)	污水处理厂		污水年处理总量（亿立方米） Annual Treatment Capacity (100 million m^3)	污水处理率（%） Wastewater Treatment Rate (%)
			座数（座） Number of Wastewater Treatment Plant (unit)	处理能力（万立方米/日） Treatment Capacity (10,000m^3/day)		
2000	4. 00	43. 20	54	55	3. 26	7. 55
2001	4. 40	40. 14	54	455	3. 31	8. 24
2002	4. 44	43. 58	97	310	3. 18	11. 02
2003	5. 32	41. 87	93	426	4. 14	9. 88
2004	6. 01	46. 33	117	273	5. 20	11. 23
2005	6. 04	47. 40	158	357	6. 75	14. 23
2006	6. 86	54. 63	204	496	6. 00	13. 63
2007	7. 68	60. 10	322	725	14. 10	23. 38
2008	8. 39	62. 29	427	961	19. 70	31. 58
2009	9. 63	65. 70	664	1412	27. 36	41. 64
2010	10. 89	72. 02	1052	2040	43. 30	60. 12
2011	12. 18	79. 52	1303	2409	55. 99	70. 41
2012	13. 67	85. 28	1416	2623	62. 18	75. 24

2-1-13 全国历年县城园林绿化情况

2-1-13 National County Seat Landscaping in Past Years

计量单位：公顷 Measurement Unit：Hectare

指标 Item / 年份 Year	建成区绿化覆盖面积 Built District Green Coverage Area	建成区绿地面积 Built District Area of Green Space	公园绿地面积 Area of Public Recreational Green Space	公园面积 Park Area	人均公园绿地面积（平方米） Public Recreational Green Space Per Capita (m^2)	建成区绿化覆盖率（%） Green Coverage Rate of Built District (%)	建成区绿地率（%） Green Space Rate of Built District (%)
2000	142667	85452	31807	15736	5. 71	10. 86	6. 51
2001	138338	94803	35082	69829	3. 88	13. 24	9. 08
2002	148214	102684	38378	73612	4. 32	14. 12	9. 78
2003	169737	119884	44628	28930	4. 83	15. 27	10. 79
2004	193274	137170	50997	33678	5. 29	16. 42	11, 65
2005	210393	151859	56869	32830	5. 67	16. 99	12. 26
2006	247318	185389	59244	39422	4. 98	18. 70	14. 01
2007	288085	219780	70849	54488	5. 63	20. 20	15. 41
2008	317981	249748	79773	51510	6. 12	21. 52	16. 90
2009	365354	285850	92236	56015	6. 89	23. 48	18. 37
2010	412730	330318	106872	67325	7. 70	24. 89	19. 92
2011	465885	385636	121300	80850	8. 46	26. 81	22. 19
2012	519812	436926	134057	85272	8. 99	27. 74	23. 32

注：1. 自2006年起，"公共绿地"统计为"公园绿地"。

2. 自2006年起，"人均公共绿地面积"统计为以城区人口和城区暂住人口合计为分母计算的"人均公园绿地面积"。

Note：1. Since 2006，Public Green Space is changed to Public Recreatinal Green Space.

2. Since 2006，Public recreational green space per capita has been calculated based on denominator which combines both permanent and temporary resiclents in urban areas.

2-1-14 全国历年县城市容环境卫生情况

2-1-14 National County Seat Environmental Sanitation in Past Years

指标 Item / 年份 Year	生活垃圾 Domestic Garbage				粪便清运量（万吨） Volume of Soil Collected and Transported (10, 000ton)	公厕数量（座） Number of Latrine (unit)	市容环卫专用车辆设备总数（台） Number of Vehicles and Equipment Designated for Municipal Environmental Sanitation (unit)	每万人拥有公厕（座） Number of Latrine per 10, 000 Population (unit)
	清运量（万吨） Quantity of Collected and Transported (10, 000ton)	无害化处理场（厂）座数（座） Number of Harmless Treatment Plants/Grounds (unit)	无害化处理能力（吨/日） Harmless Treatment Capacity (ton/day)	无害化处理量（万吨） Quantity of Harmlessly Treated (10, 000ton)				
2000	5560	358	18493	782.52	1301	31309	13118	2.21
2001	7851	489	29300	1551.88	1709	31893	13472	3.54
2002	6503	460	31582	1056.61	1659	31282	13817	3.53
2003	7819	380	29546	1159.35	1699	33139	15114	3.59
2004	8182	295	26032	865.13	1256	34104	16144	3.54
2005	9535	203	23049	688.78	1312	34753	17697	3.46
2006	6266	124	15245	414.30	710	34563	17367	2.91
2007	7110	137	18785	496.56	2507	36542	19220	2.90
2008	6794	211	34983	838.69	1151	37718	20947	2.90
2009	8085	286	45430	1220.15	759	39618	22905	2.96
2010	6317	448	69310	1732.51	811	40818	25249	2.94
2011	6743	683	103583	2728.72	751	40096	28045	2.80
2012	6838	848	126747	3690.65	649	41588	31164	2.09

2-2-1 全国县城市政公用设施水平（2012 年）

地区名称 Name of Regions		人口密度（人/平方公里）Population Density (person/square kilometer)	人均日生活用水量（升）Daily Water Consumption Per Capita (liter)	用水普及率（%）Water Coverage Rate (%)	燃气普及率（%）Gas Coverage Rate (%)	建成区供水管道密度（公里/平方公里）Density of Water Supply Pipelines in Built District (kilometer/square kilometer)	人均道路面积（平方米）Road Surface Area Per Capita (m^2)
全　国	**National Total**	**1573**	**119.51**	**86.94**	**68.50**	**9.95**	**14.09**
天　津	Tianjin	1819	97.46	100.00	100.00	10.72	15.94
河　北	Hebei	1870	115.36	95.94	77.50	8.96	20.09
山　西	Shanxi	3015	84.95	95.43	65.50	11.93	12.93
内蒙古	Inner Mongolia	394	78.37	84.85	62.38	8.37	18.38
辽　宁	Liaoning	1437	100.41	81.03	72.60	12.83	10.34
吉　林	Jilin	2856	118.81	75.83	67.15	10.79	8.50
黑龙江	Heilongjiang	2428	80.67	75.98	44.10	9.05	11.44
江　苏	Jiangsu	1837	128.39	98.45	96.66	14.75	17.77
浙　江	Zhejiang	954	148.52	98.41	97.05	21.74	18.40
安　徽	Anhui	1651	123.47	85.63	77.30	10.13	15.84
福　建	Fujian	2230	159.10	96.19	93.75	11.92	11.74
江　西	Jiangxi	4206	115.51	93.27	80.81	9.15	15.22
山　东	Shandong	1136	121.84	97.14	89.11	7.52	21.17
河　南	Henan	2426	119.77	64.66	34.28	5.57	12.54
湖　北	Hubei	2792	125.44	86.31	70.69	8.22	13.09
湖　南	Hunan	3979	143.37	90.01	75.43	10.06	12.07
广　东	Guangdong	1171	146.05	86.03	82.84	15.69	10.41
广　西	Guangxi	543	159.72	87.24	75.61	10.19	12.42
海　南	Hainan	3177	157.68	89.47	87.99	7.98	19.37
重　庆	Chongqing	1862	103.26	89.02	89.84	12.61	9.47
四　川	Sichuan	1077	135.51	82.77	67.91	10.38	9.83
贵　州	Guizhou	1801	106.92	82.12	35.23	7.77	7.09
云　南	Yunnan	3432	117.34	85.76	43.22	11.89	11.10
西　藏	Tibet	1559	171.19	73.91	42.32	3.54	12.73
陕　西	Shaanxi	3728	82.36	86.32	66.05	6.37	11.47
甘　肃	Gansu	4340	63.30	87.03	45.46	8.58	11.80
青　海	Qinghai	1999	100.63	91.31	20.31	9.06	11.72
宁　夏	Ningxia	2720	88.03	84.27	66.12	6.86	29.31
新　疆	Xinjiang	2847	113.41	91.05	75.01	9.14	16.01
新疆兵团	Xinjiang Production and Construction Corps	2380	182.63	76.95	26.03	18.57	25.40

2-2-1 Level of National County Seat Service Facilities (2012)

建成区排水管道密度(公里/平方公里) Density of Sewers in Built District (kilometer/square kilometer)	污水处理率(%) Wastewater Treatment Rate (%)	污水处理厂集中处理率 Centralized Treatment Rate of Wastewater Treatment Plants	人均公园绿地面积(平方米) Public Recreational Green Space Per Capita (m^2)	建成区绿化覆盖率(%) Green Coverage Rate of Built District (%)	建成区绿地率(%) Green Space Rate of Built District (%)	生活垃圾处理率(%) Domestic Garbage Treatment Rate (%)	生活垃圾无害化处理率 Domestic Garbage Harmless Treatment Rate	地区名称 Name of Regions
7.29	**75.24**	**72.91**	**8.99**	**27.74**	**23.32**	**75.09**	**53.97**	**全　国**
9.27	61.08	61.08	13.26	44.67	39.92	64.03	64.03	天　津
7.33	88.75	88.09	9.74	31.07	26.91	75.80	54.19	河　北
8.27	82.09	81.55	9.43	34.10	25.58	34.10	28.69	山　西
5.56	77.97	77.97	13.30	24.10	19.74	76.71	66.13	内蒙古
5.51	87.52	87.52	8.48	17.14	15.18	68.86	44.05	辽　宁
5.72	58.79	58.79	7.77	24.27	21.14	71.90	17.90	吉　林
4.54	42.18	42.18	9.22	19.29	15.81	20.02	15.54	黑龙江
10.56	75.94	71.21	10.56	39.91	36.90	98.93	65.43	江　苏
13.25	80.21	76.78	11.41	37.83	34.13	99.20	93.23	浙　江
8.85	90.47	87.90	8.01	27.81	21.66	89.77	59.36	安　徽
8.85	76.65	74.65	12.01	38.98	35.54	95.92	83.78	福　建
8.25	65.62	65.62	13.44	40.55	36.46	98.39	26.08	江　西
8.16	90.85	90.38	14.06	38.67	32.41	96.74	96.74	山　东
6.44	78.83	78.83	5.18	15.85	11.55	75.35	74.21	河　南
6.42	78.11	71.76	7.25	24.74	20.08	68.11	30.82	湖　北
8.25	82.25	80.70	7.16	27.88	23.75	86.64	66.98	湖　南
6.27	66.58	59.07	10.39	27.60	25.35	57.57	26.50	广　东
7.69	75.96	71.92	7.62	28.32	23.65	85.09	74.00	广　西
6.36	58.01	58.01	9.11	33.86	26.46	96.32	96.32	海　南
11.75	94.37	94.37	14.92	40.06	36.17	98.92	98.92	重　庆
7.35	58.50	53.94	7.89	29.19	25.64	75.96	56.23	四　川
4.67	67.26	67.26	3.35	16.60	10.07	47.08	7.09	贵　州
8.31	55.31	55.31	7.36	26.13	22.24	93.66	77.58	云　南
3.16	0.99	0.99	1.96	5.47	4.71	6.99		西　藏
6.03	73.06	73.06	7.33	25.38	20.75	79.43	61.58	陕　西
4.98	21.85	21.85	5.78	15.54	11.21	86.46	52.16	甘　肃
3.95	31.22	31.22	3.95	13.80	9.88	91.56	31.66	青　海
5.20	59.43	42.01	10.34	21.62	15.29	75.10	44.37	宁　夏
5.34	68.02	56.54	9.56	29.39	25.53	70.12	26.30	新　疆
5.05	29.07	14.40	5.79	7.63	5.10	7.39	1.34	新疆兵团

2-2-2 全国县城人口和建设用地（2012 年）

地区名称 Name of Regions		县面积 County Area	县人口 County Permanent Population	县暂住人口 County Temporary Population	县城面积 County Seat Area	县城人口 County Seat Permanent Population	县城暂住人口 County Seat Temparory Population	建成区面积 Area of Built District		
									小计 Subtotal	居住用地 Residential
全　国	**National Total**	**7601080.00**	**70328.17**	**3240.79**	**94833.96**	**13405.77**	**1514.01**	**18739.92**	**17437.04**	**6146.21**
天　津	Tianjin	4361.41	180.76	4.85	220.23	36.89	3.16	69.62	69.62	29.13
河　北	Hebei	149874.88	4429.38	199.90	5517.84	935.85	95.93	1458.33	1486.00	445.87
山　西	Shanxi	127581.28	2046.11	88.54	1914.50	538.64	38.52	624.20	558.85	228.74
内蒙古	Inner Mongolia	1050507.89	1528.82	133.11	13059.15	446.57	67.42	1028.42	890.67	340.15
辽　宁	Liaoning	82114.57	1231.06	36.04	1776.87	236.13	19.24	325.99	290.14	124.25
吉　林	Jilin	90349.58	855.68	26.13	686.12	187.33	8.61	217.66	194.97	84.54
黑龙江	Heilongjiang	251148.40	1491.62	28.49	1543.89	358.79	16.03	560.19	497.35	230.80
江　苏	Jiangsu	38845.14	2247.29	49.11	2927.53	512.82	25.09	674.48	649.92	214.51
浙　江	Zhejiang	51522.00	1567.56	321.23	4860.36	368.46	95.35	550.96	601.19	188.97
安　徽	Anhui	102130.45	4578.87	142.57	4978.03	735.32	86.59	1044.25	962.08	310.13
福　建	Fujian	80536.77	1766.13	125.36	1669.97	325.16	47.20	406.60	409.66	140.43
江　西	Jiangxi	135983.04	3161.51	96.40	1903.41	736.63	63.89	918.21	853.26	272.63
山　东	Shandong	74166.91	4106.31	90.59	8345.92	883.29	64.53	1382.84	1300.98	403.26
河　南	Henan	123931.92	7001.73	222.51	5305.05	1173.04	113.80	1529.83	1386.52	466.14
湖　北	Hubei	105933.17	2362.51	95.45	1808.61	462.67	42.22	539.81	478.16	156.14
湖　南	Hunan	164568.47	4626.72	219.61	2190.27	757.91	113.65	935.20	868.73	308.65
广　东	Guangdong	88470.58	2681.25	173.35	4358.69	459.29	51.25	518.72	588.83	218.98
广　西	Guangxi	180497.59	3441.64	73.36	9911.88	493.81	44.75	622.53	581.18	211.67
海　南	Hainan	17073.00	290.60	48.30	213.95	61.67	6.30	93.07	100.41	26.17
重　庆	Chongqing	53206.85	1575.37	101.96	1736.76	268.94	54.53	273.23	252.16	81.39
四　川	Sichuan	434431.47	5656.30	220.80	9718.33	957.08	89.27	1072.12	1035.31	339.00
贵　州	Guizhou	151785.49	3207.30	121.73	2727.04	441.73	49.45	535.62	471.31	194.87
云　南	Yunnan	333865.22	3418.45	192.34	1795.19	538.84	77.29	684.38	612.89	230.03
西　藏	Tibet	1216534.68	266.72	41.60	482.22	52.84	22.35	187.63	124.59	48.57
陕　西	Shaanxi	175068.00	2488.25	138.17	1690.41	540.56	89.56	738.98	644.13	225.60
甘　肃	Gansu	368435.97	1838.31	76.60	770.41	293.32	41.02	421.10	354.36	136.96
青　海	Qinghai	394480.02	440.36	34.87	602.99	101.80	18.76	190.90	141.06	55.01
宁　夏	Ningxia	38577.92	341.44	16.65	326.25	75.63	13.12	161.18	149.59	77.22
新　疆	Xinjiang	1461058.51	1296.97	81.19	1142.94	293.40	31.99	581.03	524.21	211.22
新疆兵团	Xinjiang Production and Construction Corps	54038.82	203.15	39.98	649.15	131.36	23.14	392.84	358.91	145.18

2-2-2 National County Seat Population and Construction Land (2012)

面积计量单位：平方公里 Area Measurement Unit: Square Kilometer
人口计量单位：万人 Population Measurement Unit: 10,000persons

城市建设用地面积 Area of Urban Construction Land							本年征用土地面积		地区名称
公共管理与公共服务用地 Adminis-tration and Public Services	商业服务业设施用地 Commercial and Business Facilities	工业用地 Industrial, Manufac-turing	物流仓储用地 Logistics and Warehouse	道路交通设施用地 Road, Street and Transpor-tation	公用设施用地 Municipal Utilities	绿地与广场用地 Green Space and Square	Area of Land Requisition This Year	耕地 Arable Land	Name of Regions
1832.30	**1418.10**	**2332.44**	**645.32**	**1794.85**	**997.89**	**2268.85**	**957.29**	**404.76**	**全国**
4.19	2.68	16.12	2.14	10.61	1.79	2.96	18.35	9.70	天津
145.18	185.76	174.53	91.55	163.41	80.18	199.52	28.55	10.37	河北
67.57	33.22	46.72	16.09	46.74	33.71	86.06	13.99	6.14	山西
96.66	63.58	94.29	30.63	90.87	56.24	118.25	20.16	3.45	内蒙古
21.85	19.30	47.69	7.61	21.99	17.78	29.67	11.35	3.64	辽宁
15.17	16.22	27.07	8.36	17.56	8.15	17.90	1.64	0.83	吉林
41.31	32.94	58.44	20.47	39.31	28.75	45.33	11.08	3.47	黑龙江
63.57	62.12	106.96	20.63	65.74	35.81	80.58	37.47	20.73	江苏
59.76	44.18	130.37	17.64	51.17	27.13	81.97	57.50	21.27	浙江
76.74	79.81	170.86	41.41	88.58	51.09	143.43	93.22	35.37	安徽
43.02	32.93	61.13	13.43	41.22	19.20	58.30	26.45	8.05	福建
88.18	75.28	127.38	29.96	95.24	43.01	121.58	71.18	20.72	江西
121.81	97.69	276.54	36.16	121.91	61.81	181.80	63.83	26.18	山东
142.18	105.68	182.41	48.09	207.08	75.12	159.82	40.50	17.09	河南
60.81	43.51	69.82	15.15	39.47	32.62	60.52	23.70	9.39	湖北
95.49	81.23	97.70	38.44	72.01	63.39	111.82	61.73	18.47	湖南
74.92	51.14	63.57	18.99	55.77	44.54	60.92	15.52	3.10	广东
55.79	34.10	84.52	19.21	88.34	27.20	60.35	43.64	20.79	广西
9.18	4.83	21.63	6.07	15.54	5.09	11.90	3.57	0.06	海南
21.33	11.55	41.94	3.73	35.25	16.78	40.19	61.55	27.93	重庆
117.10	84.97	135.34	43.06	100.52	60.07	155.25	53.05	30.57	四川
52.59	40.60	43.63	16.39	38.56	33.24	51.43	40.12	13.96	贵州
79.38	41.69	46.26	17.98	66.94	38.83	91.78	47.12	25.17	云南
24.47	22.74	10.09	1.46	9.04	3.78	4.44	1.72	0.53	西藏
66.14	46.95	53.12	18.28	79.65	44.07	110.32	24.98	15.19	陕西
56.79	26.36	26.24	12.21	28.43	28.08	39.29	20.85	13.39	甘肃
21.20	8.61	11.22	5.71	9.41	10.91	18.99	5.84	3.52	青海
14.80	10.18	5.86	2.52	14.51	8.66	15.84	12.00	7.90	宁夏
57.19	34.03	59.15	24.10	51.56	23.91	63.05	34.05	22.97	新疆
37.93	24.22	41.84	17.85	28.42	16.95	45.59	12.58	4.81	新疆兵团

2-2-3 全国县城维护建设资金（财政性资金）收支（2012 年）

地区名称	Name of Regions	城市维护建设资金收入 Revenue of Urban Maintenance									
					市（县）财政资金						
		合计 Total	中央财政拨款 Financial Allocation from Central Government Budget	省级财政拨款 Financial Allocation from Provincial Government Budget	小计 Subtotal	市（县）财政专项拨款 Special Financial Allocation from City and County Government Budget	城市维护建设税 Urban Maintenance and Construction Tax	城市公用事业附加 Extra-Charges for Municipal Utilities	市政公用设施配套费 Fee for Expansion of Municipal Utilities Capacity	市政公用设施有偿使用费 Fee for Use of Municipal Utilities	过桥过路费 Tolls on Roads and Bridges
全　国	**National Total**	**31833379**	**2937679**	**1069340**	**26218309**	**8313534**	**2529027**	**403033**	**1278395**	**622619**	**17985**
天　津	Tianjin	115939		13634	102254	59439	16449		3257	1499	
河　北	Hebei	2649647	160589	33853	2291373	676020	165226	58682	93704	56331	3759
山　西	Shanxi	1188998	26584	50488	1001404	334023	348366	31285	60433	12899	3700
内蒙古	Inner Mongolia	2550828	93514	34670	1721241	1177850	210215	21816	50610	13876	715
辽　宁	Liaoning	578655	38577	15403	524675	54207	40221	6450	46562	4685	
吉　林	Jilin	297951	13280	22409	260938	72849	34415	4761	9083	1481	
黑龙江	Heilongjiang	404964	75196	14215	312220	111111	42102	2967	11811	2342	
江　苏	Jiangsu	1127582	15165	7485	1071949	125079	131675	16895	60767	28527	
浙　江	Zhejiang	1173708	28279	19149	1089456	244720	166675	12830	38383	101526	2236
安　徽	Anhui	2406563	92354	18999	2270816	693267	113584	13754	83696	45678	1576
福　建	Fujian	1040551	50295	22994	931174	313120	63459	8027	37395	25498	
江　西	Jiangxi	3189315	52913	86362	2920044	764892	129741	31067	58181	38973	1149
山　东	Shandong	2255453	85407	23099	2097467	457047	195637	41160	125840	38467	120
河　南	Henan	1061666	33545	4607	1015193	267729	79705	12702	52398	32974	20
湖　北	Hubei	474419	36774	3704	396577	52715	52477	4186	28852	15942	875
湖　南	Hunan	1553425	96632	45020	1354313	221322	106692	34541	42784	39488	785
广　东	Guangdong	393510	3410	5245	383243	38408	65011	16481	15514	14461	1010
广　西	Guangxi	558230	46179	17090	493863	196847	60067	6062	27251	35086	189
海　南	Hainan	255260	5408	10656	238943	50980	15436	2715	14409	2297	
重　庆	Chongqing	584492	27642	34289	522561	38206	36816	5642	129942	12247	
四　川	Sichuan	1507711	214058	60793	1151181	370308	106114	9104	69068	20723	133
贵　州	Guizhou	1216930	158718	63150	988239	386458	64311	10009	20130	16973	121
云　南	Yunnan	830228	193834	78565	548993	213056	61723	4734	24113	17239	606
西　藏	Tibet	413817	310564	66692	36300	14779	2342	872	2366	303	8
陕　西	Shaanxi	1507878	169872	119010	1194104	846596	81214	22930	71872	19723	265
甘　肃	Gansu	531961	141104	27637	353992	226315	22316	4199	15135	6843	
青　海	Qinghai	360219	250804	34498	74867	49063	8002	1623	3363	1495	145
宁　夏	Ningxia	450746	85704	89224	243826	32514	22939	7324	18998	426	
新　疆	Xinjiang	716641	189027	33262	457060	187520	80024	8937	42227	12474	571
新疆兵团	Xinjiang Production and Construction Corps	436092	242251	13138	170043	37094	6073	1278	20251	2143	2

2-2-3 National Revenue and Expenditure of County Seat Maintenance and Construction Fund (Fiscal Budget) (2012)

计量单位：万元　Measurement Unit: 10,000 RMB

and Construction Fund						城市维护建设资金支出					地区名称
City and County Fiscal Fund					其他财政资金 Others	合计 Total	维护支出 Maintenance Expenditure	固定资产投资支出 Expenditure from Investment in Fixed Assets	其他支出 Other Expenditures		Name of Regions
污水处理费 Wastewater Treatment Fee	垃圾处理费 Garbage Treatment Fee	土地出让转让收入 Land Transfer Revenue	水资源费 Water Resource Fee	其他收入 Other Revenues						偿还贷款 Payment for Loans	
367359	**130290**	**11389143**	**283277**	**1399281**	**1608045**	**33299318**	**3899428**	**23820534**	**5579356**	**2189655**	**全　国**
1499		20800	570	240	51	81524	20999	60525			天　津
34702	12374	1025924	18863	196623	163832	2690267	255569	2074152	360546	44691	河　北
3322	1138	116129	4203	94066	110522	1383105	122355	1184531	76219	1445	山　西
7150	1803	203137	6107	37630	701403	2424866	389849	1514124	520893	95378	内蒙古
1913	196	370582	1696	272		383578	145824	211330	26424	71	辽　宁
198	606	124106	848	13395	1324	270102	64551	191317	14234	136	吉　林
1683	52	128677	2095	11115	3333	404907	91718	294174	19015	5380	黑龙江
18433	8016	672828	6109	30069	32983	1109415	119586	747909	241920	59991	江　苏
91101	4201	499364	12176	13782	36824	1130491	208732	706346	215413	133407	浙　江
16890	5720	1246200	5700	68937	24394	2407654	109664	2184063	113927	29486	安　徽
14670	7458	468920	4868	9887	36088	869759	73343	766765	29651	3476	福　建
18930	4643	1507852	15539	373799	129996	3362072	270887	2957570	133615	28098	江　西
29343	7523	1090783	12909	135624	49480	2061878	213595	1655528	192755	54282	山　东
18422	10456	558972	5307	5406	8321	975535	126710	835320	13505	13505	河　南
9598	3559	195338	4471	42596	37364	476733	44349	415216	17168	4088	湖　北
20503	10496	760075	59584	89827	57460	1404385	371339	813679	219367	37039	湖　南
9638	2477	201766	2106	29496	1612	217431	85652	74614	57165	30448	广　东
23666	8552	146237	4241	18072	1098	543471	86586	420129	36756	7688	广　西
687	1083	151675	73	1358	253	196173	33856	139312	23005	500	海　南
6117	4973	297563	1903	242		583074	105379	363831	113864	103038	重　庆
10659	6806	555283	2897	17684	81679	1216583	199456	931961	85166	14241	四　川
8825	7032	408051	70323	11984	6823	1152063	81321	979201	91541	32824	贵　州
6326	6289	204866	10037	13225	8836	829376	131044	625810	72522	16678	云　南
43	237	2774	58	12806	255	2636883	32668	48308	2555907	1434923	西　藏
8213	3646	60502	3322	87945	24892	1862468	197338	1486967	178163	16947	陕　西
1306	3675	56244	848	22092	9228	612270	51932	537918	22420	7085	甘　肃
580	636	10565	563	193	50	362574	13660	342945	5969	5598	青　海
252	73	159213	349	2063	31992	373600	89710	249605	34285	660	宁　夏
2041	5985	99038	8251	18589	37292	748261	72471	634456	41334	3537	新　疆
649	585	45679	17261	40264	10660	528820	89285	372928	66607	5015	新疆兵团

2-2-4　按行业分全国县城市政公用设施建设固定资产投资（2012 年）

地区名称 Name of Regions		本年完成投资 Completed Investment of This Year	供水 Water Supply	燃气 Gas Supply	集中供热 Central Heating	道路桥梁 Road and Bridge	排水 Sewerage	污水处理 Wastewater Treatment
全　国	**National Total**	**34659991**	**1466479**	**1373234**	**1678113**	**17365103**	**2296002**	**1029558**
天　津	Tianjin	71013		3500		2802	1336	
河　北	Hebei	4028717	169742	353184	278662	1423848	224253	60692
山　西	Shanxi	1537613	46491	132943	191424	727210	70905	32138
内蒙古	Inner Mongolia	2610866	78600	48083	313654	1367540	147756	58319
辽　宁	Liaoning	377138	15414	9761	69409	146009	42523	16980
吉　林	Jilin	206781	18055	21297	30347	101074	19525	14465
黑龙江	Heilongjiang	590824	34073	47868	253064	94433	81761	62781
江　苏	Jiangsu	956528	99348	36121		372892	91640	22669
浙　江	Zhejiang	1052734	55728	35793	11335	525889	106867	71753
安　徽	Anhui	2658522	89106	94812		1530474	184059	55309
福　建	Fujian	1817484	59338	12334		1032595	77583	42811
江　西	Jiangxi	3252748	125257	74968		1652925	172426	75234
山　东	Shandong	1736144	51712	90017	115783	729949	177858	60840
河　南	Henan	843171	59072	44818	2150	467097	83482	31031
湖　北	Hubei	639399	55559	20589		334665	32093	18035
湖　南	Hunan	2022983	43142	45260		1108683	97461	43729
广　东	Guangdong	196780	8293	1467		127118	9084	400
广　西	Guangxi	987715	29289	31978		616776	80228	32443
海　南	Hainan	96673	5480	400		63711	11552	9552
重　庆	Chongqing	1174713	32405	21278		725062	40014	23516
四　川	Sichuan	1863903	61013	23706	6502	1237167	68938	21030
贵　州	Guizhou	1243357	21358	26655		1000795	39240	18236
云　南	Yunnan	1167457	37862	7538	10068	625594	95731	84766
西　藏	Tibet	30845	2377		227	16833	535	
陕　西	Shaanxi	1623044	80049	116483	72210	620062	145991	76458
甘　肃	Gansu	603296	46921	6905	61431	281042	78862	75319
青　海	Qinghai	320058	45497	6743	24630	192924	38749	5440
宁　夏	Ningxia	167248	9384	3060	33417	92137	2371	
新　疆	Xinjiang	594379	74488	53178	155775	123019	63862	15082
新疆兵团	Xinjiang Production and Construction Corps	187858	11426	2495	48025	24778	9317	530

2-2-4 National Investment in Fixed Assets of County Seat Service Facilities by Industry (2012)

计量单位：万元 Measurement Unit：10, 000 RMB

污泥处置 Sludge Disposal	再生水利用 Wastewater Recycled and Reused	防洪 Flood Control	园林绿化 Landscaping	市容环境卫生 Environmental Sanitation	垃圾处理 Domestic Garbage Treatment	其他 Other	本年新增固定资产 Newly Added Fixed Assets of This Year	地区名称 Name of Regions
24461	**20622**	**698273**	**5813772**	**1021642**	**597705**	**2947373**	**27610949**	**全　国**
			63375				66108	天　津
400	8102	89947	993658	99037	16340	396386	3180964	河　北
12250	221	2710	211255	84306	68510	70369	1107252	山　西
500	3647	23840	581914	48519	26900	960	1875051	内蒙古
		1761	57593	4666	1727	30002	367005	辽　宁
			7019	8859	8056	605	198639	吉　林
1500			43298	33393	27611	2934	523329	黑龙江
		440	316290	16050	11440	23747	939400	江　苏
		28292	158994	52672	41732	77164	923134	浙　江
600	2530	104414	520072	69164	35608	66421	2325055	安　徽
		47720	189219	76730	10248	321965	926213	福　建
		113217	540443	68150	45933	505362	2528490	江　西
1129		19109	417941	14822	7487	118953	1697934	山　东
	1200	2470	174265	8017	2606	1800	827022	河　南
		13450	46669	14154	5381	122220	515270	湖　北
3782	233	62233	190247	102227	66469	373730	1310477	湖　南
		2860	13028	14261	12638	20669	106323	广　东
		58336	151921	15881	9176	3306	647809	广　西
		6757	1279	7494	6600		55653	海　南
		13520	327975	14459	8918		1251411	重　庆
	500	16447	181245	60352	45247	208533	1359496	四　川
		1004	103608	44254	26524	6443	999190	贵　州
		43440	105377	35685	20352	206162	772605	云　南
		44	49	4362	2674	6418	20605	西　藏
4300	1300	34205	228605	77888	61410	247551	1529794	陕　西
	671	10612	99067	11710	4582	6746	420835	甘　肃
			10165	1350	650		290024	青　海
	600		12286	890		13703	164118	宁　夏
	1618		59396	20372	12262	44289	527058	新　疆
		1445	7519	11918	10624	70935	154685	新疆兵团

2-2-5 按资金来源分全国县城市政公用设施建设固定资产投资（2012 年）

地区名称 Name of Regions		合计 Total	上年末结余资金 The Balance of The Previous Year	小计 Subtotal	中央财政拨款 Financial Allocation from The Central Government Budget	地方财政拨款 Financial Allocation from Local Government Budget	国内贷款 Domestic Loan
全　国	**National Total**	**33689414**	**517227**	**33172187**	**2049513**	**15549620**	**3181006**
天　津	Tianjin	72013		72013		64517	
河　北	Hebei	4002727	3416	3999311	157624	1816394	768242
山　西	Shanxi	1377365	3072	1374293	25040	946370	11895
内蒙古	Inner Mongolia	2469629	3802	2465827	47773	785607	43399
辽　宁	Liaoning	374775		374775	32349	155049	11687
吉　林	Jilin	212291	5008	207283	12528	74313	19628
黑龙江	Heilongjiang	579228	8145	571083	60883	204094	13929
江　苏	Jiangsu	949985		949985	15595	502714	96364
浙　江	Zhejiang	975217	22702	952515	17149	369014	164825
安　徽	Anhui	2678956	24359	2654597	97412	1637642	210136
福　建	Fujian	1676468	213792	1462676	65840	551277	288856
江　西	Jiangxi	3278953	10495	3268458	54442	1753668	92837
山　东	Shandong	1683156	1973	1681183	53355	1322061	21100
河　南	Henan	802867	2320	800547	32171	585398	26655
湖　北	Hubei	656364	780	655584	64248	298657	42437
湖　南	Hunan	2028926	20980	2007946	199937	523760	177018
广　东	Guangdong	226338		226338	2180	74370	20000
广　西	Guangxi	983826	7836	975990	37546	330893	55764
海　南	Hainan	115719	6268	109451	14375	72726	11009
重　庆	Chongqing	1138794	280	1138514	26351	334520	561432
四　川	Sichuan	1565576	27982	1537594	218894	871327	88821
贵　州	Guizhou	1263521	6500	1257021	28471	299456	209667
云　南	Yunnan	1067120	105889	961231	98635	180515	128765
西　藏	Tibet	40354	4754	35600	28838	2807	
陕　西	Shaanxi	1575017	18489	1556528	83302	1155720	2927
甘　肃	Gansu	599391	7160	592231	114554	243270	78860
青　海	Qinghai	326450		326450	247937	53153	13489
宁　夏	Ningxia	200963	510	200453	42803	65365	
新　疆	Xinjiang	592911	8481	584430	104350	264798	17528
新疆兵团	Xinjiang Production and Construction Corps	174514	2234	172280	64931	10165	3736

2-2-5 National Investment in Fixed Assets of County Seat Service Facilities by Capital Source (2012)

计量单位：万元 Measurement Unit: 10, 000 RMB

本年资金来源 Sources of Fund						各项应付款	地区名称
债券 Securities	利用外资 Foreign Investment	外商直接投资 Foreign Direct Investment	自筹资金 Self-Raised Funds	单位自有资金 Self-Owned Funds	其他资金 Other Funds	Sum Payable This Year	Name of Regions
23158	**849719**	**473281**	**8771937**	**1053622**	**2747234**	**3203752**	**全　国**
			7496	4870			天　津
3000	3600	3600	1001641	159084	248810	218921	河　北
	2710		234751	17145	153527	214920	山　西
			1559693	55936	29355	71032	内蒙古
	2499	2139	152352	15245	20839	9420	辽　宁
	1022		95742	16627	4050	5759	吉　林
	1000		245504	64174	45673	23785	黑龙江
	23400	23000	229068	37466	82844	177724	江　苏
	3402		342531	38994	55594	260469	浙　江
	38068	6000	468791	206036	202548	270635	安　徽
	63705	60780	289085	38547	203913	32917	福　建
	241670	186150	536511	20291	589330	225572	江　西
	48680	48680	175540	84600	60447	117489	山　东
	2800	2700	126583	36769	26940	55259	河　南
	9150	650	170274	13681	70818	104331	湖　北
200	107511	1900	761584	15032	237936	217313	湖　南
	3800	3800	122167	735	3821	5159	广　东
154	3000		503866	38263	44767	48813	广　西
4500			469		6372		海　南
			201710	33728	14501	70032	重　庆
196	25761		216746	33339	115849	386374	四　川
	215486	126944	437951	3500	65990	128835	贵　州
	14174	168	257454	23817	281688	237825	云　南
	838		1587	1	1530	9099	西　藏
	19554	4950	201462	35713	93563	74427	陕　西
	5744	1200	130993	895	18810	44099	甘　肃
			11131	4633	740	14897	青　海
			92285			12298	宁　夏
15108	8495		118286	16011	55865	122367	新　疆
	3650	620	78684	38490	11114	43981	新疆兵团

2-2-6 全国县城市政公用设施建设施工规模和新增生产能力（或效益）（2012 年）

指标名称	Index	计量单位	Measurement Unit
1. 供水综合生产能力	1. Integrated Water Production Capacity	万立方米/日	10，000m^3/day
2. 供水管道长度	2. Length of Water Pipelines	公里	Kilometer
3. 人工煤气生产能力	3. Production Capacity of Man-made Coal Gas	万立方米/日	10，000m^3/day
4. 人工煤气储气能力	4. Storage Capacity of Man-made Coal Gas	万立方米	10，000m^3
5. 人工煤气供气管道长度	5. Length of Man-made Gas Pipelines	公里	Kilometer
6. 天然气储气能力	6. Storage Capacity of Natural Gas	万立方米	10，000m^3
7. 天然气供气管道长度	7. Length of Natural Gas Pipelines	公里	Kilometer
8. 液化石油气储气能力	8. LPG Storage Capacity	吨	Ton
9. 液化石油气供气管道长度	9. Length of LPG Pipelines	公里	Kilometer
10. 集中供热能力：蒸汽	10. Central Heating Capacity (Steam)	吨/小时	Ton/Hour
11. 集中供热能力：热水	11. Central Heating Capacity (Hot Water)	兆瓦	Mega Watts
12. 集中供热管道长度：蒸汽	12. Length of Central Heating Pipelines (Steam)	公里	Kilometer
13. 集中供热管道长度：热水	13. Length of Central Heating Pipelines (Hot Water)	公里	Kilometer
14. 轨道交通运营线路长度	14. Length of Operational Lines for Rail Transit	公里	Kilometer
15. 桥梁座数	15. Number of Bridges	座	Unit
16. 道路新建、扩建长度	16. Length of Extension of Roads and New Roads	公里	Kilometer
17. 道路新建、扩建面积	17. Surface Area of Extension of Roads and New Roads	万平方米	10，000m^2
18. 排水管道长度	18. Length of Sewerage Pipelines	公里	Kilometer
19. 污水处理厂处理能力	19. Wastewater Treatment Capacity	万立方米/日	10，000m^3/day
20. 再生水管道长度	20. Length of Recycled Water Pipelines	公里	Kilometer
21. 再生水生产能力	21. Recycled Water Production Capacity	万立方米/日	10，000m^3/day
22. 绿地面积	22. Area of Green Space	公顷	Hectare
23. 垃圾无害化处理能力	23. Garbage Treatment Capacity	吨/日	Ton/day

2-2-6 National County Seat Service Facilities Construction Scale and Newly Added Production Capacity (or Benefits) (2012)

建设规模 Construction Scale	本年施工规模 Construction Scale This Year	本年新开工 Newly Started This Year	累计新增生产能力（或效益） Accumulated Newly Added Productivity Capicity	本年新增 Newly Added This Year
1107. 31	272. 82	252. 62	244. 97	222. 19
12042. 84	9388. 51	9051. 01	8307. 22	8116. 95
0. 10	0. 10	0. 10	0. 10	0. 10
168. 15	152. 15	152. 15	131. 75	121. 75
2627. 51	2059. 73	1925. 50	862. 56	829. 56
10214. 18	8447. 29	7867. 74	7529. 98	7298. 28
2152. 45	2080. 45	1970. 45	2072. 45	1672. 45
363. 91	320. 94	183. 99	188. 80	170. 37
2312	2162	1988	1237	934
43104	20741	12356	11190	9363
757	629	591	635	549
5911	5545	5437	3108	3051
665	574	494	484	470
9996. 97	8736. 86	7921. 77	6692. 94	6292. 99
18212. 88	16520. 71	14798. 69	13616. 91	12800. 31
18824. 05	14954. 00	13552. 80	11626. 36	11166. 53
2484. 50	255. 90	171. 30	176. 20	166. 70
91. 50	68. 39	68. 39	66. 50	66. 50
32. 70	16. 70	16. 30	14. 80	14. 80
36014	32763	30876	28718	28266
28378	23662	19637	18185	16830

2-2-7 县城供水（2012 年）

地区名称 Name of Regions		综合生产能力（万立方米/日） Integrated Production Capacity (10,000 m^3/day)	地下水 Underground Water	供水管道长度（公里） Length of Water Supply Pipelines (km)	供水总量（万立方米） 合计 Total	生产运营用水 The Quantity of Water for Production and Operation	公共服务用水 The Quantity of Water for Public Service	居民家庭用水 The Quantity of Water for Household Use
全　国	**National Total**	**5445.57**	**1941.69**	**186499.61**	**1020298.09**	**281576.50**	**108374.48**	**453981.85**
天　津	Tianjin	8.10	8.10	746.36	1369.49	87.95	195.49	564.24
河　北	Hebei	344.53	316.43	13059.80	77353.72	25987.77	8416.79	33139.57
山　西	Shanxi	132.06	108.12	7445.59	29982.54	8737.17	4222.54	12733.90
内蒙古	Inner Mongolia	133.58	127.83	8603.62	21667.64	5829.50	3129.05	9156.30
辽　宁	Liaoning	67.39	37.64	4182.94	13299.70	2724.60	2474.43	4988.65
吉　林	Jilin	60.71	20.20	2349.49	11795.90	2375.03	1226.00	5205.28
黑龙江	Heilongjiang	94.67	75.97	5069.28	14817.56	3893.81	2206.65	6139.14
江　苏	Jiangsu	215.40	44.73	9948.13	48105.73	14720.96	5219.45	19491.29
浙　江	Zhejiang	337.59	3.50	11977.97	65544.43	29313.72	3422.75	21305.63
安　徽	Anhui	264.40	89.36	10574.71	56296.41	15226.99	6701.94	24894.05
福　建	Fujian	179.18	11.74	4846.75	36334.27	8125.86	2696.72	18063.27
江　西	Jiangxi	280.29	12.65	8402.38	51997.58	10068.27	6512.35	24795.31
山　东	Shandong	472.49	297.25	10394.30	94457.91	42615.69	11138.53	29630.59
河　南	Henan	342.67	267.69	8526.71	71201.73	24399.48	8981.61	27294.26
湖　北	Hubei	211.28	5.30	4438.51	35741.77	9356.63	3461.43	16238.69
湖　南	Hunan	358.94	27.36	9409.03	67522.34	12382.78	6033.12	34434.39
广　东	Guangdong	356.60	6.95	8139.69	41260.20	9694.19	3057.04	20120.67
广　西	Guangxi	242.19	34.94	6341.88	45882.29	10854.76	2966.61	24377.74
海　南	Hainan	43.00	0.40	742.54	11899.96	6754.50	558.83	2941.00
重　庆	Chongqing	88.77	0.10	3444.24	16065.13	2262.48	1684.11	9113.06
四　川	Sichuan	303.18	40.06	11129.76	67423.47	12293.76	8004.34	34709.73
贵　州	Guizhou	126.59	29.12	4163.22	22281.68	2622.32	1497.30	14205.39
云　南	Yunnan	154.15	22.08	8135.79	32824.77	3971.60	3387.49	18760.45
西　藏	Tibet	93.20	25.05	663.33	4177.36	261.96	481.38	2913.20
陕　西	Shaanxi	155.47	96.10	4709.92	25126.45	4798.33	3207.24	13076.76
甘　肃	Gansu	60.56	38.45	3611.68	10897.77	2497.94	1278.36	5427.78
青　海	Qinghai	57.20	23.05	1730.15	6610.54	1431.41	980.65	2973.25
宁　夏	Ningxia	29.74	22.97	1105.18	6471.78	2960.49	404.67	1972.72
新　疆	Xinjiang	126.88	95.03	5312.43	20234.91	2976.51	3270.41	8975.86
新疆兵团	Xinjiang Production and Construction Corps	104.76	53.52	7294.23	11653.06	2350.04	1557.20	6339.68

2-2-7 County Seat Water Supply (2012)

Total Quantity of Water Supply (10,000m³)				用水户数（户）		用水人口（万人）	地区名称
其他用水	免　费供水量		漏损水量		家庭用户		
		生活用水					
The Quantity of Water for Fire Control and Other Purposes	The Quantitiy of Free Water Supply	Domestic Water Use	The Lossed Water	Number of Households with Access to Water Supply (unit)	Household User	Population with Access to Water Supply (10,000 persons)	Name of Regions
41567.24	**22002.99**	**3478.47**	**112795.03**	**34051723**	**30365248**	**12971.03**	**全　国**
1.84	216.20		303.77	63701	60065	40.05	天　津
3270.04	799.25	122.63	5740.30	2862815	2578314	989.89	河　北
1331.78	417.01	121.89	2540.14	1123607	939831	550.79	山　西
700.21	611.41	190.89	2241.17	1337712	1187780	436.14	内蒙古
670.00	276.07	121.00	2165.95	654998	564814	206.93	辽　宁
440.98	270.76	12.30	2277.85	570948	511925	148.59	吉　林
557.93	296.81	39.11	1723.22	963936	878477	284.77	黑龙江
1863.64	1274.76	106.11	5535.63	1505478	1415081	529.57	江　苏
2108.55	1227.18	14.97	8166.60	1422358	1262173	456.45	浙　江
2149.86	640.00	121.98	6683.57	2026317	1860223	703.79	安　徽
1480.78	1254.91	40.60	4712.73	975343	882389	358.18	福　建
2905.82	1351.79	171.07	6364.04	1741025	1532147	746.66	江　西
3535.64	906.41	175.40	6631.05	2234107	2059374	920.70	山　东
3079.80	1545.19	99.14	5901.39	2101636	1925815	832.10	河　南
1226.20	860.80	252.02	4598.02	983461	885636	435.78	湖　北
2633.20	2905.53	582.35	9133.32	1908926	1602429	784.46	湖　南
2516.38	567.39	237.19	5304.53	1154950	933541	439.23	广　东
930.47	426.41	46.17	6326.30	1059639	987174	469.83	广　西
208.63	14.00		1423.00	107655	101598	60.81	海　南
649.24	145.80	55.30	2210.44	824564	737427	287.94	重　庆
2095.96	1188.36	121.22	9131.32	2711659	2340579	866.04	四　川
1025.17	534.69	39.43	2396.81	803434	674036	403.36	贵　州
1306.62	1357.18	484.21	4041.43	1301207	1167226	528.42	云　南
112.92	390.41	77.60	17.49	161822	141565	55.57	西　藏
1497.94	283.87	68.04	2262.31	1233307	1111603	543.95	陕　西
347.30	217.50	16.95	1128.89	608555	557032	290.99	甘　肃
246.28	254.40	89.16	724.55	249703	235371	110.08	青　海
528.36	109.26	25.64	496.28	181378	161062	74.79	宁　夏
1429.35	1449.17	17.70	2133.61	700264	625778	296.28	新　疆
716.35	210.47	28.40	479.32	477218	444783	118.89	新疆兵团

2-2-8 县城供水（公共供水）（2012 年）

地区名称 Name of Regions		综合生产能力（万立方米/日）Integrated Production Capacity (10,000m³/day)	地下水 Underground Water	供水管道长度（公里）Length of Water Supply Pipelines (km)	供水总量（万立方米） 合计 Total	售水量 Water Sold 小计 Subtotal	生产运营用水 The Quantity of Water for Production and Operation	公共服务用水 The Quantity of Water for Public Service
全　国	**National Total**	**4377.03**	**1263.23**	**175460.90**	**856531.97**	**721733.95**	**182273.70**	**89836.71**
天　津	Tianjin	8.10	8.10	746.36	1369.49	849.52	87.95	195.49
河　北	Hebei	248.74	226.73	11476.77	55170.65	48631.10	14103.28	6265.14
山　西	Shanxi	89.72	70.03	6432.98	22253.31	19296.16	3995.40	2990.93
内蒙古	Inner Mongolia	89.78	84.73	8327.06	17388.07	14535.49	2538.78	2724.93
辽　宁	Liaoning	61.22	31.74	4040.04	11684.73	9242.71	1679.57	2133.11
吉　林	Jilin	47.12	11.99	2131.49	9688.60	7139.99	885.70	1032.21
黑龙江	Heilongjiang	76.08	57.48	5012.88	12299.22	10279.19	2096.86	1764.95
江　苏	Jiangsu	182.06	19.50	9598.94	41478.41	34668.02	10520.43	4459.55
浙　江	Zhejiang	313.56	1.25	11821.61	60748.06	51354.28	24638.54	3393.35
安　徽	Anhui	221.90	51.69	10200.31	45497.96	38174.39	8676.29	5434.49
福　建	Fujian	168.53	8.90	4719.85	33959.03	27991.39	6616.62	2552.72
江　西	Jiangxi	265.20	7.50	8265.91	50617.01	42901.18	9582.44	6309.79
山　东	Shandong	280.57	130.58	8991.13	56598.05	49060.59	17447.31	6584.19
河　南	Henan	236.75	170.17	7578.50	45545.50	38098.92	9912.54	5007.67
湖　北	Hubei	192.49	1.21	4217.76	32368.01	26909.19	7148.19	3309.68
湖　南	Hunan	342.15	18.87	9075.52	64435.72	52396.87	11240.69	5620.02
广　东	Guangdong	219.81	5.77	7669.79	39479.40	33607.48	9152.09	2959.44
广　西	Guangxi	198.85	18.55	5763.93	38642.08	31889.37	5685.17	2889.81
海　南	Hainan	43.00	0.40	742.54	11899.96	10462.96	6754.50	558.83
重　庆	Chongqing	87.65		3417.24	15946.33	13590.09	2196.78	1675.91
四　川	Sichuan	282.17	31.45	10967.66	63898.04	53578.36	10251.25	7619.55
贵　州	Guizhou	118.72	26.62	4077.70	20920.94	17989.44	2210.12	1380.59
云　南	Yunnan	137.58	12.95	8025.64	31812.60	26413.99	3844.17	3300.53
西　藏	Tibet	35.51	17.11	568.31	3746.38	3338.48	163.51	378.73
陕　西	Shaanxi	114.61	59.77	4111.84	20449.13	17902.95	2826.80	2503.99
甘　肃	Gansu	54.15	34.54	3509.41	9684.39	8338.00	1569.10	1185.86
青　海	Qinghai	54.96	20.81	1698.15	6356.65	5377.70	1287.41	974.65
宁　夏	Ningxia	19.43	15.12	1010.78	3605.82	3000.28	668.78	356.66
新　疆	Xinjiang	99.16	78.16	5013.93	18562.74	14979.96	2419.31	2867.99
新疆兵团	Xinjiang Production and Construction Corps	87.46	41.51	6246.87	10425.69	9735.90	2074.12	1405.95

2-2-8 County Seat Water Supply (Public Water Suppliers) (2012)

Total Quantity of Water Supply (10, 000m^3)					用水户数（户）		用水人口（万人）	地区名称
of Water of Sale		免费供水量		漏损水量		家庭用户		
居民家庭用水 The Quantity of Water for Household Use	其他用水 The Quantity of Water for Fire Control and Other Purposes	免费供水量 The Quantitiy of Free Water Supply	生活用水 Domestic Water Use	漏损水量 The Lossed Water	用水户数（户） Number of Households with Access to Water Supply (unit)	家庭用户 Household User	用水人口（万人） Population with Access to Water Supply (10, 000 persons)	地区名称 Name of Regions
415241. 83	**34381. 71**	**22002. 99**	**3478. 47**	**112795. 03**	**31489074**	**28185617**	**12110. 77**	**全　国**
564. 24	1. 84	216. 20		303. 77	63701	60065	40. 05	天　津
26126. 18	2136. 50	799. 25	122. 63	5740. 30	2404119	2178303	831. 23	河　北
11310. 24	999. 59	417. 01	121. 89	2540. 14	971999	808367	503. 12	山　西
8674. 59	597. 19	611. 41	190. 89	2241. 17	1280161	1152177	421. 24	内蒙古
4815. 03	615. 00	276. 07	121. 00	2165. 95	638106	549522	201. 63	辽　宁
4826. 61	395. 47	270. 76	12. 30	2277. 85	497274	445984	135. 04	吉　林
5931. 15	486. 23	296. 81	39. 11	1723. 22	924835	841263	277. 97	黑龙江
18005. 69	1682. 35	1274. 76	106. 11	5535. 63	1450264	1367234	511. 64	江　苏
21234. 03	2088. 36	1227. 18	14. 97	8166. 60	1421390	1261527	456. 11	浙　江
22185. 29	1878. 32	640. 00	121. 98	6683. 57	1835971	1684805	643. 37	安　徽
17395. 27	1426. 78	1254. 91	40. 60	4712. 73	949760	861566	349. 51	福　建
24162. 11	2846. 84	1351. 79	171. 07	6364. 04	1698418	1493035	728. 74	江　西
23152. 08	1877. 01	906. 41	175. 40	6631. 05	1878420	1762607	763. 13	山　东
21328. 02	1850. 69	1545. 19	99. 14	5901. 39	1728711	1607512	687. 46	河　南
15362. 52	1088. 80	860. 80	252. 02	4598. 02	948784	852221	421. 48	湖　北
33121. 54	2414. 62	2905. 53	582. 35	9133. 32	1853387	1554423	757. 51	湖　南
19119. 17	2376. 78	567. 39	237. 19	5304. 53	1112608	895341	428. 23	广　东
22518. 44	795. 95	426. 41	46. 17	6326. 30	981524	911841	445. 29	广　西
2941. 00	208. 63	14. 00		1423. 00	107655	101598	60. 81	海　南
9076. 96	640. 44	145. 80	55. 30	2210. 44	821609	734896	287. 00	重　庆
33804. 42	1903. 14	1188. 36	121. 22	9131. 32	2678351	2310075	852. 45	四　川
13600. 85	797. 88	534. 69	39. 43	2396. 81	752390	655731	394. 18	贵　州
18001. 00	1268. 29	1357. 18	484. 21	4041. 43	1240698	1110516	514. 39	云　南
2727. 26	68. 98	390. 41	77. 60	17. 49	126988	116345	50. 37	西　藏
11421. 81	1150. 35	283. 87	68. 04	2262. 31	1120775	1021499	495. 15	陕　西
5254. 12	328. 92	217. 50	16. 95	1128. 89	591617	544410	286. 74	甘　肃
2870. 76	244. 88	254. 40	89. 16	724. 55	241200	227292	108. 14	青　海
1678. 58	296. 26	109. 26	25. 64	496. 28	159187	140810	71. 61	宁　夏
8344. 01	1348. 65	1449. 17	17. 70	2133. 61	609397	557554	277. 82	新　疆
5688. 86	566. 97	210. 47	28. 40	479. 32	399775	377098	109. 36	新疆兵团

2-2-9 县城供水（自建设施供水）（2012 年）

地区名称 Name of Regions		综合生产能力（万立方米/日） Integrated Production Capacity (10,000m³/day)	地下水 Underground Water	供水管道长度（公里） Length of Water Supply Pipelines (km)	供水总量（万立方米） 合计 Total	生产运营用水 The Quantity of Water for Production and Operation
全　国	**National Total**	**1068.54**	**678.46**	**11038.71**	**163766.12**	**99302.80**
河　北	Hebei	95.79	89.70	1583.03	22183.07	11884.49
山　西	Shanxi	42.34	38.09	1012.61	7729.23	4741.77
内蒙古	Inner Mongolia	43.80	43.10	276.56	4279.57	3290.72
辽　宁	Liaoning	6.17	5.90	142.90	1614.97	1045.03
吉　林	Jilin	13.59	8.21	218.00	2107.30	1489.33
黑龙江	Heilongjiang	18.59	18.49	56.40	2518.34	1796.95
江　苏	Jiangsu	33.34	25.23	349.19	6627.32	4200.53
浙　江	Zhejiang	24.03	2.25	156.36	4796.37	4675.18
安　徽	Anhui	42.50	37.67	374.40	10798.45	6550.70
福　建	Fujian	10.65	2.84	126.90	2375.24	1509.24
江　西	Jiangxi	15.09	5.15	136.47	1380.57	485.83
山　东	Shandong	191.92	166.67	1403.17	37859.86	25168.38
河　南	Henan	105.92	97.52	948.21	25656.23	14486.94
湖　北	Hubei	18.79	4.09	220.75	3373.76	2208.44
湖　南	Hunan	16.79	8.49	333.51	3086.62	1142.09
广　东	Guangdong	136.79	1.18	469.90	1780.80	542.10
广　西	Guangxi	43.34	16.39	577.95	7240.21	5169.59
海　南	Hainan	1.12	0.10	27.00	118.80	65.70
四　川	Sichuan	21.01	8.61	162.10	3525.43	2042.51
贵　州	Guizhou	7.87	2.50	85.52	1360.74	412.20
云　南	Yunnan	16.57	9.13	110.15	1012.17	127.43
西　藏	Tibet	57.69	7.94	95.02	430.98	98.45
陕　西	Shaanxi	40.86	36.33	598.08	4677.32	1971.53
甘　肃	Gansu	6.41	3.91	102.27	1213.38	928.84
青　海	Qinghai	2.24	2.24	32.00	253.89	144.00
宁　夏	Ningxia	10.31	7.85	94.40	2865.96	2291.71
新　疆	Xinjiang	27.72	16.87	298.50	1672.17	557.20
新疆兵团	Xinjiang Production and Construction Corps	17.30	12.01	1047.36	1227.37	275.92

2-2-9 County Seat Water Supply (Suppliers with Self-Built Facilities) (2012)

Total Quantity of Water Supply (10,000m³)			用水户数（户）		用水人口（万人）	地区名称
公共服务用水 The Quantity of Water for Public Service	居民家庭用水 The Quantity of Water for Household Use	消防及其他用水 The Quantity of Water for Fire Control and Other Purposes	Number of Households with Access to Water Supply (unit)	家庭用户 Household User	Population with Access to Water Supply (10,000persons)	Name of Regions
18537.77	**38740.02**	**7185.53**	**2562649**	**2179631**	**860.26**	**全　国**
2151.65	7013.39	1133.54	458696	400011	158.66	河　北
1231.61	1423.66	332.19	151608	131464	47.67	山　西
404.12	481.71	103.02	57551	35603	14.90	内蒙古
341.32	173.62	55.00	16892	15292	5.30	辽　宁
193.79	378.67	45.51	73674	65941	13.55	吉　林
441.70	207.99	71.70	39101	37214	6.80	黑龙江
759.90	1485.60	181.29	55214	47847	17.93	江　苏
29.40	71.60	20.19	968	646	0.34	浙　江
1267.45	2708.76	271.54	190346	175418	60.42	安　徽
144.00	668.00	54.00	25583	20823	8.67	福　建
202.56	633.20	58.98	42607	39112	17.92	江　西
4554.34	6478.51	1658.63	355687	296767	157.57	山　东
3973.94	5966.24	1229.11	372925	318303	144.64	河　南
151.75	876.17	137.40	34677	33415	14.30	湖　北
413.10	1312.85	218.58	55539	48006	26.95	湖　南
97.60	1001.50	139.60	42342	38200	11.00	广　东
76.80	1859.30	134.52	78115	75333	24.54	广　西
8.20	36.10	8.80	2955	2531	0.94	海　南
384.79	905.31	192.82	33308	30504	13.59	四　川
116.71	604.54	227.29	51044	18305	9.18	贵　州
86.96	759.45	38.33	60509	56710	14.03	云　南
102.65	185.94	43.94	34834	25220	5.20	西　藏
703.25	1654.95	347.59	112532	90104	48.80	陕　西
92.50	173.66	18.38	16938	12622	4.25	甘　肃
6.00	102.49	1.40	8503	8079	1.94	青　海
48.01	294.14	232.10	22191	20252	3.18	宁　夏
402.42	631.85	80.70	90867	68224	18.46	新　疆
151.25	650.82	149.38	77443	67685	9.53	新疆兵团

2-2-10 县城节约用水（2012 年）

地区名称 Name of Regions		计划用水户数（户） Planned Water Consumers (households)	自备水计划用水户数 Planned self-Produeed Water Consumers	计划用水户实际用水量			
				合计 Total	工业 Industry	新水取用量 Fresh Water Used	工业 Industry
全　　国	**National Total**	**1661541**	**261032**	**246792**	**105529**	**180603**	**53478**
河　　北	Hebei	136828	32984	10148	2909	6676	1937
山　　西	Shanxi	114565	20683	12519	6312	8211	2693
内 蒙 古	Inner Mongolia	30237	506	48403	2292	47492	1563
辽　　宁	Liaoning	72283	12	1357	429	1048	342
吉　　林	Jilin	930	160	3147	1131	2709	933
黑 龙 江	Heilongjiang	706	705	2490	2019	2050	1579
江　　苏	Jiangsu	124883	18123	17398	10072	12844	6453
浙　　江	Zhejiang	1548		7500	6300	4692	3630
安　　徽	Anhui	59512	10000	2246	274	2086	243
福　　建	Fujian	4190	3420	793	171	470	100
江　　西	Jiangxi	125102	33802	48676	35657	21173	10586
山　　东	Shandong	222441	70800	27163	12602	20160	7084
河　　南	Henan	22038	5668	1350	197	999	136
湖　　北	Hubei	107	3	4400	2240	4322	2165
湖　　南	Hunan	30602	200	3720	1231	3720	1231
广　　东	Guangdong	31200		9713	8493	7150	5930
海　　南	Hainan	61697		664	17	656	16
重　　庆	Chongqing	324398	509	31912	8915	23057	3839
四　　川	Sichuan	9000		119	31	104	19
贵　　州	Guizhou	40803	36	753	63	633	12
云　　南	Yunnan	5731	84	39		39	
陕　　西	Shaanxi	86754	28402	1620	382	1388	286
甘　　肃	Gansu	30711	3000	1039	543	764	317
宁　　夏	Ningxia	3000		754	747	367	360
新　　疆	Xinjiang	62610	1320	4380	1103	4095	979
新疆兵团	Xinjiang Production and Construction Corps	59665	30615	4489	1399	3698	1045

2-2-10 County Seat Water Conservation (2012)

Actual Quantity of Water Used					节约用水量		节水措施投资总额（万元）	地区名称
重复利用量 Water Reused	工业 Industry	超计划定额用水量 Water Quantity Consumed in Excess of Quota	重复利用率（%） Reuse Rate (%)	工业 Industry	Water Saved	工业 Industry	Total Investment in Water-Saving Measures (10,000 RMB)	Name of Regions
66189	**52051**	**3721**	**26.82**	**49.32**	**30853**	**15331**	**43908**	**全　国**
3472	972		34.21	33.41	1032	865	84	河　北
4308	3619	457	34.41	57.34	1293	814	1853	山　西
911	729		1.88	31.81	5240	602	8480	内蒙古
309	87		22.77	20.28	151	93	30	辽　宁
438	198		13.92	17.51	92	52		吉　林
440	440		17.67	21.79	703	693	200	黑龙江
4554	3619	58	26.18	35.93	3701	3287	5733	江　苏
2808	2670	10	37.44	42.38	374	207	2577	浙　江
160	31		7.12	11.31	321	123	87	安　徽
323	71		40.73	41.52	100			福　建
27503	25071	87	56.50	70.31	2616	1883	11840	江　西
7003	5518	776	25.78	43.79	4622	3337	722	山　东
351	61	89	26.00	30.96	83	61	101	河　南
78	75	3	1.77	3.35	295	271	625	湖　北
					18	5	4	湖　南
2563	2563	2000	26.39	30.18	2900	450		广　东
8	1		1.20	5.88	8	3		海　南
8855	5076	186	27.75	56.94	6164	1943	1175	重　庆
15	12		12.61	38.71	25	2		四　川
120	51		15.94	80.95	70	3	76	贵　州
					45			云　南
232	96	22	14.32	25.13	149	92	4195	陕　西
275	226	10	26.47	41.62	241	208	515	甘　肃
387	387		51.33	51.81	135	135	1900	宁　夏
285	124	3	6.51	11.24	268	27	2877	新　疆
791	354	20	17.62	25.30	207	175	834	新疆兵团

2-2-11 县城人工煤气（2012 年）

地区名称 Name of Regions		生产能力（万立方米/日） Production Capacity (10,000m³)	储气能力（万立方米） Gas Storage Capacity (10,000m³)	供气管道长度（公里） Length of Gas Supply Pipeline (km)	自制气量（万立方米） Self-Produced Gas (10,000m³)	合计 Total
全　国	**National Total**	**502.10**	**79.85**	**1255.19**	**121584.00**	**85676.12**
河　北	Hebei		7.00	122.59		5884.53
山　西	Shanxi	79.10	67.35	800.66	8340.00	12325.59
山　东	Shandong	410.00	1.00	32.44	113244.00	49634.00
河　南	Henan			118.00		15482.00
四　川	Sichuan	13.00	4.50	181.50		2350.00

2-2-11 County Seat Man-Made Coal Gas (2012)

供气总量（万立方米） Total Gas Supplied (10,000m³)			用气户数（户）		用气人口（万人）	地区名称
销售气量 Quantity Sold	居民家庭 Households	燃气损失量 Loss Amount	Number of Household with Access to Gas (unit)	家庭用户 Household User	Population with Access to Gas (10,000 persons)	Name of Regions
83877.59	**10786.24**	**1798.53**	**152241**	**146854**	**53.58**	**全　国**
5835.50	2506.30	49.03	37791	37740	13.21	河　北
11784.09	6536.94	541.50	88174	82942	31.13	山　西
49356.00	209.00	278.00	158	121	0.04	山　东
15152.00	184.00	330.00	9898	9881	4.00	河　南
1750.00	1350.00	600.00	16220	16170	5.20	四　川

2-2-12 县城天然气（2012年）

地区名称 Name of Regions		储气能力（万立方米）Gas Storage Capacity (10,000m³)	供气管道长度（公里）Length of Gas Supply Pipeline (km)	供气总量（万立方米）Total Gas Supplied (10,000m³) 合计 Total	销售气量 Quantity Sold	居民家庭 Households
全　国	**National Total**	**4159.16**	**66696.99**	**701446.57**	**684475.16**	**281132.02**
天　津	Tianjin		102.60	779.00	779.00	109.00
河　北	Hebei	424.79	3597.94	31902.35	31065.55	21641.68
山　西	Shanxi	110.10	3542.62	44667.24	43429.90	16486.59
内蒙古	Inner Mongolia	48.00	957.61	12518.06	11981.04	4572.25
辽　宁	Liaoning	39.80	760.61	3094.05	2991.69	1159.99
吉　林	Jilin	24.00	448.28	3170.22	3141.77	1831.99
黑龙江	Heilongjiang	15.23	113.86	89.22	89.22	86.22
江　苏	Jiangsu	140.99	3420.76	15555.44	15340.39	5487.72
浙　江	Zhejiang	135.91	2795.86	12729.13	12688.14	2039.64
安　徽	Anhui	231.45	3919.41	26651.60	26194.30	8849.45
福　建	Fujian	280.06	379.12	11710.54	11613.35	5180.77
江　西	Jiangxi	495.85	1475.24	7360.07	7252.97	3067.98
山　东	Shandong	323.28	6266.54	98133.22	96950.98	24528.02
河　南	Henan	132.61	2909.31	32182.67	31597.28	7672.39
湖　北	Hubei	64.84	2057.28	8977.33	8571.15	4596.37
湖　南	Hunan	145.59	2936.15	21676.59	21383.04	6325.72
广　东	Guangdong	168.94	2094.29	1092.98	1087.88	771.66
广　西	Guangxi	84.26	147.05	275.58	266.82	89.81
海　南	Hainan	80.00	200.00	7000.50	7000.00	400.00
重　庆	Chongqing	44.87	6004.26	43875.55	42404.67	21210.44
四　川	Sichuan	129.57	15162.90	160639.38	154610.86	82774.90
贵　州	Guizhou	2.45	23.80	25.86	25.70	12.40
云　南	Yunnan	49.62	414.85	2611.53	2306.20	2152.19
陕　西	Shaanxi	272.05	3215.21	50087.51	49355.79	23781.94
甘　肃	Gansu	67.63	233.10	5529.05	5503.03	1478.76
青　海	Qinghai	86.21	417.30	19636.85	19488.18	8395.45
宁　夏	Ningxia	2.16	537.10	15833.30	15489.30	4676.30
新　疆	Xinjiang	545.99	2294.14	53496.84	52351.79	15064.29
新疆兵团	Xinjiang Production and Construction Corps	12.91	269.80	10144.91	9515.17	6688.10

2-2-12 County Seat Natural Gas (2012)

燃气损失量 Loss Amount	用气户数（户） Number of Household with Access to Gas (unit)	家庭用户 Household User	用气人口（万人） Population with Access to Gas (10,000 persons)	天然气汽车加气站（座） Gas Stations for CNG-Fueled Motor Vehicles (unit)	地区名称 Name of Regions
16971.41	**8897070**	**8192656**	**2925.63**	**514**	**全　国**
	5516	5500	1.22	1	天　津
836.80	634006	619312	234.20	29	河　北
1237.34	309436	279915	146.81	7	山　西
537.02	156081	129477	53.79	26	内蒙古
102.36	182618	180217	56.87	2	辽　宁
28.45	286823	70291	21.69	6	吉　林
	11830	11630	4.07	2	黑龙江
215.05	391536	383306	147.91	14	江　苏
40.99	179797	177915	78.97	2	浙　江
457.30	428693	405759	157.59	23	安　徽
97.19	20679	18839	6.42	2	福　建
107.10	148357	145567	50.59	1	江　西
1182.24	1000122	961871	348.70	77	山　东
585.39	308683	289729	108.48	34	河　南
406.18	213242	189299	102.64	13	湖　北
293.55	333774	317990	114.80	15	湖　南
5.10	16459	15977	13.26		广　东
8.76	10510	10162	8.82		广　西
0.5	4000	3800	1.90		海　南
1470.88	718969	695892	215.39	14	重　庆
6028.52	2381312	2213500	622.44	66	四　川
0.16	562	460	0.21	1	贵　州
305.33	31543	31107	22.49		云　南
731.72	479774	459176	204.56	57	陕　西
26.02	34870	31488	10.46	9	甘　肃
148.67	55194	34532	16.19	11	青　海
344.00	123447	122827	21.86	10	宁　夏
1145.05	385024	343660	140.70	78	新　疆
629.74	44213	43458	12.60	14	新疆兵团

2-2-13 县城液化石油气（2012年）

地区名称 Name of Regions		储气能力（吨） Gas Storage Capacity (ton)	供气管道长度（公里） Length of Gas Supply Pipeline (km)	供气总量（吨）Total Gas Supplied (Ton)		
				合计 Total	销售气量 Quantity Sold	居民家庭 Households
全　国	**National Total**	**320602.64**	**2773.15**	**2569445.67**	**2547317.99**	**2121338.15**
天　津	Tianjin	1331.20		19964.00	19964.00	19964.00
河　北	Hebei	9336.06	110.12	135025.42	134461.10	123627.40
山　西	Shanxi	9978.80	74.82	44111.97	43377.95	38454.45
内蒙古	Inner Mongolia	4279.95	30.65	57780.29	57549.52	52157.70
辽　宁	Liaoning	7163.00	50.91	36839.12	36671.45	32394.85
吉　林	Jilin	4417.96	46.00	71951.10	71901.00	69045.00
黑龙江	Heilongjiang	6222.00	1.00	44328.60	44216.81	39366.81
江　苏	Jiangsu	22000.30	262.93	157026.96	156017.30	127086.00
浙　江	Zhejiang	15353.00	536.10	199662.29	199270.20	150811.38
安　徽	Anhui	19614.00	506.49	176666.58	174905.30	140520.45
福　建	Fujian	11223.90	266.37	125721.33	125497.72	108328.74
江　西	Jiangxi	16790.00	51.19	207034.22	205643.80	186816.24
山　东	Shandong	34484.00	148.86	211313.70	209872.80	116740.06
河　南	Henan	12390.55	3.75	109253.24	107775.97	95447.31
湖　北	Hubei	9954.48	41.15	65288.43	64473.05	59684.60
湖　南	Hunan	23058.50		198931.82	193875.18	177413.92
广　东	Guangdong	36182.36	228.78	218139.97	216195.07	189285.09
广　西	Guangxi	10163.28	79.95	139322.30	137835.77	126357.81
海　南	Hainan	2846.00		15224.00	15221.00	14304.00
重　庆	Chongqing	3411.20		28685.50	28672.00	20078.00
四　川	Sichuan	6278.00	220.75	39141.60	38666.08	31384.76
贵　州	Guizhou	2578.45	50.00	35506.05	35301.72	32216.42
云　南	Yunnan	16658.70	25.20	53795.13	53168.33	44549.94
西　藏	Tibet	4657.40	16.54	42900.33	42214.26	5421.08
陕　西	Shaanxi	12505.00	3.55	54024.22	53334.13	47835.54
甘　肃	Gansu	3435.80		23217.66	22860.83	21024.11
青　海	Qinghai	496.50		1056.40	1049.40	1019.73
宁　夏	Ningxia	3118.00	10.83	8152.00	8123.00	6632.00
新　疆	Xinjiang	9371.80	1.41	32674.76	32513.90	26927.14
新疆兵团	Xinjiang Production and Construction Corps	1302.45	5.80	16706.68	16689.35	16443.62

2-2-13 County Seat LPG Supply (2012)

燃气损失量 Loss Amount	用气户数（户） Number of Household with Access to Gas (unit)	家庭用户 Household User	用气人口（万人） Population with Access to Gas (10,000persons)	液化石油气汽车加气站 LPG（座） Gas Stations for LPG-Fueled Motor Vehicles (unit)	地区名称 Name of Regions
22127.68	**18266843**	**16091273**	**7241.03**	**136**	**全国**
	113800	113800	38.83		天津
564.32	1279669	1168226	552.24	1	河北
734.02	472641	340534	200.08		山西
230.77	640190	563064	266.85	5	内蒙古
167.67	388870	315884	128.53		辽宁
50.10	322576	242394	109.89	3	吉林
111.79	499241	400330	161.24	12	黑龙江
1009.66	963895	891073	372.03	4	江苏
392.09	1158785	987004	371.18		浙江
1761.28	1385044	1273266	477.73	2	安徽
223.61	895323	826828	342.65		福建
1390.42	1295420	1161043	596.30		江西
1440.90	1171385	1023512	495.90	17	山东
1477.27	916435	881282	328.67	4	河南
815.38	641624	548808	254.27		湖北
5056.64	1476502	1358688	542.65	7	湖南
1944.90	1039018	946881	409.66	19	广东
1486.53	937809	896286	398.41		广西
3.00	102572	94883	57.91		海南
13.50	233535	171459	75.22		重庆
475.52	243866	202858	82.96	6	四川
204.33	401706	281727	172.85		贵州
626.80	457351	374305	243.83	1	云南
686.07	47677	39244	31.82	35	西藏
690.09	469463	351138	211.66	1	陕西
356.83	274860	231415	141.54	2	甘肃
7.00	14332	13883	8.30		青海
29.00	106167	94371	36.82		宁夏
160.86	216483	198842	103.39	17	新疆
17.33	100604	98245	27.62		新疆兵团

2-2-14 县城集中供热（2012 年）

地区名称 Name of Regions		蒸汽 Steam						
		供热能力（吨/小时）Heating Capacity (ton/hour)	热电厂供热 Heating by Co-Generation	锅炉房供热 Heating by Boilers	供热总量（万吉焦）Total Heat Supplied (10,000 gcal)	热电厂供热 Heating by Co-Generation	锅炉房供热 Heating by Boilers	管道长度（公里）Length of Pipelines (km)
全　国	**National Total**	**13914.21**	**10007.86**	**3107.67**	**8358.45**	**7229.66**	**749.19**	**1964.80**
天　津	Tianjin	200.00	200.00		6.30	6.30		4.75
河　北	Hebei	2673.00	628.00	2019.00	552.50	417.50	130.00	243.75
山　西	Shanxi	506.50	370.00	14.50	242.56	147.00	75.56	71.60
内蒙古	Inner Mongolia	218.50	218.50		179.80	179.80		43.30
辽　宁	Liaoning	364.36	144.36	220.00	190.00	127.00	63.00	16.88
吉　林	Jilin							
黑龙江	Heilongjiang	270.00	145.00	125.00	102.53	57.53	45.00	12.00
浙　江	Zhejiang	3705.00	3455.00	25.00	3771.36	3759.36	12.00	343.28
山　东	Shandong	4242.00	3986.00	105.00	2417.44	2035.04	223.00	717.74
河　南	Henan	300.00	160.00	140.00	86.20	60.20	24.90	55.90
四　川	Sichuan	21.00						11.00
云　南	Yunnan	100.00	100.00		70.00	70.00		
西　藏	Tibet	1.68			0.10			6.60
陕　西	Shaanxi	657.00	290.00	117.00	251.11	66.20	5.61	205.76
甘　肃	Gansu							7.60
青　海	Qinghai							
宁　夏	Ningxia	35.00	35.00		26.80	26.80		0.30
新　疆	Xinjiang	50.00		50.00	19.00		19.00	18.00
新疆兵团	Xinjiang Production and Construction Corps	570.17	276.00	292.17	442.75	276.93	151.12	206.34

2-2-14 County Seat Central Heating (2012)

热水 Hot Water							供热面积（万平方米） Heated Area (10,000m²)	住宅 Housing	地区名称 Name of Regions
供热能力（兆瓦） Heating Capacity (mega watts)	热电厂供热 Heating by Co-Generation	锅炉房供热 Heating by Boilers	供热总量（万吉焦） Total Heat Supplied (10,000gcal)	热电厂供热 Heating by Co-Generation	锅炉房供热 Heating by Boilers	管道长度（公里） Length of Pipelines (km)			
97280.64	**30506.89**	**63246.23**	**51943.42**	**10099.39**	**39173.68**	**31900.72**	**90462.48**	**66799.22**	**全　　国**
822.40		822.40	602.44	136.19	466.25	1335.99	1599.34	1356.74	天　　津
12794.79	1989.00	9483.99	7821.86	870.78	6073.30	4459.90	14778.38	11882.97	河　　北
9106.39	1907.90	6304.11	6366.63	1201.18	5009.35	3992.67	12071.19	8430.07	山　　西
16859.59	3812.00	12882.06	8464.53	1674.41	6359.20	5046.59	13548.00	9509.53	内 蒙 古
6049.70	1585.00	4427.70	3363.85	611.40	2688.45	2741.91	5448.28	4092.78	辽　　宁
4827.32		4827.32	3020.80		3020.30	1888.98	5015.48	3852.79	吉　　林
8295.81	2688.56	5604.25	5893.17	2109.66	3778.57	2666.40	9391.54	6984.73	黑 龙 江
4.00		4.00	13.00		13.00	6.00	864.00	50.00	浙　　江
13907.33	11970.83	1260.00	3532.69	2566.24	455.75	2590.06	8801.69	7421.52	山　　东
327.00	316.00	11.00	188.00	163.00	20.00	149.00	542.80	363.80	河　　南
						16.00			四　　川
									云　　南
0.13		0.13	2.50		2.50	2.50	5.04	3.15	西　　藏
6656.80	5408.00	1207.80	1250.03	252.50	955.23	448.83	2623.51	2091.76	陕　　西
3956.15	28.00	3836.71	2162.00		2089.20	1228.26	3810.46	2674.98	甘　　肃
983.98	103.00	880.98	821.38	133.00	688.38	405.37	1124.34	531.92	青　　海
2218.50		2218.50	1246.51		1246.51	720.01	1758.46	1253.16	宁　　夏
6348.28	200.60	6146.68	3650.90	192.00	3157.41	2441.88	5719.25	3740.09	新　　疆
4122.47	498.00	3328.60	3543.13	189.03	3150.28	1760.37	3360.72	2559.23	新疆兵团

2-2-15 县城道路和桥梁（2012 年）

2-2-15 County Seat Roads and Bridges（2012）

地区名称 Name of Regions		道路长度（公里）Length of Roads（km）	道路面积（万平方米）Surface Area of Roads（10,000 m^2）	人行道面积 Surface Area of Sidewalks	桥梁数（座）Number of Bridges（unit）	立交桥 Intersection	道路照明灯盏数（盏）Number of Road Lamps（unit）	安装路灯道路长度（公里）Length of The Road with Street Lamp（km）	防洪堤长度（公里）Length of Flood Control Dikes（km）	百年一遇 Length of Dikes to Withstand The Biggest Floods Every A Century	五十年一遇 Length of Dikes to Withstand The Biggest Floods Every 50 Years
全　国	**National Total**	**118293**	**210159**	**52724**	**15251**	**514**	**6475660**	**78117.30**	**13772**	**1789**	**5635**
天　津	Tianjin	273	639	167	38	4	23850	196.70			
河　北	Hebei	10235	20728	5731	905	86	376633	6564.30	768	19	266
山　西	Shanxi	4081	7465	1875	409	42	439664	2789.40	398	59	155
内蒙古	Inner Mongolia	4735	9449	2416	298	7	344384	2802.00	855	152	247
辽　宁	Liaoning	1623	2641	666	248	6	128483	1210.10	228	8	104
吉　林	Jilin	1184	1666	448	103	2	97974	727.90	179	36	133
黑龙江	Heilongjiang	3807	4289	862	255	13	154471	1884.80	434	108	226
江　苏	Jiangsu	5058	9560	2042	823	12	282972	4072.10	708	68	280
浙　江	Zhejiang	5397	8534	2029	1467	27	250610	4523.20	834	52	577
安　徽	Anhui	6005	13021	3263	846	34	305171	4213.60	652	76	181
福　建	Fujian	2814	4371	910	477	12	184814	2194.40	465	27	165
江　西	Jiangxi	6756	12181	2931	684	38	371572	4815.10	1171	81	301
山　东	Shandong	9718	20069	4239	1531	53	427885	6907.00	465	72	163
河　南	Henan	7689	16141	3895	1496	24	362113	5201.10	747	144	315
湖　北	Hubei	3301	6609	1612	408	6	107909	2475.30	600	89	157
湖　南	Hunan	6261	10520	2875	489	5	264996	4000.80	728	124	366
广　东	Guangdong	4157	5314	1260	344	3	250017	2292.10	537	82	298
广　西	Guangxi	3970	6688	1646	710	7	351026	2602.60	292	16	88
海　南	Hainan	569	1317	347	41		41792	505.50	77		14
重　庆	Chongqing	1704	3063	920	293	5	116539	1298.70	172	34	120
四　川	Sichuan	5864	10291	3143	844	20	485412	4463.00	731	81	306
贵　州	Guizhou	2354	3483	961	347	9	157628	1402.70	244	60	137
云　南	Yunnan	3944	6842	1722	543	7	271164	2977.40	513	79	143
西　藏	Tibet	832	958	227	38	7	11482	214.30	188	13	171
陕　西	Shaanxi	4108	7226	2197	531	61	254705	2794.30	675	154	264
甘　肃	Gansu	2165	3945	1132	310	10	80915	1381.30	353	18	151
青　海	Qinghai	1011	1413	421	146		38994	378.80	144	36	101
宁　夏	Ningxia	1064	2602	607	45	2	50281	792.90	69	32	3
新　疆	Xinjiang	3166	5211	1252	363	5	214084	1766.20	251	27	124
新疆兵团	Xinjiang Production and Construction Corps	4447	3925	927	219	7	28120	669.70	294	42	79

2-2-16 县城排水和污水处理（2012 年）

地区名称 Name of Regions		污水排放量（万立方米）Annual Quantity of Wastewater Discharged (10,000 m^3)	排水管道长度（公里）Length of Drainage Pipelines (km)				污水处理厂 Wastewater			
				污水管道 Sewers	雨水管道 Rainwater Drainage	雨污合流管道 Combined Pipeline	座数（座）Number of Wastewater Treatment Plant (unit)	二、三级处理 Secondary and Tertiary Treatment	处理能力（万立方米/日）Treatment Capacity (10,000 m^3/day)	二、三级处理 Secondary and Tertiary Treatment
全　　国	**National Total**	**852801**	**136706**	**51247**	**33455**	**51945**	**1416**	**1027**	**2622.5**	**1908.7**
天　　津	Tianjin	3512	645	251	250	145	7	7	9.9	9.9
河　　北	Hebei	71807	10696	3402	2895	4398	112	73	279.2	181.3
山　　西	Shanxi	24140	5164	2320	416	2428	84	35	103.1	50.4
内 蒙 古	Inner Mongolia	18286	5713	3183	1426	1104	59	37	88.6	57.5
辽　　宁	Liaoning	11125	1796	568	375	852	23	18	55.4	39.8
吉　　林	Jilin	10075	1246	424	200	622	19	9	33.0	16.7
黑 龙 江	Heilongjiang	11559	2545	785	405	1355	22	7	31.7	8.1
江　　苏	Jiangsu	39691	7121	2005	3234	1882	35	34	100.6	97.6
浙　　江	Zhejiang	49956	7299	3892	2588	820	35	32	179.0	167.2
安　　徽	Anhui	46910	9247	3666	2689	2892	57	36	132.8	81.3
福　　建	Fujian	28581	3598	1697	701	1200	44	44	68.6	68.6
江　　西	Jiangxi	39031	7580	2219	1634	3727	71	71	83.3	83.3
山　　东	Shandong	80316	11280	4073	4581	2626	66	38	254.6	118.6
河　　南	Henan	58873	9855	3060	1642	5152	83	65	204.8	166.3
湖　　北	Hubei	33973	3464	879	596	1988	44	31	104.2	70.7
湖　　南	Hunan	61475	7715	2571	1222	3921	77	64	164.1	141.8
广　　东	Guangdong	38476	3252	587	659	2006	38	31	77.7	67.5
广　　西	Guangxi	35773	4790	1330	695	2766	70	46	117.4	83.4
海　　南	Hainan	9196	592	331	222	39	13	7	26.9	11.2
重　　庆	Chongqing	12821	3210	1693	795	722	23	20	45.0	39.7
四　　川	Sichuan	57119	7884	3299	2326	2259	78	60	124.5	93.9
贵　　州	Guizhou	18099	2501	1356	399	745	71	61	48.2	42.5
云　　南	Yunnan	27068	5690	2184	1508	1999	89	68	100.3	77.5
西　　藏	Tibet	4533	592	88	73	373	1	1	1.7	1.7
陕　　西	Shaanxi	21188	4454	1818	949	1687	78	51	87.9	53.2
甘　　肃	Gansu	8676	2099	942	380	777	17	13	17.5	14.3
青　　海	Qinghai	4993	753	155	220	379	10	10	8.0	8.0
宁　　夏	Ningxia	5506	839	309	214	316	11	10	13.8	12.8
新　　疆	Xinjiang	14479	3104	514	80	2510	43	27	47.0	33.0
新疆兵团	Xinjiang Production and Construction Corps	5564	1984	1647	83	254	36	21	13.7	10.9

2-2-16 County Seat Drainage and Wastewater Treatment (2012)

Treatment Plant				其他污水处理设施 Other Wastewater Treatment Facilities		污水处理总量（万立方米）	再生水 Recycled Water			地区名称
处理量（万立方米） Quantity of Wastewater Treated (10,000m³)	二、三级处理 Secondary and Tertiary Treated	干污泥产生量（吨） Quantity of Dry Sludge Produced (ton)	干污泥处置量（吨） Quantity of Dry Sludge Treated (ton)	处理能力（万立方米/日） Treatment Capacity (10,000 m³/day)	处理量（万立方米） Quantity of Wastewater (10,000m³)	Total Quantity of Wastewater Treated (10,000m³)	生产能力（万立方米/日） Recycled Water Production Capacity (10,000 m³/day)	利用量（万立方米） Annual Quantity of Wastewater Recycled and Reused (10,000m³)	管道长度（公里） Length of Pipelines (km)	Name of Regions
621806	**460643**	**1124644**	**1064425**	**134.2**	**19825**	**641631**	**284.7**	**32434**	**1433**	**全　国**
2145	2145	1474	1474			2145				天　津
63256	41286	120084	117984	2.7	469	63725	71.3	7606	176	河　北
19685	11134	32329	32091	0.5	131	19816	25.3	1693	262	山　西
14258	8838	18919	18429			14258	16.7	956	223	内蒙古
9736	7981	12982	12592			9736	0.1			辽　宁
5923	3152	7248	6260			5923				吉　林
4876	1790	6858	6858			4876				黑龙江
28265	27269	38427	38427	9.6	1875	30140	6.6	701	20	江　苏
38358	36237	49965	49581	8.1	1714	40072	1.7	232	54	浙　江
41233	25715	64097	51042	12.5	1205	42438	9.6	236	10	安　徽
21337	21337	28446	28446	4.2	571	21908	1.5	360	24	福　建
25612	25612	34792	34688			25612	0.8	280	11	江　西
72592	35196	104669	104369	5.5	375	72967	72.7	15451	190	山　东
46411	37582	58538	37486			46411	4.5	1083	60	河　南
24380	17262	28214	27532	19.6	2156	26536	17.0	312	24	湖　北
49613	42506	82490	78249	4.6	951	50564	1.1	36	86	湖　南
22729	19895	41858	41858	14.0	2890	25619	14.1	356	46	广　东
25727	18294	29133	28616	20.0	1447	27174				广　西
5335	1714	204133	197463			5335				海　南
12099	10307	18226	18126			12099	5.5	240	24	重　庆
30811	22983	61901	61003	13.8	2603	33414	3.4	172	15	四　川
12174	10650	14104	13143			12174	0.2			贵　州
14971	10511	21026	17043	1.0	1	14972	7.0	843	78	云　南
45	45					45				西　藏
15479	9530	30817	29470			15479	11.6	965	35	陕　西
1896	1682	2887	2625			1896	1.0	222	12	甘　肃
1559	1559	2173	1932			1559	1.3	135	3	青　海
2313	2239	3245	2833	4.5	959	3272	2.4	147	53	宁　夏
8187	5663	4833	4219	8.1	1662	9849	2.0	257	3	新　疆
801	529	776	586	5.5	817	1618	7.5	152	26	新疆兵团

2-2-17 县城园林绿化（2012年）

2-2-17 County Seat Landscaping（2012）

地区名称 Name of Regions		绿化覆盖面积（公顷） Green Coverage Area (hectare)	建成区 Built District	绿地面积（公顷） Area of Parks and Green Space (hectare)	建成区 Built District	公园绿地面积（公顷） Area of Public Recreational Green Space (hectare)	公园个数（个） Number of Parks (unit)	公园面积（公顷） Park Area (hectare)
全　国	**National Total**	**702227**	**519812**	**536029**	**436926**	**134057**	**5063**	**85272**
天　津	Tianjin	3110	3110	2779	2779	531	7	224
河　北	Hebei	55204	45313	42541	39246	10049	595	6563
山　西	Shanxi	22819	21284	16350	15970	5444	204	3486
内蒙古	Inner Mongolia	28530	24781	23067	20298	6836	209	4604
辽　宁	Liaoning	6096	5586	5461	4948	2165	67	1515
吉　林	Jilin	6016	5283	5191	4601	1523	35	963
黑龙江	Heilongjiang	12597	10805	9527	8855	3454	142	2316
江　苏	Jiangsu	42854	26918	34730	24890	5681	133	2738
浙　江	Zhejiang	37970	20843	34724	18805	5292	365	3400
安　徽	Anhui	46566	29036	33066	22623	6582	259	4960
福　建	Fujian	20873	15851	17281	14450	4473	271	3317
江　西	Jiangxi	47226	37237	36825	33478	10758	383	8356
山　东	Shandong	72352	53468	52903	44816	13322	237	7265
河　南	Henan	27431	24244	18728	17670	6662	217	4441
湖　北	Hubei	16026	13353	11919	10840	3662	116	2071
湖　南	Hunan	30463	26071	23954	22211	6244	161	3225
广　东	Guangdong	22701	14315	17353	13149	5305	203	4449
广　西	Guangxi	21162	17630	16621	14721	4102	159	2259
海　南	Hainan	8058	3151	2825	2463	619	26	407
重　庆	Chongqing	12300	10946	11198	9883	4827	131	2273
四　川	Sichuan	33410	31297	28909	27485	8251	242	4672
贵　州	Guizhou	25661	8890	18133	5396	1645	88	962
云　南	Yunnan	23413	17881	18192	15224	4533	285	4158
西　藏	Tibet	9290	1027	2768	884	147	21	56
陕　西	Shaanxi	28535	18757	18343	15336	4617	179	1938
甘　肃	Gansu	9328	6543	5702	4719	1934	110	1403
青　海	Qinghai	3372	2635	2153	1886	476	31	244
宁　夏	Ningxia	4485	3485	3719	2464	918	36	743
新　疆	Xinjiang	18484	17074	15897	14832	3111	112	1722
新疆兵团	Xinjiang Production and Construction Corps	5895	2998	5170	2004	894	39	542

2-2-18 县城市容环境卫生（2012 年）

地区名称 Name of Regions		道路清扫保洁面积（万平方米） Surface Area of Roads Cleaned and Maintained (10,000 m^2)	机械化 Mechanization	生活垃圾 清运量（万吨） Collected and Transported (10,000 ton)	密闭车（箱）清运量 Quantity of Garbage Transported by Air-tight Vehicle (10,000 ton)	处理量（万吨） Volume of Treated (10,000 ton)	无害化处理场（厂）数（座） Number of Harmless Treatment Plants/Grounds (unit)	卫生填埋 Sanitary Landfill	焚烧 Incineration	其他 other	无害化处理能力（吨/日） Harmless Treatment Capacity (ton/day)	卫生填埋 Sanitary Landfill
全　国	**National Total**	**183687**	**50771**	**6838.22**	**4465.14**	**5135.04**	**848**	**795**	**29**	**24**	**126747**	**113631**
天　津	Tianjin	1050	336	27.41	27.41	17.55	2	1		1	500	200
河　北	Hebei	13145	4547	506.50	278.70	383.92	63	59	1	3	10853	9726
山　西	Shanxi	6573	1973	308.80	154.46	105.31	28	25	3		3228	2828
内蒙古	Inner Mongolia	7581	2041	245.44	140.88	188.27	41	41			4510	4510
辽　宁	Liaoning	3119	627	144.32	49.26	99.38	13	13			2596	2596
吉　林	Jilin	2712	494	125.56	98.48	90.28	5	5			885	885
黑龙江	Heilongjiang	3701	864	237.86	75.37	47.61	7	7			1040	1040
江　苏	Jiangsu	7756	3746	192.00	170.44	189.94	12	10	1	1	3934	3401
浙　江	Zhejiang	8298	3223	266.14	252.88	264.01	33	24	8	1	9847	5537
安　徽	Anhui	10038	3148	307.56	223.26	276.09	27	24		3	4974	4487
福　建	Fujian	4143	1149	168.58	158.99	161.70	41	36	4	1	7110	4960
江　西	Jiangxi	9137	1453	337.69	221.90	332.25	6	6			720	720
山　东	Shandong	17330	7783	325.50	246.28	314.88	48	46	1	1	9694	9294
河　南	Henan	12667	1772	480.24	317.23	361.86	78	78			12752	12752
湖　北	Hubei	4536	1320	218.12	139.79	148.57	16	15		1	2063	1923
湖　南	Hunan	9037	2416	416.14	270.05	360.56	55	52		3	10003	9303
广　东	Guangdong	4725	829	182.61	90.79	105.13	12	12			1806	1806
广　西	Guangxi	4738	728	171.64	122.28	146.04	46	41	5		4712	4052
海　南	Hainan	869	205	28.80	22.59	27.74	11	10		1	816	816
重　庆	Chongqing	3545	2354	152.26	145.34	150.62	19	19			3374	3374
四　川	Sichuan	9194	3814	445.07	367.43	338.09	51	47	4		7274	6418
贵　州	Guizhou	2921	619	213.72	107.32	100.63	6	5	1		585	535
云　南	Yunnan	15625	580	302.86	234.58	283.65	89	85	1	3	8367	7857
西　藏	Tibet	1850	39	159.26	14.63	11.14						
陕　西	Shaanxi	6865	2296	312.19	256.62	247.98	55	53		2	6895	6616
甘　肃	Gansu	2860	219	143.51	80.95	124.08	43	42		1	2882	2837
青　海	Qinghai	1032	10	49.62	26.84	45.43	10	10			727	727
宁　夏	Ningxia	1661	493	39.15	28.72	29.40	5	5			451	451
新　疆	Xinjiang	4934	1234	252.77	115.33	177.25	23	21		2	4117	3948
新疆兵团	Xinjiang Production and Construction Corps	2045	459	76.90	26.34	5.68	3	3			32	32

2-2-18 County Seat Environmental Sanitation (2012)

Domestic Garbage						粪便 Excrement and Urine		公厕数（座）		市容环卫专用车辆设备总数（台）	地区名称
焚烧 Incineration	其他 other	无害化处理量（万吨） Volume of Harmlessly Treated (10,000 ton)	卫生填埋 Sanitary Landfill	焚烧 Incineration	其他 other	清运量（万吨） Quantity of Excrement Transported (10,000 ton)	处理量（万吨） Quantity of Excrement Treated (10,000 ton)	Number of Latrines (unit)	三类以上 Grade Ⅲ and Above	Number of Vehicles and Equipment Designated for Municipal Environmental Sanitation (unit)	Name of Regions
9499	**3617**	**3690.65**	**3278.36**	**292.40**	**119.89**	**648.69**	**258.46**	**41588**	**17492**	**31164**	**全　国**
	300	17.55	7.07		10.48	1.44		147	102	161	天　津
800	327	274.47	254.91	11.12	8.44	82.49	24.97	4066	1022	2790	河　北
400		88.61	84.70	3.91		23.88	1.24	1173	526	1846	山　西
		162.32	162.32			91.38	42.33	4820	829	1557	内蒙古
		63.58	63.58			27.84	7.20	1655	189	711	辽　宁
		22.48	22.48			19.68	11.58	851	71	494	吉　林
		36.97	36.97			73.80	11.44	2363	271	1595	黑龙江
333	200	125.63	81.82	40.06	3.75	27.49	26.57	1744	1065	900	江　苏
4060	250	248.11	135.79	102.32	10.00	22.94	19.73	1464	1245	1461	浙　江
	487	182.56	140.55	27.85	14.16	23.69	7.85	1714	894	883	安　徽
2050	100	141.24	105.87	32.06	3.31	1.27		797	707	667	福　建
		88.06	88.06			10.15	8.41	1341	725	903	江　西
200	200	314.88	275.19	23.70	15.99	40.91	32.97	1537	1078	2302	山　东
		356.39	356.39			62.71	6.43	3043	1597	1957	河　南
	140	67.23	58.73		8.5	10.31	5.51	840	365	726	湖　北
	700	278.73	265.47		13.26	3.34	1.23	1652	779	1359	湖　南
		48.39	48.39			6.23	5.27	508	191	785	广　东
660		127.01	107.80	19.21		7.41	0.55	612	313	830	广　西
		27.74	24.55		3.19	0.30	0.12	119	46	316	海　南
		150.62	150.62			8.79	0.10	836	612	634	重　庆
856		250.25	221.40	28.85		11.69	1.94	1858	1075	2091	四　川
50		15.16	15.14	0.02		5.16	3.86	848	397	1015	贵　州
90	420	234.97	219.05	3.30	12.62	26.16	13.36	1502	724	1224	云　南
						2.20	1.17	354	10	107	西　藏
	279	192.26	184.02		8.24	22.79	7.65	1889	1157	1734	陕　西
	45	74.86	72.40		2.46	13.73	2.34	1151	581	670	甘　肃
		15.71	15.71			0.52	0.52	228	29	213	青　海
		17.37	17.37			1.21	0.44	319	135	183	宁　夏
	169	66.47	60.98		5.49	7.12	3.89	1156	583	803	新　疆
		1.03	1.03			12.06	9.79	1001	174	247	新疆兵团

三、村镇部分

Statistics for Villages and Small Towns

2012 年村镇部分概述

概况 2012 年末，全国共有建制镇 19881 个，乡（苏木、民族乡、民族苏木）13281 个。据 17187 个建制镇、12687 个乡（苏木、民族乡、民族苏木）、672 个镇乡级特殊区域和 267.02 万个自然村（其中村民委员会所在地 55.16 万个）统计汇总，村镇户籍总人口 9.45 亿。其中，建制镇建成区 1.47 亿，占村镇总人口的 15.56%；乡建成区 0.31 亿，占村镇总人口的 3.3%；镇乡级特殊区域建成区 0.03 亿，占村镇总人口的 0.32%；村庄 7.63 亿，占村镇总人口的 80.74%。

2012 年末，全国建制镇建成区面积 371.4 万公顷，平均每个建制镇建成区占地 216 公顷，人口密度 4720 人/平方公里（含暂住人口）；乡建成区 79.6 万公顷，平均每个乡建成区占地 63 公顷，人口密度 4238 人/平方公里（含暂住人口）；镇乡级特殊区域建成区 10.1 万公顷，平均每个镇乡级特殊区域建成区占地 151 公顷，人口密度 3725 人/平方公里（含暂住人口）。

规划管理 2012 年末，全国有总体规划的建制镇 15387 个，占所统计建制镇总数的 89.5%，其中本年编制 2190 个；有总体规划的乡 9034 个，占所统计乡总数的 71.2%，其中本年编制 1657 个；有总体规划的镇乡级特殊区域 448 个，占所统计镇乡级特殊区域总数的 66.7%，其中本年编制 62 个；有规划的行政村 307945 个，占所统计行政村总数的 55.82%，其中本年编制 45654 个。2012 年全国村镇规划编制投入达 52.93 亿元。

建设投入 2012 年，全国村镇建设总投入 14060 亿元。按地域分，建制镇建成区 5751 亿元，乡建成区 634 亿元，镇乡级特殊区域建成区 255 亿元，村庄 7420 亿元，分别占总投入的 41%、4.5%、1.8%、52.8%。按用途分，房屋建设投入 10829 亿元，市政公用设施建设投入 3231 亿元，分别占总投入的 77%、23%。

在房屋建设投入中，住宅建设投入 7204 亿元，公共建筑投入 1214 亿元，生产性建筑投入 2412 亿元，分别占房屋建设投入的 66.5%、11.2%、22.3%。

在市政公用设施建设投入中，供水 391 亿元，道路桥梁 1418 亿元，分别占市政公用设施建设总投入的 12% 和 43.9%。

房屋建设 2012 年，全国村镇房屋竣工建筑面积 11.23 亿平方米，其中住宅 7.67 亿平方米，公共建筑 1.27 亿平方米，生产性建筑 2.29 亿平方米。2012 年末，全国村镇实有房屋建筑面积 367.39 亿平方米，其中住宅 308 亿平方米，公共建筑 23.52 亿平方米，生产性建筑 35.87 亿平方米，分别占 83.8%、6.4%、9.8%。

2012 年末，全国村镇人均住宅建筑面积 32.58 平方米。其中，建制镇建成区人均住宅建筑面积 33.62 平方米，乡建成区人均住宅建筑面积 30.53 平方米，镇乡级特殊区域建成区人均住宅建筑面积 31.08 平方米，村庄人均住宅建筑面积 32.47 平方米。

公用设施建设 在建制镇、乡和镇乡级特殊区域建成区内，年末实有供水管道长度 49.4 万公里，排水管道长度 15.04 万公里，排水暗渠长度 7.46 万公里，铺装道路长度 36.59 万公里，铺装道路面积 25.68 亿平方米，公共厕所 21.45 万座。

2012 年末，建制镇建成区用水普及率 80.89%，人均日生活用水量 99.07 升，燃气普及率 46.7%，人均道路面积 12.1 平方米，排水管道暗渠密度 5.3 公里/平方公里，人均公园绿地面积 2.13 平方米。乡建成区用水普及率 66.73%，人均日生活用水量 83.85 升，燃气普及率 19.4%，人均道路面积 11.8 平方米，排水管道暗渠密度 3.18 公里/平方公里，人均公园绿地面积 1 平方米。镇乡级特殊区域建成区用水普及率 87.07%，人均日生活用水量 80.76 升，燃气普及率 50.8%，人均道路面积 14.5 平方米，排水管道暗渠密度 4.62 公里/平方公里，人均公园绿地面积 2.83 平方米。

2012 年末，全国 57.3% 的行政村有集中供水，7.7% 的行政村对生活污水进行了处理，47.4% 的行政村有生活垃圾收集点，29.4% 的行政村对生活垃圾进行处理。

Overview

General Situation

By the end of 2012, there were a total of 19881 towns and 13281 townships. Based on the data collected from 17187 towns, 12687 townships, 672 special districts at township level, and 2. 67 million natural villages among which 551. 6 thousand villages accommodate villagers' committees, rural population totaled 945 million. Among the total, 147 million people lived in the built area of towns, constituting 15. 56% ; 31. 3 million in the built area of townships, making up 3. 3% ; 3. 3 million in the built area of special districts at township level, taking a share of 0. 32% ; and 763. 3 million were village inhabitants, accounting for 80. 74% .

By the end of 2012, the total built area of towns covered 3. 71 million hectares with 216 hectares of built area per town on average and population density of 4720 people per square kilometer; the total built area of townships covered 0. 80 million hectares with 63 hectares per township on average and population density of 4238 people per square kilometer; and the total built area of special districts at township level covered 0. 101 million hectares with 151 hectares per special district at township level on average and population density of 3725 people per square kilometer.

Planning and Administration

By the end of 2012, there were 15387 towns having master plans, accounting for 89. 5% of the total number of towns surveyed, and among them, 2190 towns had their plans completed or revised this year; there were 9034 townships having master plans, accounting for 71. 2% of the total number of townships surveyed, and among them, 1657 townships had their plans completed or revised this year; there were 448 special districts at township level having master plans, accounting for 66. 7% of the total number of special districts at township level surveyed, and among them, 62 special districts at township level had their plans completed or revised this year; there were 307, 945 administrative villages having development plans, accounting for 55. 82% of the total number of administrative villages surveyed, and among them, 45, 654 villages had their plans completed or revised this year. The total investment in the development of village and town plans across the country in 2012 reached 5. 293 billion yuan.

Construction Input

In 2012, the investment in the villages and towns development across the country totaled 1406. 0 billion yuan. Divided by region, the investment in the built areas of towns, townships, special districts at township level, and villages was 575. 1 billion yuan, 63. 4 billion yuan, 25. 5 billion yuan, and 742. 0 billion yuan respectively, constituting 41. 4% , 4. 5% , 1. 8% , and 52. 8% of the total investment respectively. Broken down by purpose, the investment in the construction of buildings and public service facilities was 1083 billion yuan and 323. 1 billion yuan respectively, accounting for 76. 7% and 23. 3% of the total investment respectively.

With respect to building construction, the investment in housing, public buildings, and industrial buildings was 720. 4 billion yuan, 121. 4 billion yuan, and 241. 2 billion yuan respectively, making up 66. 5% , 11. 2% , and 22. 3% of the total investment in building construction respectively.

Regarding the development of public service facilities, the investment in water supply, roads & bridges reached 39. 1 billion yuan, 142 billion yuan respectively, accounting for 12% and 43. 9% of the total investment in the development of public service facilities respectively.

Building Construction

In 2012, the new building completion in the country's villages and towns covered a total of floor space of 1123 million square meters, among which, the completed floor space of housing, public buildings, and industrial buildings amounted to 767 million, 127 million, and 229 million square meters respectively. By the end of 2012, the total floor space of the building stock in the country's villages and towns covered 36. 74 billion square meters, among which, housing, public building, and industrial buildings covered 30. 80 billion, 2. 35 billion, and 3. 59 billion square meters respectively, constituting 83. 8% , 6. 4% , and 9. 8% of the total floor space respectively.

By the end of 2012, the per capita housing floor space in villages and towns nationwide was 32. 58 square meter. This per capita figure in the built areas of towns, townships, special districts at township level, and villages was 33. 62, 30. 53, 31. 08, and 32. 47 square meters respectively.

The Development of Public Service Facilities

By the end of 2012, within the boundary of the built areas of towns, townships, and special districts at township level, there were water supply pipelines, drainage pipelines and drainage ducts of which the respective length was 494. 0 thousand kilometers, 150. 4 thousand kilometers, and 74. 6 thousand kilometers; there were paved roads extending 365. 9 thousand kilometers and covering an area of 2. 568 billion square meters; and there were 214. 5 thousand public latrines.

By the end of 2012, in the built areas of towns, the water coverage rate was 80. 89% , daily per capita domestic water consumption was 99. 07 liters, gas coverage rate was 46. 7% , per capita area of paved roads was 12. 1 square meters, drainage pipelines&ducts density was 5. 3 kilometers per square kilometers, and per capita area of public green space was 2. 13 square meters. In the built areas of townships, the water coverage rate was 66. 73% , daily per capita domestic water consumption was 83. 85 liters, gas coverage rate was 19. 4% , per capita area of paved roads was 11. 8 square meters, drainage pipelines&ducts density was 3. 18 kilometers per square kilometers, and per capita area of public green space was 1. 0 square meters. In the built areas of special districts at township level, the water coverage rate was 87. 07% , daily per capita domestic water consumption was 80. 76 liters, gas coverage rate was 50. 08% , per capita area of paved roads was 14. 5 square meters, drainage pipelines&ducts density was 4. 62 kilometers per square kilometers, and per capita area of public green space was 2. 83 square meters.

By the end of 2012, 57. 3% of the administrative villages nationwide had access to central water supply, domestic wastewater had been treated in 7. 7% of the administrative villages, domestic garbage collection facilities had been set up in 47. 4% of the administrative villages, and domestic garbage had been treated in 29. 4% of the administrative villages.

3-1-1 全国历年建制镇及住宅基本情况

3-1-1 National Summary of Towns and Residential Building in Past Years

指标 Item / 年份 Year	建制镇个数（万个） Number of Towns (10,000 units)	建成区面积（万公顷） Surface Area of Build Districts (10,000 hectare)	建成区户籍人口（亿人） Registered Permanent Population (100million persons)	非农人口 Nonagriculture Population	建成区暂住人口（亿人） Temporary Population (100million persons)	本年建设投入（亿元） Construction Input This Year (100million RMB)	住宅 Residential Building	公用设施 Public Facilities	本年住宅竣工建筑面积（亿平方米） Floor Space Completed of Residential Building This Year (100million m^2)	年末实有住宅建筑面积（亿平方米） Total Floor Space of Residential Buildings (year-end) (100million m^2)	居住人口（亿人） Resident Population (100million persons)	人均住宅建筑面积（平方米） Per Capita Floor Space (m^2)
1990	1.01	82.5	0.61	0.28		156	76	15	0.49	12.3	0.61	19.9
1991	1.03	87.0	0.66	0.30		192	84	19	0.54	12.9	0.65	19.8
1992	1.20	97.5	0.72	0.32		284	115	28	0.62	14.8	0.72	20.5
1993	1.29	111.9	0.79	0.34		458	189	56	0.80	15.8	0.78	20.2
1994	1.43	118.8	0.87	0.38		616	265	79	0.90	17.6	0.85	20.6
1995	1.50	138.6	0.93	0.42		721	305	104	1.00	18.9	0.91	20.7
1996	1.58	143.7	0.99	0.42		915	373	116	1.10	20.5	0.97	21.1
1997	1.65	155.3	1.04	0.44		821	382	122	1.06	21.8	1.01	21.5
1998	1.70	163.0	1.09	0.46		872	402	141	1.09	23.3	1.07	21.8
1999	1.73	167.5	1.16	0.49		980	464	160	1.20	24.8	1.13	22.0
2000	1.79	182.0	1.23	0.53		1123	530	185	1.41	27.0	1.19	22.6
2001	1.81	197.2	1.30	0.56		1278	575	220	1.47	28.6	1.26	22.7
2002	1.84	203.2	1.37	0.60		1520	655	265	1.69	30.7	1.32	23.2
2003												
2004	1.78	223.6	1.43	0.64		2373	903	437	1.82	33.7	1.40	24.1
2005	1.77	236.9	1.48	0.66		2644	1000	476	1.90	36.8	1.43	25.7
2006	1.77	312.0	1.40		0.24	3013	1139	580	2.04	39.1	1.40	27.9
2007	1.67	284.3	1.31		0.24	2950	1061	614	1.28	38.9		29.7
2008	1.70	301.6	1.38		0.25	3285	1211	726	1.33	41.5		30.1
2009	1.69	313.1	1.38		0.26	3619	1465	798	1.47	44.2		32.1
2010	1.68	317.9	1.39		0.27	4356	1828	1028	1.67	45.1		32.5
2011	1.71	338.6	1.44		0.26	5018	2106	1168	1.72	47.3		33.0
2012	1.72	371.4	1.48		0.28	5751	2469	1348	1.97	49.6		33.6

3-1-2 全国历年建制镇市政公用设施情况

3-1-2 National Municipal Public Facilities of Towns in Past Years

指标 Item / 年份 Year	年供水总量（亿立方米） Annual Supply of Water (100million m^3)	生活用水 Domestic Water Consumption	用水人口（亿人） Population with Access to Water (100million persons)	用水普及率（%） Water Coverage Rate (%)	人均日生活用水量（升） Per Capita Daily Water Consumption (liter)	道路长度（万公里） Length of Roads (10,000 km)	桥梁数（万座） Number of Bridges (10,000 units)	排水管道长度（万公里） Length of Drainage Pipelines (10,000 km)	公园绿地面积（万公顷） Public Green Space (10,000 hectare)	人均公园绿地面积（平方米） Public Recreational Green Space Per Capita (m^2)	环卫专用车辆设备（万台） Number of Special Vehicles for Environmental Sanitation (10,000 units)	公共厕所（万座） Number of Latrines (10,000 units)
1990	24.4	10.0	0.37	60.1	74.3	7.7	2.4	2.7	0.85	1.4	0.5	4.9
1991	29.5	11.6	0.42	63.9	76.1	8.4	2.7	3.2	1.06	1.6	0.7	5.4
1992	35.0	13.6	0.48	65.8	78.1	9.6	3.1	4.0	1.22	1.7	0.8	6.1
1993	39.5	15.8	0.54	68.5	80.7	10.9	3.5	4.8	1.37	1.7	1.1	6.8
1994	47.1	17.7	0.62	71.5	78.3	12.6	3.9	5.5	1.74	2.2	1.2	7.6
1995	53.7	21.5	0.69	74.2	85.5	13.4	4.2	6.2	2.00	2.2	1.6	8.3
1996	62.2	24.7	0.74	75.0	91.7	15.5	4.8	7.5	2.27	2.3	1.7	8.7
1997	68.4	27.0	0.80	76.6	92.6	17.8	5.1	8.1	2.61	2.5	2.0	9.2
1998	72.8	30.0	0.86	79.1	95.1	18.7	5.4	8.8	2.99	2.7	2.3	9.7
1999	81.4	34.3	0.93	80.2	100.8	19.4	5.6	10.0	3.32	2.9	2.5	10.1
2000	87.7	37.1	0.99	80.7	102.7	21.0	6.1	11.1	3.71	3.0	2.9	10.3
2001	91.4	39.6	1.04	80.3	104.0	22.8	6.4	11.9	4.39	3.4	3.2	10.7
2002	97.3	42.3	1.10	80.4	105.4	24.3	6.8	13.0	4.84	3.5	3.3	11.2
2003												
2004	110.7	49.0	1.20	83.6	112.1	27.5	7.2	15.7	6.01	4.2	3.9	11.8
2005	136.5	54.2	1.25	84.7	118.4	30.1	7.7	17.1	6.81	4.6	4.2	12.4
2006	131.0	44.7	1.17	83.8	104.2	26.0	7.2	11.9	3.3	2.4	4.8	9.4
2007	112.0	42.1	1.19	76.6	97.1	21.6	8.3	8.8	2.72	1.8	5.0	9.0
2008	129.0	45.0	1.27	77.8	97.1	23.4	9.1	9.9	3.09	1.9	6.0	12.1
2009	114.6	46.1	1.28	78.3	98.9	24.5	9.9	10.7	3.14	1.9	6.6	11.6
2010	113.5	47.8	1.32	79.6	99.3	25.8	10.0	11.5	3.36	2.0	6.9	9.8
2011	118.6	49.9	1.37	79.8	100.7	27.4	9.7	12.2	3.45	2.0	7.6	10.1
2012	122.2	51.2	1.42	80.79	99.08	29.1	10.4	13.18	3.73	2.1	8.7	10.5

注：1. 自2006年起，“公共绿地”统计为“公园绿地”。

2. 自2006年起，“人均公共绿地面积”统计为以城区人口和城区暂住人口合计为分母计算的“人均公园绿地面积”。

Note: 1. Since 2006, Public Green Space is changed to Public Recreatinal Green Space.

2. Since 2006, Public recreational green space per capita has been calculated based on denominator which combines both permanent and temporary resiclents in urban areas.

3-1-3 全国历年乡及住宅基本情况

3-1-3 National Summary of Townships and Residential Building in Past Years

指标 Item / 年份 Year	乡个数（万个） Number of Townships (10,000 units)	建成区面积（万公顷） Surface Area of Build Districts (10,000 hectare)	建成区户籍人口（亿人） Registered Permanent Population (100million persons)	非农人口 Nonagriculture Population	建成区暂住人口（亿人） Temporary Population (100million persons)	本年建设投入（亿元） Construction Input This Year (100million RMB)	住宅 Residential Building	公用设施 Public Facilities	本年住宅竣工建筑面积（亿平方米） Floor Space Completed of Residential Building This Year (100million m^2)	年末实有住宅建筑面积（亿平方米） Total Floor Space of Residential Buildings (year-end) (100million m^2)	居住人口（亿人） Resident Population (100million persons)	人均住宅建筑面积（平方米） Per Capita Floor Space (m^2)
1990	4.02	110.1	0.72	0.17		121	61	7	0.52	13.8	0.72	19.1
1991	3.90	109.3	0.70	0.16		136	67	8	0.53	13.8	0.70	19.8
1992	3.72	98.1	0.66	0.15		168	76	10	0.55	13.4	0.65	20.6
1993	3.64	99.9	0.65	0.15		191	85	13	0.49	13.3	0.64	20.6
1994	3.39	101.2	0.62	0.14		234	113	16	0.51	12.8	0.63	20.3
1995	3.42	103.7	0.63	0.15		260	133	22	0.57	12.7	0.62	20.5
1996	3.15	95.2	0.60	0.14		296	151	26	0.59	12.2	0.58	21.0
1997	3.03	95.7	0.60	0.14		296	155	33	0.56	12.3	0.59	21.0
1998	2.91	93.7	0.59	0.15		316	175	37	0.57	12.3	0.58	21.4
1999	2.87	92.6	0.59	0.15		325	193	36	0.66	12.8	0.58	22.1
2000	2.76	90.7	0.58	0.14		300	175	35	0.60	12.6	0.56	22.6
2001	2.35	79.7	0.53	0.14		283	167	33	0.55	12.0	0.52	23.0
2002	2.26	79.1	0.52	0.14		325	188	39	0.57	12.0	0.51	23.6
2003												
2004	2.18	78.1	0.53	0.15		344	188	48	0.56	12.5	0.50	24.9
2005	2.07	77.8	0.52	0.14		377	186	55	0.56	12.8	0.50	25.5
2006	1.46	92.83	0.35		0.03	355	145	66	0.40	9.1	0.4	25.9
2007	1.42	75.89	0.34		0.03	352	147	75	0.26	9.1		27.1
2008	1.41	81.15	0.34		0.03	438	187	99	0.28	9.2		27.2
2009	1.39	75.76	0.33		0.03	471	212	101	0.29	9.4		28.8
2010	1.37	75.12	0.32		0.03	558	262	129	0.35	9.7		29.9
2011	1.29	74.19	0.31		0.02	535	267	122	0.32	9.5		30.3
2012	1.27	79.55	0.31		0.02	634	306	152	0.36	9.6		30.5

注：2006 年以后，统计范围由原来的集镇变为乡，数据和以往年度不可对比。

3-1-4 全国历年乡市政公用设施情况

3-1-4 National Municipal Public Facilities of Townships in Past Years

指标 Item / 年份 Year	年供水总量（亿立方米） Annual Supply of Water (100million m^3)	生活用水 Domestic Water Consumption	用水人口（亿人） Population with Access to Water (100million persons)	用水普及率（%） Water Coverage Rate (%)	人均日生活用水量（升） Per Capita Daily Water Consumption (liter)	道路长度（万公里） Length of Roads (10,000 km)	桥梁数（万座） Number of Bridges (10,000 units)	排水管道长度（万公里） Length of Drainage Pipelines (10,000 km)	公园绿地面积（万公顷） Public Green Space (10,000 hectare)	人均公园绿地面积（平方米） Public Recreational Green Space Per Capita (m^2)	环卫专用车辆设备（万台） Number of Special Vehicles for Environmental Sanitation (10,000 units)	公共厕所（万座） Number of Latrines (10,000 units)
1990	10.8	5.0	0.26	35.7	53.4	15.2	3.3	2.3	0.64	0.88	0.16	5.33
1991	12.3	5.1	0.27	39.3	51.1	14.9	3.5	2.3	0.83	1.19	0.26	5.74
1992	12.7	5.2	0.28	42.6	50.6	14.2	3.7	2.5	0.87	1.32	0.31	5.89
1993	12.3	5.6	0.27	40.6	58.2	14.2	3.4	2.4	0.91	1.4	0.29	5.77
1994	12.8	6.0	0.30	47.8	55.5	14.0	3.3	2.6	1.11	1.76	0.42	6.18
1995	13.7	6.4	0.32	49.9	55.4	14.4	3.4	3.7	1.09	1.73	0.50	6.42
1996	13.9	6.6	0.29	49.0	61.1	14.4	3.4	3.2	1.08	1.79	0.50	6.12
1997	16.2	7.3	0.31	52.3	63.7	14.5	3.5	3.1	1.15	1.91	0.54	6.25
1998	17.2	7.9	0.33	55.5	66.4	14.3	3.5	3.2	1.31	2.22	0.62	6.21
1999	17.3	8.8	0.35	58.2	69.7	14.4	3.5	3.2	1.32	2.23	0.65	6.04
2000	16.8	8.8	0.35	60.1	69.2	13.7	3.4	3.3	1.35	2.33	0.68	5.86
2001	15.7	8.2	0.32	61.0	69.3	12.1	2.9	3.1	1.36	2.56	0.70	5.03
2002	16.4	8.4	0.32	62.1	71.9	12.1	2.9	3.6	1.31	2.54	0.75	5.05
2003												
2004	17.4	9.5	0.35	65.8	74.8	12.6	2.8	4.3	1.41	2.57	0.77	4.58
2005	17.5	9.6	0.35	67.2	75.6	12.4	2.9	4.3	1.37	2.65	0.80	4.57
2006	25.8	6.3	0.22	63.4	78.0	7.0	2.2	1.9	0.29	0.85	0.88	2.92
2007	11.9	6.0	0.21	59.1	76.1	6.2	2.7	1.1	0.24	0.66	1.04	2.76
2008	11.9	6.3	0.23	62.6	75.5	6.4	2.6	1.2	0.26	0.72	1.30	3.34
2009	11.4	6.5	0.22	63.5	79.5	6.3	2.8	1.4	0.30	0.84	1.34	2.96
2010	11.8	6.8	0.23	65.6	81.4	6.6	2.7	1.4	0.31	0.88	1.45	2.75
2011	11.5	6.7	0.22	65.7	82.4	6.5	2.6	1.4	0.30	0.90	1.53	2.58
2012	12.0	6.9	0.22	66.7	83.9	6.7	2.6	1.5	0.32	0.95	1.85	3.08

注：1. 自2006年起，“公共绿地”统计为“公园绿地”。

2. 自2006年起，“人均公共绿地面积”统计为以城区人口和城区暂住人口合计为分母计算的“人均公园绿地面积”。

Note：1. Since 2006, Public Green Space is changed to Public Recreatinal Green Space.

2. Since 2006, Public recreational green space per capita has been calculated based on denominator which combines both permanent and temporary resiclents in urban areas.

3-1-5 全国历年村庄基本情况

3-1-5 National Summary of Villages in Past Years

指标 Item / 年份 Year	村庄个数（万个） Number of Villages (unit)	村庄现状用地面积（万公顷） Area of Villages (10,000 hectare)	村庄户籍人口（亿人） Registered Permanent Population (100 million persons)	非农人口 Nonagriculture Population	村庄暂住人口（亿人） Temporary Population (100 million persons)	本年建设投入（亿元） Construction Input This Year (100 million RMB)	住宅 Residential Building	公用设施 Public Facilities	本年住宅竣工建筑面积（亿平方米） Floor Space Completed of Residential Building This Year (100 million m²)	年末实有住宅建筑面积（亿平方米） Total Floor Space of Residential Buildings (year-end) (100 million m²)	居住人口（亿人） Resident Population (100 million persons)	人均住宅建筑面积（平方米） Per Capita Floor Space (m²)	道路长度（万公里） Length of Roads (10,000 km)	桥梁数（万座） Number of Bridges (10,000 units)
1990	377.3	1140.1	7.92	0.16		662	545	33	4.82	159.3	7.84	20.3	262.1	
1991	376.2	1127.2	8.00	0.16		744	618	26	5.54	163.3	7.95	20.5	240.0	37.7
1992	375.5	1187.7	8.06	0.16		793	624	32	4.86	167.4	8.01	20.9	262.9	40.2
1993	372.1	1202.7	8.13	0.17		906	659	57	4.38	170.0	8.12	20.9	268.7	43.0
1994	371.3	1243.8	8.15	0.18		1175	885	65	4.49	169.1	7.90	21.4	263.2	43.0
1995	369.5	1277.1	8.29	0.20		1433	1089	104	4.95	177.7	8.06	22.0	275.0	44.7
1996	367.6	1336.1	8.18	0.19		1516	1176	106	4.96	182.4	8.13	22.4	279.3	44.1
1997	365.9	1366.4	8.18	0.20		1538	1175	136	4.66	185.9	8.12	22.9	283.2	44.7
1998	355.8	1372.6	8.15	0.21		1585	1220	139	4.73	189.2	8.07	23.5	290.3	43.4
1999	359.0	1346.3	8.13	0.22		1607	1245	152	4.62	192.8	8.04	24.0	287.3	45.7
2000	353.7	1355.3	8.12	0.24		1572	1203	139	4.47	195.2	8.02	24.3	287.0	46.3
2001	345.9	1396.1	8.06	0.25		1558	1145	160	4.28	199.1	7.97	25.0	283.6	46.7
2002	339.6	1388.8	8.08	0.26		2002	1288	368	4.39	202.5	7.94	25.5	287.3	47.1
2003														
2004	320.7	1362.7	7.95	0.32		2064	1243	342	4.22	205.0	7.75	26.5	285.1	57.8
2005	313.7	1404.2	7.87	0.31		2304	1374	380	4.42	208.0	7.72	26.9	304.0	58.0
2006	270.9		7.14		0.23	2723	1524	501	4.75	202.9	7.14	28.4	221.9	50.7
2007	264.7	1389.9	7.63		0.28	3544	1923	616	3.65	222.7		29.2		
2008	266.6	1311.7	7.72		0.31	4294	2558	793	4.10	227.2		29.4		
2009	271.4	1362.8	7.70		0.28	5400	3456	863	4.91	237.0		30.8		
2010	273.0	1399.2	7.69		0.29	5692	3412	1105	4.56	242.6		31.6		
2011	266.9	1373.8	7.64		0.28	6204	3773	1216	4.86	245.1		32.1		
2012	267.0	1409.0	7.63		0.28	7420	4312	1660	5.25	247.8		32.5		

3-2-1 建制镇市政公用设施水平（2012 年）

3-2-1 Level of Municipal Public Facilities of Build-up Area of Towns（2012）

地区名称 Name of Regions		人口密度（人/平方公里）Population Density (person/km²)	人均日生活用水量（升）Per Capita Daily Water Consumption (liter)	用水普及率（%）Water Coverage Rate (%)	燃气普及率（%）Gas Coverage Rate (%)	人均道路面积（平方米）Road Surface Area Per Capita (m²)	排水管道暗渠密度（公里/平方公里）Density of Drains (km/km²)	人均公园绿地面积（平方米）Public Recreational Green Space Per Capita (m²)	绿化覆盖率（%）Green Coverage Rate (%)	绿地率（%）Green Space Rate (%)
全　国	**National Total**	**4720**	**99.1**	**80.8**	**46.7**	**12.1**	**5.25**	**2.13**	**14.3**	**7.8**
北　京	Beijing	4028	101.6	87.3	63.7	14.4	6.14	5.03	21.9	12.2
天　津	Tianjin	4080	84.4	95.0	68.1	15.7	6.05	1.19	17.8	6.7
河　北	Hebei	4475	63.0	78.4	38.3	11.1	2.35	0.55	9.6	4.2
山　西	Shanxi	5308	76.7	86.3	13.2	12.8	4.89	0.89	20.2	8.0
内蒙古	Inner Mongolia	3389	67.3	56.1	13.2	8.7	1.66	1.42	8.7	4.0
辽　宁	Liaoning	3792	80.3	70.1	33.7	12.3	3.79	1.13	10.3	3.0
吉　林	Jilin	3794	75.8	71.7	21.1	10.4	1.74	0.88	5.3	2.0
黑龙江	Heilongjiang	3587	64.9	81.6	15.6	15.5	1.92	1.16	5.1	2.2
上　海	Shanghai	4911	151.6	93.8	82.9	10.9	4.83	2.63	17.3	11.2
江　苏	Jiangsu	5610	103.4	96.4	86.0	17.7	9.54	5.50	24.5	17.7
浙　江	Zhejiang	3959	130.5	77.3	49.6	13.0	5.66	2.12	10.2	6.7
安　徽	Anhui	5009	100.7	66.2	41.5	11.2	6.67	1.29	16.6	8.3
福　建	Fujian	6187	115.5	87.6	62.0	12.3	5.89	6.72	24.2	15.1
江　西	Jiangxi	4872	110.2	67.9	38.5	10.6	5.09	1.76	9.4	5.3
山　东	Shandong	4266	74.1	87.9	49.2	16.8	6.78	4.16	24.0	14.3
河　南	Henan	5679	79.6	74.0	6.5	11.9	4.26	1.76	22.0	4.3
湖　北	Hubei	4180	96.8	84.7	49.6	9.6	4.86	1.01	13.0	6.7
湖　南	Hunan	4188	100.1	69.7	35.8	8.7	3.50	0.90	9.4	5.3
广　东	Guangdong	4972	135.1	85.6	71.4	12.4	6.83	2.07	15.2	9.2
广　西	Guangxi	6962	105.4	83.8	69.2	11.1	7.42	0.43	8.4	3.9
海　南	Hainan	3685	96.4	86.9	77.8	14.1	4.69	2.53	21.5	13.6
重　庆	Chongqing	6940	106.3	93.4	56.9	8.3	7.04	0.83	10.4	5.4
四　川	Sichuan	5305	93.2	77.6	48.0	9.4	5.25	0.69	7.8	3.8
贵　州	Guizhou	4857	92.0	82.1	14.2	8.2	2.64	0.19	10.3	3.9
云　南	Yunnan	5522	87.5	86.3	17.7	9.5	4.81	1.00	6.0	3.8
陕　西	Shaanxi	5049	61.4	75.2	17.8	8.7	4.21	0.53	7.6	3.0
甘　肃	Gansu	4312	53.9	67.6	4.1	11.0	2.30	0.64	6.8	2.9
青　海	Qinghai	1846	77.2	53.2	18.0	9.0	0.86	0.11	3.1	2.0
宁　夏	Ningxia	3838	78.4	73.7	23.3	12.0	4.38	0.72	6.1	2.9
新　疆	Xinjiang	2983	80.6	82.0	14.2	18.4	2.16	1.92	13.7	9.8

3-2-2 建制镇基本情况（2012年）

地区名称 Name of Regions		建制镇个数（个） Number of Towns (unit)	建成区面积（公顷） Surface Area of Built-up Districts (hectare)	建成区户籍人口（万人） Registered Permanent Population (10,000 persons)	建成区暂住人口（万人） Temporary Population (10,000 persons)	规划建设管理 设有村镇建设管理机构的个数（个） Number of Towns with Construction Management Institution (unit)	村镇建设管理人员（人） Number of Construction Management Personnel (person)	专职人员 Full-time Staff
全　国	**National Total**	**17187**	**3714452**	**14746.78**	**2786.28**	**15289**	**82573**	**51210**
北　京	Beijing	120	29673	78.23	41.29	119	1367	777
天　津	Tianjin	113	27096	83.88	26.68	111	742	543
河　北	Hebei	789	136410	541.47	68.94	551	2092	1414
山　西	Shanxi	479	50506	239.91	28.18	358	773	362
内蒙古	Inner Mongolia	417	95690	287.36	36.90	366	1486	939
辽　宁	Liaoning	589	92673	318.81	32.61	568	1743	1221
吉　林	Jilin	380	80226	273.51	30.87	373	1229	823
黑龙江	Heilongjiang	410	80996	275.56	15.01	402	948	609
上　海	Shanghai	101	109466	268.94	268.66	100	1164	745
江　苏	Jiangsu	781	268989	1234.02	275.11	778	7956	5431
浙　江	Zhejiang	648	293705	764.72	397.95	611	5556	3318
安　徽	Anhui	840	210335	945.99	107.59	667	3188	2094
福　建	Fujian	506	114069	550.89	154.81	489	1837	1278
江　西	Jiangxi	683	113320	504.75	47.33	635	2976	1557
山　东	Shandong	1062	331746	1242.54	172.57	1029	9018	5492
河　南	Henan	828	185217	950.17	101.77	814	6276	3670
湖　北	Hubei	740	249535	946.07	97.10	693	5194	3122
湖　南	Hunan	998	229366	848.14	112.42	834	4899	2836
广　东	Guangdong	1026	305110	1157.35	359.59	951	7460	4428
广　西	Guangxi	598	71594	462.59	35.81	576	2299	1699
海　南	Hainan	159	29336	95.85	12.24	143	458	307
重　庆	Chongqing	533	65074	398.68	52.96	525	2175	1532
四　川	Sichuan	1561	173993	795.36	127.65	1388	4153	2758
贵　州	Guizhou	608	84307	368.06	41.43	484	1461	974
云　南	Yunnan	469	60157	300.23	31.96	402	1615	962
陕　西	Shaanxi	1021	104406	469.90	57.29	803	2757	1362
甘　肃	Gansu	380	45545	179.31	17.07	275	1037	551
青　海	Qinghai	100	34033	46.51	16.32	43	60	12
宁　夏	Ningxia	75	13077	44.41	5.78	61	199	101
新　疆	Xinjiang	173	28801	73.57	12.33	140	455	293

3-2-2 Summary of Towns（2012）

Planning and Administer			市政公用设施建设财政性资金收入（万元） Fiscal Revenue for Municipal Public Facilities Construction（10,000RMB）					地区名称
有总体规划的建制镇个数（个） Number of Towns with Master Plans (unit)	本年编制 Compiled This Year	本年规划编制投入（万元） Input in Planning this Year (10,000 RMB)	合计 Total	中央财政 Central Goverment Financial Allocation	省级财政 Province Goverment Financial Allocation	市（县）财政 City(County) Goverment Financial Allocation	本级财政 Local Financial Allocation	Name of Regions
15387	2190	392477	9291648	628164	954070	3164939	4544474	**全　国**
108	8	751	355105	963	99439	152255	102449	北　京
99	11	2342	28764	951	3444	7920	16449	天　津
628	73	2759	124442	29473	11029	32128	51811	河　北
371	38	3081	154215	9386	29109	39647	76073	山　西
351	37	16292	63036	8788	9152	19841	25255	内蒙古
529	39	2207	252846	17830	41634	71015	122366	辽　宁
294	16	1170	71819	10490	20998	23499	16831	吉　林
343	12	320	69851	5195	12211	28070	24376	黑龙江
82	15	4749	532004	232	12119	163483	356170	上　海
759	130	27614	1373586	30243	65998	371602	905742	江　苏
596	80	25912	1139826	46713	51516	416155	625442	浙　江
763	71	15882	481257	41611	71332	121311	247002	安　徽
486	69	18332	502402	37156	41868	320550	102828	福　建
629	92	59973	211821	19127	20109	54427	118158	江　西
1011	194	32574	1100248	45285	109980	276138	668846	山　东
777	67	10780	299965	22426	18480	106695	152364	河　南
722	73	14295	398560	43933	62760	139395	152471	湖　北
820	81	14503	359102	109870	29454	89300	130477	湖　南
860	70	17447	550881	4227	27187	188016	331452	广　东
575	152	17023	104532	9966	32249	50715	11602	广　西
149	50	6345	60561	3341	8191	36550	12479	海　南
526	62	3958	165665	9992	38340	57504	59829	重　庆
1390	251	50012	309126	45764	23739	146038	93585	四　川
514	98	16563	136380	14675	11735	60307	49663	贵　州
431	110	9896	76512	13168	11344	29175	22826	云　南
890	97	6056	229635	15300	53300	111653	49381	陕　西
370	68	3891	53055	12778	14245	19765	6267	甘　肃
89	20	2183	12419	2701	5472	3653	593	青　海
68	17	870	30349	6535	9412	12239	2164	宁　夏
157	89	4698	43685	10046	8222	15895	9522	新　疆

3-2-3 建制镇供水（2012年）

地区名称 Name of Regions		集中供水的建制镇个数（个） Number of Towns with Access to Piped Water (unit)	占全部建制镇的比例（%） Percentage of Total Rate (%)	公共供水 Public Water Supply			自备水源单位 Self-built Water Supply Facilities	
				设施个数（个） Number of Public Water Supply Facilities (unit)	其中：水厂个数 Waterwork	综合生产能力（万立方米/日） Integrated Production Capacity (10,000 m³/day)	个数（个） Number of Self-built Water Supply Facilities (unit)	综合生产能力（万立方米/日） Integrated Production Capacity (10,000 m³/day)
全　国	**National Total**	**15719**	**91.5**	**26963**	**14059**	**6143.2**	**45077**	**1778.5**
北　京	Beijing	120	100.0	210	121	59.1	840	42.0
天　津	Tianjin	107	94.7	332	98	68.3	659	36.8
河　北	Hebei	624	79.1	1310	210	73.5	2578	73.0
山　西	Shanxi	465	97.1	712	145	43.0	1172	23.4
内蒙古	Inner Mongolia	373	89.5	663	251	45.1	529	20.0
辽　宁	Liaoning	467	79.3	782	241	69.7	929	38.5
吉　林	Jilin	330	86.8	651	290	57.6	938	22.1
黑龙江	Heilongjiang	372	90.7	597	216	37.1	335	8.9
上　海	Shanghai	100	99.0	125	72	280.9	31	18.6
江　苏	Jiangsu	775	99.2	1697	1230	673.8	1146	66.3
浙　江	Zhejiang	620	95.7	1117	600	620.3	2785	110.0
安　徽	Anhui	676	80.5	1227	943	270.8	1382	43.1
福　建	Fujian	501	99.0	786	493	274.7	1554	44.8
江　西	Jiangxi	604	88.4	987	625	133.9	1899	28.2
山　东	Shandong	1022	96.2	2853	1029	449.8	6656	232.2
河　南	Henan	800	96.6	1619	541	123.3	5172	87.4
湖　北	Hubei	710	96.0	1015	808	984.3	1564	417.1
湖　南	Hunan	788	79.0	1236	825	257.7	2955	71.5
广　东	Guangdong	972	94.7	1428	1006	829.3	2020	171.1
广　西	Guangxi	581	97.2	757	568	101.6	1281	33.8
海　南	Hainan	156	98.1	296	124	20.8	1110	7.6
重　庆	Chongqing	531	99.6	859	713	76.6	401	11.5
四　川	Sichuan	1431	91.7	1895	1453	287.6	2406	73.2
贵　州	Guizhou	541	89.0	883	381	70.8	893	13.7
云　南	Yunnan	453	96.6	632	294	61.8	954	38.0
陕　西	Shaanxi	991	97.1	1448	431	92.6	2097	26.3
甘　肃	Gansu	300	79.0	381	151	29.0	384	6.8
青　海	Qinghai	77	77.0	82	16	14.3	30	4.3
宁　夏	Ningxia	67	89.3	126	39	14.8	123	3.3
新　疆	Xinjiang	165	95.4	257	145	21.4	254	5.2

3-2-3 Water Supply of Towns (2012)

年供水总量（万立方米） Annual Supply of Water (10,000m³)	年生活用水量 Annual Domestic Water Consumption	年生产用水量 Annual Water Consumption for Production	供水管道长度（公里） Length of Water Supply Pipelines (km)	本年新增 Added This Year	用水人口（万人） Population with Access to Water (10,000persons)	地区名称 Name of Regions
1221443	**512288**	**623682**	**387131**	**28175**	**14165.0**	**全　国**
10797	3866	6452	4791	104	104.3	北　京
10134	3236	6042	4832	270	105.1	天　津
29448	11007	17019	9284	592	478.5	河　北
16699	6478	9270	6528	324	231.5	山　西
11430	4470	6393	8533	671	181.9	内蒙古
14670	7226	6767	9947	449	246.4	辽　宁
13298	6039	6950	5884	353	218.2	吉　林
8485	5621	2580	7618	73	237.2	黑龙江
92464	27896	60842	10021	1106	504.3	上　海
139921	54855	76365	51273	2724	1454.0	江　苏
112796	42788	63243	28271	1760	898.1	浙　江
47401	25644	18346	18271	2246	697.7	安　徽
68718	26077	36386	12250	957	618.5	福　建
29203	15065	11220	9284	1123	374.6	江　西
120389	33623	79842	42830	3976	1243.3	山　东
38885	22627	14661	12170	1068	778.6	河　南
63550	31197	28334	18658	1702	883.0	湖　北
45767	24447	18333	13836	1380	669.4	湖　南
176505	64045	90323	35112	1589	1298.5	广　东
24505	16065	7100	9799	554	417.5	广　西
4591	3303	1095	3754	189	93.9	海　南
26320	16364	8009	10025	680	421.8	重　庆
46901	24337	19932	16925	1475	715.8	四　川
18930	11287	5876	7861	619	336.1	贵　州
21977	9155	11661	10694	779	286.8	云　南
15383	8883	5556	8051	714	396.6	陕　西
4308	2614	1619	4343	196	132.8	甘　肃
2283	942	1325	738	95	33.4	青　海
1767	1058	593	1976	141	37.0	宁　夏
3921	2073	1549	3573	268	70.5	新　疆

3-2-4 建制镇燃气、供热、道路桥梁及防洪（2012 年）

3-2-4 Gas, Central Heating, Road, Bridge and Flood Control Dike of Towns (2012)

地区名称 Name of Regions		用气人口（万人）Population with Access to Gas (10,000 persons)	集中供热（万平方米）Area of Centrally Heated District (10,000 m^2)	道路长度（公里）Length of Roads (km)	本年新增 Added This Year	道路面积（万平方米）Surface Area of Roads (10,000 m^2)	本年新增 Added This Year	道路照明灯盏数（盏）Number of Road Lamps (unit)	桥梁座数（座）Number of Bridges (unit)	防洪堤长度（公里）Length of Flood Control Dikes (km)
全　国	**National Total**	**8187.8**	**22362**	**290709**	**21417**	**211500**	**15950**	**4249769**	**104182**	**72241**
北　京	Beijing	76.1	2423	2404	68	1715	69	122398	920	592
天　津	Tianjin	75.3	2178	2635	189	1736	206	68663	921	592
河　北	Hebei	233.7	1661	10681	550	6747	333	138024	1786	1677
山　西	Shanxi	35.4	652	5148	427	3418	194	49891	895	1128
内蒙古	Inner Mongolia	42.6	1647	3825	370	2834	236	65179	1086	1699
辽　宁	Liaoning	118.3	2920	6850	393	4311	293	77430	2014	3223
吉　林	Jilin	64.1	1834	5004	369	3177	318	38463	1479	1767
黑龙江	Heilongjiang	45.3	913	7438	94	4509	56	32982	721	991
上　海	Shanghai	445.4	30	5462	209	5873	236	118929	5635	884
江　苏	Jiangsu	1297.1	164	35145	1729	26700	1547	571189	19876	8240
浙　江	Zhejiang	576.4	119	19039	1075	15098	1144	417220	11608	7890
安　徽	Anhui	437.3	61	16622	1695	11845	1159	158612	5662	4839
福　建	Fujian	437.3		11647	857	8654	657	197515	3193	2741
江　西	Jiangxi	212.3	21	8817	819	5869	594	73434	2156	2710
山　东	Shandong	695.9	5861	33385	3946	23729	2834	562778	16606	6850
河　南	Henan	67.9	128	14402	1187	12544	870	197754	3135	2797
湖　北	Hubei	517.0	8	14221	1301	10061	832	134836	3554	4003
湖　南	Hunan	343.8	57	11951	1117	8354	754	102778	2928	3062
广　东	Guangdong	1083.5	199	26091	968	18760	672	537378	6265	6207
广　西	Guangxi	344.8		7544	502	5554	280	71293	1236	607
海　南	Hainan	84.1		2396	164	1519	109	29219	335	309
重　庆	Chongqing	257.0		4509	411	3764	288	81497	1545	1490
四　川	Sichuan	442.6	17	11783	986	8693	741	178315	4051	2543
贵　州	Guizhou	58.0	112	4418	513	3347	517	56635	1056	524
云　南	Yunnan	58.9	32	4185	319	3166	222	44490	1334	1169
陕　西	Shaanxi	93.9	167	7656	649	4606	379	61581	1966	2002
甘　肃	Gansu	8.1	346	3384	187	2167	135	22306	626	915
青　海	Qinghai	11.3	97	747	114	566	112	6357	193	80
宁　夏	Ningxia	11.7	414	980	85	603	53	12756	159	129
新　疆	Xinjiang	12.2	301	2341	126	1581	109	19867	1241	582

3-2-5 建制镇排水和污水处理（2012 年）

3-2-5 Drainage and Wastewater Treatment of Towns（2012）

地区名称 Name of Regions		污水处理厂 Wastewater Treatment Plant		污水处理装置 Wastewater Treatment Facilities		排水管道长度（公里）		排水暗渠长度（公里）	
		个数（个） Number of Wastewater Treatment Plants (unit)	处理能力（万立方米/日） Treatment Capacity (10,000 m^3/day)	个数（个） Number of Wastewater Treatment Facilities (unit)	处理能力（万立方米/日） Treatment Capacity (10,000 m^3/day)	Length of Drainage Pipelines (km)	本年新增 Added This Year	Length of Drains (km)	本年新增 Added This Year
全　国	**National Total**	**2158**	**1475.88**	**10652**	**867.08**	**131777**	**12509**	**63301**	**6306**
北　京	Beijing	82	29.05	211	22.81	1423	74	399	35
天　津	Tianjin	26	9.04	36	2.33	1135	113	504	34
河　北	Hebei	28	42.17	30	16.67	2287	248	925	92
山　西	Shanxi	7	2.83	9	2.10	1527	160	943	138
内蒙古	Inner Mongolia	11	14.20	25	0.79	1199	117	387	14
辽　宁	Liaoning	45	20.19	163	14.38	2298	193	1215	144
吉　林	Jilin	5	6.47	7	6.02	1101	191	295	31
黑龙江	Heilongjiang					1019	138	535	39
上　海	Shanghai	27	56.87	153	28.64	4678	106	610	11
江　苏	Jiangsu	448	283.03	1160	201.26	19078	1510	6586	589
浙　江	Zhejiang	157	231.97	2457	155.66	12943	1060	3687	243
安　徽	Anhui	68	18.31	214	8.76	7298	1038	6737	630
福　建	Fujian	68	80.33	714	48.66	4803	411	1918	193
江　西	Jiangxi	17	14.04	79	6.65	3734	379	2030	247
山　东	Shandong	350	240.52	1200	145.72	13567	1910	8924	1312
河　南	Henan	25	25.36	77	5.60	5271	511	2611	223
湖　北	Hubei	38	18.77	199	23.92	8305	907	3815	430
湖　南	Hunan	47	17.89	51	6.49	5426	576	2594	309
广　东	Guangdong	125	209.33	431	108.47	14056	637	6780	395
广　西	Guangxi	2	0.60	6	0.37	3396	191	1914	100
海　南	Hainan	10	11.41	30	3.71	956	71	419	33
重　庆	Chongqing	197	24.02	283	14.61	3009	294	1573	121
四　川	Sichuan	275	80.53	2494	26.22	5899	645	3227	372
贵　州	Guizhou	14	4.55	489	3.00	1024	133	1200	175
云　南	Yunnan	16	7.65	47	6.65	1702	170	1190	119
陕　西	Shaanxi	17	2.80	35	2.06	2645	374	1747	226
甘　肃	Gansu	18	14.10	18	0.52	827	111	222	14
青　海	Qinghai	1	0.03	7	0.05	248	41	44	6
宁　夏	Ningxia	25	8.71	16	4.55	424	72	149	10
新　疆	Xinjiang	9	1.11	11	0.42	500	127	121	20

3-2-6 建制镇园林绿化及环境卫生（2012 年）

3-2-6 Landscaping and Environmental Sanitation of Towns（2012）

地区名称 Name of Regions		园林绿化（公顷）Landscaping（hectare）				环境卫生 Environmental Sanitation		
		绿化覆盖面积 Green Coverage Area	绿地面积 Area of Parks and Green Space	本年新增 Added This Year	公园绿地面积 Public Green Space	生活垃圾中转站（座） Number of Garbage Transfer Station（unit）	环卫专用车辆设备（台） Number of Special Vehicles for Environmental Sanitation（unit）	公共厕所（座） Number of Latrines（unit）
全　　国	**National Total**	**530793**	**288599**	**18614**	**37342**	**35152**	**87266**	**105117**
北　　京	Beijing	6484	3616	291	601	480	2586	2302
天　　津	Tianjin	4830	1822	208	131	328	2159	1976
河　　北	Hebei	13094	5790	277	337	797	3146	2849
山　　西	Shanxi	10178	4055	247	239	1185	1992	1579
内 蒙 古	Inner Mongolia	8363	3842	186	460	444	757	3812
辽　　宁	Liaoning	9573	2755	143	396	607	1546	2552
吉　　林	Jilin	4255	1619	74	266	813	973	2122
黑 龙 江	Heilongjiang	4166	1770	118	338	180	978	2581
上　　海	Shanghai	18933	12251	296	1416	861	2356	3202
江　　苏	Jiangsu	65864	47677	4849	8304	1982	11026	12290
浙　　江	Zhejiang	29859	19757	1525	2459	1986	9692	12966
安　　徽	Anhui	34944	17402	734	1361	1138	6146	5012
福　　建	Fujian	27646	17166	1739	4743	952	4749	5080
江　　西	Jiangxi	10695	5988	409	971	1377	1432	2662
山　　东	Shandong	79440	47373	3263	5883	2645	7855	7474
河　　南	Henan	40659	8029	544	1848	1139	5030	3711
湖　　北	Hubei	32333	16800	797	1055	1693	2700	3727
湖　　南	Hunan	21569	12217	538	869	1613	2329	2947
广　　东	Guangdong	46227	27986	780	3138	3105	6708	8602
广　　西	Guangxi	6007	2779	88	215	417	1707	1997
海　　南	Hainan	6310	3977	205	273	119	767	702
重　　庆	Chongqing	6748	3494	306	377	1074	1212	1977
四　　川	Sichuan	13530	6521	378	640	6380	4615	4282
贵　　州	Guizhou	8671	3317	143	77	758	920	1653
云　　南	Yunnan	3606	2271	108	332	327	645	2198
陕　　西	Shaanxi	7921	3153	186	280	1846	1362	2740
甘　　肃	Gansu	3078	1321	52	126	515	601	799
青　　海	Qinghai	1065	665	24	7	48	140	222
宁　　夏	Ningxia	802	374	26	36	113	910	453
新　　疆	Xinjiang	3942	2814	80	165	230	227	648

3-2-7 建制镇房屋（2012年）

地区名称	Name of Regions	住宅 Residential Building 本年建房户数（户） Number of Households of Building Housing This Year (unit)	在新址上新建 New Construction on New Site	年末实有建筑面积（万平方米） Total Floor Space of Buildings (year-end) (10,000m²)	混合结构以上 Mixed Strucure and Above	本年竣工建筑面积（万平方米） Floor Space Completed This Year (10,000m²)	混合结构以上 Mixed Strucure and Above	人均住宅建筑面积（平方米） Per Capita Floor Space (m²)
全　国	**National Total**	**1100650**	**665933**	**495789. 3**	**389653. 0**	**19739. 6**	**18493. 6**	**33. 62**
北　京	Beijing	12403	9243	4082. 8	3383. 1	177. 6	173. 9	52. 19
天　津	Tianjin	2259	731	3928. 0	2962. 3	390. 3	318. 3	46. 83
河　北	Hebei	28758	11518	16089. 4	10318. 6	480. 9	440. 0	29. 71
山　西	Shanxi	14097	6046	7127. 5	4935. 7	153. 6	145. 2	29. 71
内蒙古	Inner Mongolia	26315	20912	7144. 1	5803. 5	317. 2	305. 0	24. 86
辽　宁	Liaoning	31345	15820	8464. 6	5365. 3	467. 5	432. 8	26. 55
吉　林	Jilin	9712	3393	6414. 3	3728. 6	184. 1	123. 3	23. 45
黑龙江	Heilongjiang	33346	9418	6577. 8	6131. 6	320. 8	320. 8	23. 87
上　海	Shanghai	11284	10493	18962. 1	17629. 0	1528. 7	1276. 5	70. 51
江　苏	Jiangsu	117836	84520	48391. 9	41139. 7	2213. 1	2166. 7	39. 21
浙　江	Zhejiang	50391	38662	36906. 8	31368. 8	1243. 3	1226. 2	48. 26
安　徽	Anhui	80507	45538	27886. 1	21180. 5	1223. 7	1128. 3	29. 48
福　建	Fujian	19409	10842	21645. 9	16935. 5	472. 9	465. 2	39. 29
江　西	Jiangxi	29927	17463	17665. 3	13636. 1	536. 8	505. 5	35. 00
山　东	Shandong	179681	110648	39880. 4	30054. 1	2198. 5	2105. 6	32. 10
河　南	Henan	47814	25098	29967. 9	22625. 1	1018. 7	903. 4	31. 54
湖　北	Hubei	46854	26995	30035. 3	24610. 3	896. 7	846. 8	31. 75
湖　南	Hunan	37849	24406	29417. 1	25274. 0	792. 4	768. 3	34. 68
广　东	Guangdong	50375	38298	35698. 2	28444. 5	1129. 4	1065. 9	30. 84
广　西	Guangxi	25133	16020	12286. 2	10234. 1	480. 5	477. 4	26. 56
海　南	Hainan	7636	4491	2943. 5	1585. 6	151. 8	107. 2	30. 71
重　庆	Chongqing	34261	21170	14066. 3	12159. 4	575. 2	575. 2	35. 28
四　川	Sichuan	72514	39596	28941. 0	23789. 6	1144. 3	1131. 4	36. 39
贵　州	Guizhou	25448	13204	10273. 8	7850. 8	346. 1	320. 1	27. 91
云　南	Yunnan	16439	8346	9245. 8	5204. 8	339. 7	281. 6	30. 80
陕　西	Shaanxi	41619	25977	12714. 7	8549. 8	532. 2	488. 6	27. 06
甘　肃	Gansu	18382	9636	4604. 8	2562. 2	141. 7	141. 7	25. 68
青　海	Qinghai	10762	5123	1263. 7	635. 9	114. 8	104. 7	27. 17
宁　夏	Ningxia	4236	3328	1178. 4	511. 3	43. 7	39. 5	26. 53
新　疆	Xinjiang	14058	8998	1986. 1	1043. 4	123. 5	108. 5	26. 99

3-2-7 Building Construction of Towns (2012)

公共建筑 Public Building				生产性建筑 Industrial Building				地区名称 Name of Regions
年末实有建筑面积（万平方米） Total Floor Space of Buildings (year-end) (10,000m²)	混合结构以上 Mixed Strucure and Above	本年竣工建筑面积（万平方米） Floor Space Completed This Year (10,000m²)	混合结构以上 Mixed Strucure and Above	年末实有建筑面积（万平方米） Total Floor Space of Buildings (year-end) (10,000m²)	混合结构以上 Mixed Strucure and Above	本年竣工建筑面积（万平方米） Floor Space Completed This Year (10,000m²)	混合结构以上 Mixed Strucure and Above	
108842.0	**91417.0**	**6846.7**	**5006.5**	**164665.2**	**140364.1**	**11759.3**	**10591.2**	**全　国**
879.5	818.3	58.9	57.8	1943.3	1855.3	39.9	34.0	北　京
741.4	614.4	98.3	80.3	3129.8	2890.2	297.1	278.9	天　津
3343.7	2518.3	113.6	103.4	5998.9	4407.4	201.7	155.9	河　北
1359.8	1086.0	65.8	56.1	1550.7	1254.0	136.7	126.8	山　西
1689.1	1358.2	95.8	93.0	1163.6	965.0	31.8	31.5	内蒙古
3053.1	2520.9	118.5	113.0	2944.1	2404.7	151.9	122.1	辽　宁
1651.4	1318.0	48.9	46.1	1123.4	874.4	36.5	31.6	吉　林
1797.4	1615.3	62.5	62.5	1413.7	1179.4	96.8	96.8	黑龙江
3466.3	3425.6	134.3	134.2	8015.9	7857.2	343.9	341.3	上　海
12607.9	11015.8	567.4	555.4	30648.4	27491.5	2146.5	2055.9	江　苏
7497.3	7015.3	458.4	452.1	26829.6	24895.0	1922.0	1819.7	浙　江
4812.9	4153.3	280.4	263.2	6207.0	4921.2	734.0	622.2	安　徽
4639.5	4053.4	213.7	207.9	6358.3	5420.5	405.9	379.2	福　建
2628.0	2172.3	149.9	143.4	2352.2	1761.6	144.4	112.7	江　西
12187.4	10174.4	795.4	764.2	20498.1	16057.5	2079.8	1873.7	山　东
3451.5	2863.3	175.9	167.4	4740.1	4052.2	265.7	247.2	河　南
5843.9	5171.6	236.3	228.2	5342.2	4545.8	370.1	347.8	湖　北
5161.6	4604.1	226.4	213.0	4454.9	3858.4	273.5	251.5	湖　南
9753.1	7158.0	1941.6	312.5	15258.4	12389.6	821.7	689.9	广　东
3682.9	2980.4	170.8	170.2	2060.8	1441.5	158.5	146.4	广　西
700.8	463.6	29.6	26.6	257.2	163.6	31.7	25.2	海　南
2658.2	2409.9	83.5	83.5	1659.8	1445.8	74.1	71.6	重　庆
4331.0	3713.1	214.0	195.1	4606.8	3541.1	577.3	387.6	四　川
2622.8	1644.9	98.2	91.0	1066.0	857.0	166.2	153.4	贵　州
2127.1	1695.0	82.7	78.9	1120.2	810.2	33.7	29.3	云　南
2879.5	2464.8	152.9	138.7	1812.9	1468.4	115.3	81.2	陕　西
1907.0	1291.2	60.6	60.6	1132.5	809.7	44.3	39.9	甘　肃
455.3	372.7	65.7	64.5	322.4	294.7	4.7	4.1	青　海
390.9	311.0	22.9	20.1	243.4	211.9	29.3	27.3	宁　夏
521.8	414.0	24.1	23.7	410.7	239.2	24.6	6.5	新　疆

3-2-8 建制镇建设投入（2012 年）

地区名称 Name of Regions		本年建设投入							
		合计 Total	房屋 Building						
			小计 Input of House	住宅 Residential Building	公共建筑 Public Building	生产性建筑 Industrial Building	小计 Input of Municipal Public Facilities	供水 Water Supply	燃气 Gas Supply
全　　国	**National Total**	**57506956**	**44031222**	**24694849**	**6451536**	**12884837**	**13475734**	**1325564**	**407696**
北　　京	Beijing	818829	583194	429464	78088	75642	235635	12619	7945
天　　津	Tianjin	2293641	1912225	1115931	253326	542968	381416	24208	14469
河　　北	Hebei	1004034	802311	509497	115157	177657	201723	19549	9213
山　　西	Shanxi	745283	495508	146040	58691	290777	249775	13371	7627
内 蒙 古	Inner Mongolia	737986	519673	354392	128551	36730	218313	23294	10471
辽　　宁	Liaoning	1524346	1230911	806915	183747	240249	293435	31247	4898
吉　　林	Jilin	520537	348763	225609	57844	65310	171774	23879	6988
黑 龙 江	Heilongjiang	623408	462580	304461	65842	92277	160828	11928	437
上　　海	Shanghai	5004663	4570710	3720375	315635	534700	433953	57548	26058
江　　苏	Jiangsu	7746605	5954683	2906016	747499	2301168	1791922	146171	38670
浙　　江	Zhejiang	5796634	4445454	1684692	658566	2102196	1351180	140717	26595
安　　徽	Anhui	3075550	2478335	1178615	296155	1003565	597215	83484	4950
福　　建	Fujian	1817459	1206471	498258	228408	479805	610988	59792	4258
江　　西	Jiangxi	1107949	597487	347297	139686	110504	510462	39161	8785
山　　东	Shandong	6692866	4993234	2250000	780635	1962599	1699632	126446	90510
河　　南	Henan	1814229	1472309	1029079	150854	292376	341920	35131	12106
湖　　北	Hubei	1945736	1377833	845215	214164	318454	567903	75126	16854
湖　　南	Hunan	1561285	1126945	656270	230177	240498	434340	66736	10141
广　　东	Guangdong	3360993	2629501	1421522	430165	777814	731492	77682	11954
广　　西	Guangxi	848541	714605	380972	177365	156268	133936	14794	183
海　　南	Hainan	318514	239862	152688	40713	46461	78652	6022	574
重　　庆	Chongqing	1092979	837913	643262	98685	95966	255066	36478	18733
四　　川	Sichuan	2961077	2130967	1388130	288789	454048	830110	66185	48757
贵　　州	Guizhou	885788	565861	312681	95875	157305	319927	23830	4127
云　　南	Yunnan	594751	452376	296869	110706	44801	142375	24412	3139
陕　　西	Shaanxi	1365488	930305	576852	215810	137643	435183	39396	10347
甘　　肃	Gansu	380960	308763	158129	86463	64171	72197	4748	1543
青　　海	Qinghai	400636	264070	126702	132665	4703	136566	32765	3640
宁　　夏	Ningxia	172306	137478	69064	41366	27048	34828	2608	1056
新　　疆	Xinjiang	293883	240895	159852	29909	51134	52988	6237	2668

3-2-8 Construction Input of Towns (2012)

计量单位：万元 Measurement Unit：10,000 RMB

Construction Input of This Year 市政公用设施 Municipal Public Facilities 集中供热 Central Heating	道路桥梁 Road and Bridge	排水 Drainage	污水处理 Wastewater Treatment	防洪 Flood Control	园林绿化 Lands-caping	环境卫生 Environmental Sanitation	垃圾处理 Garbage Treatment	其他 Other	地区名称 Name of Regions
380030	**5095629**	**1701409**	**810159**	**683194**	**1514837**	**929008**	**397722**	**1438367**	**全　国**
12669	89337	19575	6065	2273	40537	17258	6388	33422	北　京
68113	160618	24844	1200	4263	59267	7678	2681	17956	天　津
13533	75813	26993	7978	5103	29386	15152	6459	6981	河　北
11678	62949	11689	5517	5486	37741	13965	3925	85269	山　西
36359	61818	13982	5433	11410	42536	5347	840	13096	内蒙古
36201	75483	33776	19363	12383	39147	29930	19710	30370	辽　宁
20763	75981	13595	776	9727	8822	6776	2805	5243	吉　林
24770	37523	12933	4656	1375	13492	8568	1475	49802	黑龙江
150	173310	55836	29121	4891	45638	47250	22022	23272	上　海
1962	658321	284314	177131	46114	256215	141728	53991	218427	江　苏
1592	416539	234082	146549	113070	113398	96291	46903	208896	浙　江
1400	254143	60818	16572	24194	68731	48672	21393	50823	安　徽
166	229122	76500	35269	42206	126100	37112	18718	35732	福　建
281	147243	32564	11784	72521	51724	15970	7398	142213	江　西
125220	590159	210752	98503	50252	264969	113990	51751	127334	山　东
741	197882	30243	3775	5508	16626	23846	7986	19837	河　南
710	249281	77326	26551	27251	36775	28776	12828	55804	湖　北
29	174356	51511	23246	28759	21900	39089	14780	41819	湖　南
105	228556	164028	95993	63834	61338	77618	35617	46377	广　东
	71239	9390	467	11475	5614	11005	4237	10236	广　西
	34008	13743	5158	4681	11565	3774	1083	4285	海　南
103	66117	43007	30295	12650	23964	18500	8375	35514	重　庆
71	350437	93121	39795	63397	79964	73687	26725	54491	四　川
2558	233496	14881	3800	5613	7961	8269	3614	19192	贵　州
10	70607	10464	1337	7413	7491	5918	2980	12921	云　南
5610	168812	53080	7587	37585	28888	18576	6705	72889	陕　西
3117	33229	6974	435	5156	5149	4322	1683	7959	甘　肃
688	78694	7792	2419	3458	4443	3994	2591	1092	青　海
3296	15015	5305	1548	439	1826	3778	1561	1505	宁　夏
8135	15541	8291	1836	707	3630	2169	498	5610	新　疆

3-2-9　乡市政公用设施水平（2012 年）

3-2-9　Level of Municipal Public Facilities of Build-up Area of Townships（2012）

地区名称 Name of Regions		人口密度（人/平方公里） Population Density (person/km²)	人均日生活用水量（升） Per Capita Daily Water Consumption (liter)	用水普及率（%） Water Coverage Rate (%)	燃气普及率（%） Gas Coverage Rate (%)	人均道路面积（平方米） Road Surface Area Per Capita (m²)	排水管道暗渠密度（公里/平方公里） Density of Drains (km/km²)	人均公园绿地面积（平方米） Public Recreational Green Space Per Capita (m²)	绿化覆盖率（%） Green Coverage Rate (%)	绿地率（%） Green Space Rate (%)
全　国	**National Total**	**4238**	**83.9**	**66.7**	**19.4**	**11.8**	**3.18**	**0.95**	**12.0**	**4.7**
北　京	Beijing	2119	90.9	84.9	27.3	12.5	3.46	2.79	17.9	6.6
天　津	Tianjin	2629	109.8	97.6	62.6	13.0	3.38	0.12	17.5	2.2
河　北	Hebei	3965	62.0	62.5	22.6	11.3	1.25	0.48	8.7	3.3
山　西	Shanxi	4458	64.8	81.1	10.7	13.0	3.06	0.91	18.8	7.5
内蒙古	Inner Mongolia	3255	56.8	47.3	13.2	10.0	0.81	1.39	8.4	3.7
辽　宁	Liaoning	3861	78.5	38.3	12.1	13.4	2.71	0.27	9.2	1.9
吉　林	Jilin	3156	75.7	47.8	10.0	13.7	1.04	0.27	4.9	2.4
黑龙江	Heilongjiang	3023	64.3	71.6	9.9	21.8	1.03	0.59	5.5	2.4
上　海	Shanghai	5254	124.4	53.9	53.9	16.7	12.61	6.02	36.8	27.8
江　苏	Jiangsu	5486	112.3	97.0	72.5	16.8	7.88	4.23	23.0	14.6
浙　江	Zhejiang	4535	114.4	80.1	52.6	14.1	6.05	1.24	14.8	6.2
安　徽	Anhui	4574	97.3	56.3	37.4	12.3	4.60	1.26	16.2	7.8
福　建	Fujian	6556	108.8	86.1	50.2	13.4	6.37	6.97	24.3	12.1
江　西	Jiangxi	4597	108.0	57.8	31.0	11.6	5.38	1.19	9.6	5.2
山　东	Shandong	4613	67.1	82.7	30.0	12.7	6.64	1.53	16.3	7.4
河　南	Henan	5666	76.2	66.1	3.5	10.5	4.16	1.02	22.2	4.1
湖　北	Hubei	4235	104.9	75.1	30.0	10.4	4.43	0.76	11.7	5.8
湖　南	Hunan	3008	99.9	50.3	23.7	9.4	2.34	0.45	8.5	3.9
广　东	Guangdong	3799	155.2	61.5	48.8	14.3	8.72	1.34	17.0	5.0
广　西	Guangxi	7214	99.4	82.7	53.1	10.3	6.41	0.47	10.8	5.8
海　南	Hainan	2980	87.9	92.0	76.4	16.0	3.34	1.18	32.0	19.7
重　庆	Chongqing	5641	97.9	77.6	19.7	11.0	6.54	0.59	9.2	4.7
四　川	Sichuan	4536	78.6	62.9	15.1	8.9	3.41	0.09	6.8	1.6
贵　州	Guizhou	4486	87.5	79.1	8.5	10.2	2.60	0.19	11.1	4.3
云　南	Yunnan	5240	90.3	80.9	12.1	9.8	4.57	0.30	5.1	2.8
陕　西	Shaanxi	3727	64.9	57.8	8.2	10.2	2.56	0.28	5.4	1.9
甘　肃	Gansu	3725	50.3	47.2	2.3	12.4	1.92	0.34	9.6	3.5
青　海	Qinghai	5099	74.8	41.4		10.3	0.54		6.3	2.4
宁　夏	Ningxia	3564	56.4	70.8	13.2	13.7	3.71	0.09	7.6	3.2
新　疆	Xinjiang	2261	73.9	73.1	5.2	22.7	0.61	1.54	13.4	8.4

3-2-10 乡基本情况（2012 年）

地区名称 Name of Regions		乡个数（个） Number of Townships (unit)	建成区面积（公顷） Surface Area of Built-up Districts (hectare)	建成区户籍人口（万人） Registered Permanent Population (10,000 persons)	建成区暂住人口（万人） Temporary Population (10,000 persons)	规划建设管理 设有村镇建设管理机构的个数（个） Number of Towns with Construction Management Institution (unit)	村镇建设管理人员（人） Number of Construction Management Personnel (person)	专职人员 Full-time Staff
全　国	**National Total**	**12687**	**795537**	**3131. 32**	**240. 51**	**8643**	**24694**	**14990**
北　京	Beijing	14	1587	2. 15	1. 21	13	84	46
天　津	Tianjin	11	2211	4. 60	1. 22	11	60	41
河　北	Hebei	950	72958	277. 39	11. 86	451	1212	818
山　西	Shanxi	631	28735	117. 48	10. 62	406	720	410
内蒙古	Inner Mongolia	198	15743	48. 50	2. 74	155	355	182
辽　宁	Liaoning	252	14150	52. 12	2. 51	252	388	322
吉　林	Jilin	165	13130	38. 57	2. 87	160	262	191
黑龙江	Heilongjiang	403	30133	86. 16	4. 93	391	565	402
上　海	Shanghai	2	165	0. 37	0. 49	2	23	16
江　苏	Jiangsu	84	10240	52. 26	3. 92	82	480	321
浙　江	Zhejiang	290	15159	59. 20	9. 55	207	594	326
安　徽	Anhui	324	31984	137. 12	9. 17	247	769	501
福　建	Fujian	306	16111	99. 75	5. 88	274	583	388
江　西	Jiangxi	594	40390	173. 64	12. 04	541	1889	974
山　东	Shandong	122	14510	61. 32	5. 62	112	776	419
河　南	Henan	870	97457	519. 36	32. 86	854	4713	3058
湖　北	Hubei	188	23713	89. 29	11. 13	170	1274	677
湖　南	Hunan	926	88957	241. 72	25. 88	510	2035	1027
广　东	Guangdong	15	1021	3. 63	0. 24	15	115	96
广　西	Guangxi	418	15590	106. 26	6. 22	337	551	391
海　南	Hainan	21	708	2. 03	0. 08	17	43	27
重　庆	Chongqing	238	6871	35. 07	3. 69	220	471	304
四　川	Sichuan	2510	66379	273. 51	27. 61	1324	2266	1445
贵　州	Guizhou	743	41999	176. 86	11. 57	542	979	675
云　南	Yunnan	669	32883	161. 77	10. 54	472	1175	686
陕　西	Shaanxi	94	5709	18. 95	2. 33	62	222	122
甘　肃	Gansu	758	34294	119. 28	8. 47	354	886	442
青　海	Qinghai	222	5737	27. 27	1. 99	48	130	89
宁　夏	Ningxia	93	5708	19. 51	0. 84	73	134	77
新　疆	Xinjiang	576	61303	126. 19	12. 42	341	940	517

3-2-10 Summary of Townships（2012）

Planning and Administer			市政公用设施建设财政性资金收入（万元） Fiscal Revenue for Municipal Public Facilities Construction（10,000RMB）					地区名称
有总体规划的乡个数（个） Number of Townships with Master Plans (unit)	本年编制 Compiled This Year	本年规划编制投入（万元） Input in Planning This Year (10,000 RMB)	合计 Total	中央财政 Central Goverment Financial Allocation	省级财政 Province Goverment Financial Allocation	市(县)财政 City（County）Goverment Financial Allocation	本级财政 Local Financial Allocation	Name of Regions
9034	**1657**	**125225**	**1196904**	**161325**	**218025**	**473847**	**343707**	**全　国**
13	1		2664		51	2129	484	北　京
8	1	15	13674		564	1479	11631	天　津
613	97	2266	21057	595	2788	9563	8111	河　北
316	35	1910	32926	4649	10156	10459	7662	山　西
135	16	477	10742	1281	464	5950	3047	内蒙古
213	9	294	25148	3663	4593	8018	8874	辽　宁
85	8	218	12849	2179	5133	4137	1400	吉　林
315	12	264	33149	513	2781	10431	19424	黑龙江
			5098	419	445	321	3913	上　海
84	12	949	21200	200	2131	5378	13491	江　苏
217	26	2761	101023	2119	12210	55116	31578	浙　江
261	12	3416	87155	11232	20426	26236	29261	安　徽
277	55	7394	71850	8843	18695	32980	11331	福　建
548	61	1982	64403	2914	7528	21046	32915	江　西
115	14	2123	23390	2079	3187	6652	11473	山　东
801	103	7357	106140	23312	18367	21738	42722	河　南
176	15	1572	37926	3458	3728	16646	14095	湖　北
572	52	4026	83392	6745	14148	32680	29819	湖　南
11	1	32	333			124	209	广　东
371	109	7360	43328	5687	7854	26387	3400	广　西
20	9	499	4018	306	586	2959	167	海　南
219	25	1519	12730	109	1022	7050	4550	重　庆
1243	238	14310	84411	24740	9117	40102	10452	四　川
581	110	29980	44061	9128	7210	19096	8628	贵　州
560	133	10536	41964	8452	7207	17973	8332	云　南
64		476	8659	1265	452	4081	2861	陕　西
561	127	4096	43306	8176	10969	15199	8962	甘　肃
81	17	2240	10493	4563	4085	1702	143	青　海
71	13	366	28261	12074	10790	4794	604	宁　夏
503	346	16789	121552	12623	31340	63422	14168	新　疆

3-2-11 乡供水（2012 年）

地区名称 Name of Regions		集中供水的乡个数（个） Number of Townships with Access to Piped Water (unit)	占全部乡的比例（%） Percentage of Total Rate (%)	公共供水 Public Water Supply			自备水源单位 Self-built Water Supply Facilities	
				设施个数（个） Number of Public Water Supply Facilities (unit)	水厂个数 Waterwork	综合生产能力（万立方米/日） Integrated Production Capacity (10,000 m^3/day)	个数（个） Number of Self-built Water Supply Facilities (unit)	综合生产能力（万立方米/日） Integrated Production Capacity (10,000 m^3/day)
全　国	**National Total**	**9694**	**76.4**	**12513**	**5271**	**607.9**	**15923**	**245.0**
北　京	Beijing	13	92.9	26	8	1.7	18	0.7
天　津	Tianjin	11	100.0	28	12	1.8	16	0.5
河　北	Hebei	606	63.8	862	145	34.6	1284	26.1
山　西	Shanxi	579	91.8	732	117	18.3	793	18.3
内蒙古	Inner Mongolia	145	73.2	173	74	5.7	160	2.0
辽　宁	Liaoning	129	51.2	191	26	8.7	225	2.9
吉　林	Jilin	106	64.2	194	61	6.7	190	2.9
黑龙江	Heilongjiang	335	83.1	355	133	14.1	204	7.9
上　海	Shanghai	2	100.0	3	3	0.9	1	—
江　苏	Jiangsu	84	100.0	156	117	16.9	108	2.8
浙　江	Zhejiang	255	87.9	404	108	27.8	631	8.7
安　徽	Anhui	231	71.3	395	239	38.6	405	6.9
福　建	Fujian	300	98.0	438	259	28.7	741	7.9
江　西	Jiangxi	458	77.1	655	342	35.7	1015	9.0
山　东	Shandong	114	93.4	189	107	12.2	316	7.0
河　南	Henan	788	90.6	994	374	48.1	3444	44.5
湖　北	Hubei	175	93.1	305	185	34.0	284	20.3
湖　南	Hunan	625	67.5	861	416	55.0	1563	13.6
广　东	Guangdong	12	80.0	22	9	1.8	28	0.3
广　西	Guangxi	387	92.6	393	231	15.5	447	6.5
海　南	Hainan	21	100.0	23	4	0.5	4	—
重　庆	Chongqing	221	92.9	263	183	6.2	97	0.6
四　川	Sichuan	1656	66.0	1863	1150	58.0	1496	13.7
贵　州	Guizhou	615	82.8	839	268	27.8	685	7.6
云　南	Yunnan	612	91.5	776	186	35.8	690	8.1
陕　西	Shaanxi	84	89.4	64	13	1.9	88	1.3
甘　肃	Gansu	427	56.3	450	85	11.7	366	13.8
青　海	Qinghai	106	47.8	120	4	2.3	9	—
宁　夏	Ningxia	84	90.3	77	12	8.9	74	2.3
新　疆	Xinjiang	513	89.1	662	400	47.8	541	9.1

3-2-11 Water Supply of Townships (2012)

年供水总量（万立方米） Annual Supply of Water (10,000m³)	年生活用水量 Annual Domestic Water Consumption	年生产用水量 Annual Water Consumption for Production	供水管道长度（公里） Length of Water Supply Pipelines (km)	本年新增 Added This Year	用水人口（万人） Population with Access to Water (10,000 persons)	地区名称 Name of Regions
119888	**68860**	**42358**	**94450**	**7765**	**2250.0**	**全　国**
163	95	57	193	2	2.9	北　京
674	227	359	394	25	5.7	天　津
8472	4091	3952	5389	308	180.9	河　北
5630	2458	2949	4039	155	103.9	山　西
1404	503	853	1290	104	24.2	内蒙古
1120	600	441	1227	151	21.0	辽　宁
1033	548	463	1266	156	19.8	吉　林
2330	1531	708	2867	49	65.2	黑龙江
34	21	13	17		0.5	上　海
3764	2233	1362	2469	212	54.5	江　苏
4697	2301	1961	3232	292	55.1	浙　江
4608	2921	1457	3847	528	82.3	安　徽
6731	3611	2318	3486	300	90.9	福　建
7128	4233	2341	3736	479	107.4	江　西
3181	1355	1618	2342	368	55.4	山　东
18172	10147	6832	8031	924	365.0	河　南
4926	2890	1545	2956	253	75.5	湖　北
9411	4907	3189	5643	673	134.6	湖　南
268	135	131	97		2.4	广　东
4348	3375	811	3216	178	93.0	广　西
74	62	10	69	10	1.9	海　南
1693	1076	422	1819	107	30.1	重　庆
8191	5426	2084	9349	745	189.3	四　川
7037	4761	1782	5625	353	149.0	贵　州
7092	4594	2076	7916	512	139.3	云　南
437	292	109	381	17	12.3	陕　西
1779	1108	601	2690	144	60.3	甘　肃
606	331	263	887	127	12.1	青　海
510	296	197	845	43	14.4	宁　夏
4374	2733	1452	9133	553	101.3	新　疆

3-2-12 乡燃气、供热、道路桥梁及防洪（2012 年）

3-2-12 Gas, Central Heating, Road, Bridge and Flood Control of Townships (2012)

地区名称 Name of Regions		用气人口（万人） Population with Access to Gas (10,000 persons)	集中供热（万平方米） Area of Centrally Heated District (10,000 m^2)	道路长度（公里） Length of Roads (km)	本年新增 Added This Year	道路面积（万平方米） Surface Area of Roads (10,000 m^2)	本年新增 Added This Year	道路照明灯盏数（盏） Number of Road Lamps (unit)	桥梁座数（座） Number of Bridges (unit)	防洪堤长度（公里） Length of Flood Control Dikes (km)
全　国	**National Total**	**653.6**	**1218**	**67133**	**5366**	**39848**	**3104**	**589395**	**26010**	**19973**
北　京	Beijing	0.9	13	91	5	42	2	4150	24	13
天　津	Tianjin	3.6	39	142	21	76	9	3334	59	35
河　北	Hebei	65.4	138	5716	402	3277	255	65857	1146	1067
山　西	Shanxi	13.6	174	2913	226	1660	107	31816	753	1011
内蒙古	Inner Mongolia	6.8	78	735	88	514	53	7378	294	325
辽　宁	Liaoning	6.6	157	1379	77	733	37	8595	488	934
吉　林	Jilin	4.1	87	1043	35	566	21	4796	319	292
黑龙江	Heilongjiang	9.0	37	3632	84	1982	38	10363	364	516
上　海	Shanghai	0.5		36		15		302	16	
江　苏	Jiangsu	40.7		1577	116	943	67	16422	1223	246
浙　江	Zhejiang	36.2	3	1840	137	968	68	33020	1153	860
安　徽	Anhui	54.7		2983	293	1802	168	25645	2189	1334
福　建	Fujian	53.1	20	2419	159	1418	106	31781	1325	685
江　西	Jiangxi	57.6		3689	357	2158	193	29799	1709	3245
山　东	Shandong	20.1	114	1441	210	847	113	26514	1249	525
河　南	Henan	19.2	80	9021	799	5775	464	110272	3311	1658
湖　北	Hubei	30.1	2	1700	160	1048	107	15813	575	605
湖　南	Hunan	63.4	15	4122	438	2522	250	27513	2119	1280
广　东	Guangdong	1.9		124	3	56	2	1128	51	34
广　西	Guangxi	59.7		1879	138	1160	75	12183	459	207
海　南	Hainan	1.6		52	4	34	3	741	21	12
重　庆	Chongqing	7.6		668	44	424	27	7218	276	184
四　川	Sichuan	45.6	17	4649	422	2683	235	43287	2206	1529
贵　州	Guizhou	16.0	2	2859	309	1915	226	18704	687	737
云　南	Yunnan	20.9	3	2698	247	1694	157	16509	922	484
陕　西	Shaanxi	1.7		471	30	217	12	1395	63	32
甘　肃	Gansu	2.9	67	2824	120	1586	82	10257	604	698
青　海	Qinghai	—		576	50	302	24	1274	164	31
宁　夏	Ningxia	2.7	79	469	58	279	45	2154	53	83
新　疆	Xinjiang	7.2	93	5387	335	3152	157	21175	2188	1313

3-2-13 乡排水和污水处理（2012 年）

3-2-13 Drainage and Wastewater Treatment of Townships（2012）

地区名称 Name of Regions		污水处理厂 Wastewater Treatment Plant		污水处理装置 Wastewater Treatment Facilities		排水管道长度（公里）		排水暗渠长度（公里）	
		个数（个） Number of Wastwater Treatment Plants (unit)	处理能力（万立方米/日） Treatment Capacity (10,000 m^3/day)	个数（个） Number of Wastwater Treatment Facilities (unit)	处理能力（万立方米/日） Treatment Capacity (10,000 m^3/day)	Length of Drainage Pipelines (km)	本年新增 Added This Year	Length of Drains (km)	本年新增 Added This Year
全　国	**National Total**	**276**	**49.70**	**1264**	**15.49**	**15134**	**2015**	**10151**	**1283**
北　京	Beijing	10	0.08	9	0.09	24	3	31	1
天　津	Tianjin	4	0.72	2	0.30	60	3	15	—
河　北	Hebei	1	0.01	1	0.01	644	82	269	29
山　西	Shanxi			2	0.01	502	46	376	57
内蒙古	Inner Mongolia			3	—	71	22	56	7
辽　宁	Liaoning	1	0.10	4	0.10	243	22	141	45
吉　林	Jilin					83	12	53	10
黑龙江	Heilongjiang					179	51	131	6
上　海	Shanghai	1	0.04	1	0.04	15		6	
江　苏	Jiangsu	17	0.97	8	0.24	561	96	246	51
浙　江	Zhejiang	14	5.07	551	3.13	603	64	314	33
安　徽	Anhui	13	0.87	63	0.85	822	112	648	113
福　建	Fujian	53	2.45	102	2.34	688	62	339	66
江　西	Jiangxi	2	0.02	1	0.01	1392	133	782	92
山　东	Shandong	10	1.60	4	0.05	504	75	459	58
河　南	Henan	11	3.58	11	1.12	2546	329	1513	156
湖　北	Hubei	11	20.81	13	0.56	600	78	450	74
湖　南	Hunan	12	3.11	77	0.63	1243	157	838	91
广　东	Guangdong	1	0.15	1	0.05	49	2	40	1
广　西	Guangxi	1	0.02	2	0.06	646	59	353	35
海　南	Hainan					20	1	4	
重　庆	Chongqing	3	0.11	2	0.02	209	24	241	14
四　川	Sichuan	86	7.26	287	4.19	1194	177	1071	169
贵　州	Guizhou	5	1.22	74	0.20	476	83	617	56
云　南	Yunnan	3	0.36	13	0.39	805	158	696	68
陕　西	Shaanxi			1	0.04	63	8	83	13
甘　肃	Gansu	4	0.35	8	0.02	368	70	290	26
青　海	Qinghai					26		5	
宁　夏	Ningxia	11	0.20	9	0.14	163	35	48	8
新　疆	Xinjiang	2	0.60	15	0.90	335	51	36	6

3-2-14 乡园林绿化及环境卫生（2012 年）

3-2-14 Landscaping and Environmental Sanitation of Townships (2012)

地区名称 Name of Regions		园林绿化（公顷）Landscaping (hectare)				环境卫生 Environmental Sanitation		
		绿化覆盖面积 Green Coverage Area	绿地面积 Area of Parks and Green Space	本年新增 Added This Year	公园绿地面积 Public Green Space	生活垃圾中转站（座）Number of Garbage Transfer Station (unit)	环卫专用车辆设备（辆）Number of Special Vehicles for Environmental Sanitation (unit)	公共厕所（座）Number of Latrines (unit)
全　国	**National Total**	**95478**	**37519**	**2470**	**3214**	**10655**	**18495**	**30800**
北　京	Beijing	284	105	4	9	6	60	84
天　津	Tianjin	386	48	1	1	19	173	178
河　北	Hebei	6376	2416	318	138	669	1984	1646
山　西	Shanxi	5401	2162	103	117	522	1225	1501
内蒙古	Inner Mongolia	1329	580	21	71	20	101	594
辽　宁	Liaoning	1299	273	14	15	109	275	659
吉　林	Jilin	648	319	11	11	108	222	271
黑龙江	Heilongjiang	1669	708	49	54	80	486	1257
上　海	Shanghai	61	46	1	5	8	36	14
江　苏	Jiangsu	2359	1500	105	238	97	503	571
浙　江	Zhejiang	2244	933	72	85	333	1011	1799
安　徽	Anhui	5188	2492	109	185	237	1146	996
福　建	Fujian	3913	1949	261	737	231	875	1038
江　西	Jiangxi	3855	2081	149	221	647	824	1407
山　东	Shandong	2360	1071	79	102	431	650	826
河　南	Henan	21625	3986	305	564	893	2798	3048
湖　北	Hubei	2775	1365	60	77	202	316	454
湖　南	Hunan	7532	3470	231	122	561	1084	1177
广　东	Guangdong	174	51	1	5	11	16	57
广　西	Guangxi	1677	901	40	53	138	417	598
海　南	Hainan	227	140	7	3	23	79	29
重　庆	Chongqing	629	322	21	23	144	156	259
四　川	Sichuan	4529	1079	87	27	2584	1907	4149
贵　州	Guizhou	4645	1793	80	36	398	541	1161
云　南	Yunnan	1687	933	56	52	1329	342	2191
陕　西	Shaanxi	306	110	13	6	79	54	241
甘　肃	Gansu	3302	1198	28	43	430	590	749
青　海	Qinghai	363	136	11		4	20	77
宁　夏	Ningxia	435	181	17	2	52	338	285
新　疆	Xinjiang	8199	5173	220	213	290	266	3484

3-2-15 乡房屋（2012 年）

地区名称 Name of Regions		住宅 Residential Building 本年建房户数（户） Number of Households of Building Housing This Year (unit)	在新址上新建 New Construction on New Site	年末实有建筑面积（万平方米） Total Floor Space of Buildings (year-end) (10,000m²)	混合结构以上 Mixed Strucure and Above	本年竣工建筑面积（万平方米） Floor Space Completed This Year (10,000m²)	混合结构以上 Mixed Strucure and Above	人均住宅建筑面积（平方米） Per Capita Floor Space (m²)
全　国	**National Total**	**274986**	**130339**	**95586.8**	**65420.3**	**3595.7**	**3253.1**	**30.53**
北　京	Beijing	16	1	61.2	28.7	0.3	0.2	28.43
天　津	Tianjin	148	69	129.4	116.0	1.4	1.4	28.16
河　北	Hebei	12425	3617	7701.5	4209.3	138.2	103.4	27.76
山　西	Shanxi	7606	2794	3433.6	1982.5	73.9	61.8	29.23
内蒙古	Inner Mongolia	3445	2141	1112.2	885.6	32.7	30.4	22.93
辽　宁	Liaoning	2978	1089	1260.2	562.6	32.6	21.5	24.18
吉　林	Jilin	2211	270	885.5	460.6	19.0	14.4	22.96
黑龙江	Heilongjiang	11930	2409	1976.2	1773.0	102.8	102.8	22.94
上　海	Shanghai	4		14.7	13.1	0.1	0.1	39.50
江　苏	Jiangsu	12216	9434	1645.8	1358.9	156.8	141.2	31.49
浙　江	Zhejiang	3645	1782	3050.1	2243.5	78.2	77.0	51.52
安　徽	Anhui	9472	4689	4014.0	2964.7	130.4	107.4	29.27
福　建	Fujian	5182	3213	3801.1	2712.3	98.3	96.9	38.11
江　西	Jiangxi	13693	7121	6082.0	4617.8	249.8	233.2	35.03
山　东	Shandong	9310	5174	1743.0	1169.9	107.1	99.3	28.43
河　南	Henan	34760	16940	15914.4	12196.1	586.6	539.9	30.64
湖　北	Hubei	7413	4340	2958.9	2462.3	101.5	98.2	33.14
湖　南	Hunan	14789	9234	8053.0	6404.8	251.4	237.6	33.32
广　东	Guangdong	272	108	85.9	64.3	4.6	4.6	23.63
广　西	Guangxi	7988	3377	3090.6	2155.3	130.8	128.3	29.09
海　南	Hainan	287	121	54.8	36.1	4.0	3.1	27.00
重　庆	Chongqing	5048	3160	1191.6	1003.7	69.1	69.1	33.98
四　川	Sichuan	23528	10144	9753.8	6839.6	365.3	336.7	35.66
贵　州	Guizhou	14672	7472	4906.0	3323.2	185.9	171.3	27.74
云　南	Yunnan	14412	8034	4903.5	2431.7	218.8	167.7	30.31
陕　西	Shaanxi	1413	741	480.0	208.2	8.9	6.9	25.34
甘　肃	Gansu	20036	6327	3035.7	1504.5	144.2	144.2	25.45
青　海	Qinghai	5237	1113	776.5	265.8	56.2	47.9	28.48
宁　夏	Ningxia	6661	2517	441.0	188.6	53.6	37.5	22.61
新　疆	Xinjiang	24189	12908	3030.7	1237.9	193.1	169.5	24.02

3-2-15 Building Construction of Townships (2012)

公共建筑 Public Building				生产性建筑 Industrial Building				地区名称 Name of Regions
年末实有建筑面积（万平方米） Total Floor Space of Buildings (year-end) (10,000m²)	混合结构以上 Mixed Strucure and Above	本年竣工建筑面积（万平方米） Floor Space Completed This Year (10,000m²)	混合结构以上 Mixed Strucure and Above	年末实有建筑面积（万平方米） Total Floor Space of Buildings (year-end) (10,000m²)	混合结构以上 Mixed Strucure and Above	本年竣工建筑面积（万平方米） Floor Space Completed This Year (10,000m²)	混合结构以上 Mixed Strucure and Above	
20205.2	**15246.2**	**903.5**	**841.0**	**16459.1**	**8993.7**	**866.6**	**752.6**	**全　国**
13.7	7.4	0.5	—	3.1	2.7	0.2		北　京
34.7	28.6	1.4	1.4	178.4	176.7	4.4	4.4	天　津
1145.9	793.0	36.3	30.9	5675.1	1079.4	62.1	46.2	河　北
606.8	440.0	24.6	19.4	509.0	376.6	23.8	17.7	山　西
269.7	227.8	15.3	15.1	128.7	89.7	5.4	4.9	内蒙古
435.7	309.9	20.4	18.1	248.0	178.0	12.1	8.4	辽　宁
222.2	141.5	5.7	5.1	101.7	69.6	4.2	3.7	吉　林
485.4	395.1	21.3	21.3	323.5	281.4	42.0	42.0	黑龙江
9.0	9.0			8.6	8.4	0.2	0.1	上　海
547.7	435.7	26.9	25.2	559.0	446.2	139.4	136.2	江　苏
401.1	332.6	21.2	19.6	457.8	371.3	22.5	21.5	浙　江
1127.2	793.8	59.6	56.3	590.3	390.9	55.6	44.0	安　徽
988.0	801.2	32.3	31.7	577.3	378.9	16.9	12.8	福　建
1307.4	1013.4	49.9	48.3	707.9	475.1	48.3	39.2	江　西
573.0	454.0	38.4	35.4	573.1	425.5	69.5	56.2	山　东
2291.6	1782.3	114.1	103.2	1682.5	1295.5	91.7	75.8	河　南
652.7	535.8	28.9	28.9	527.8	456.5	88.7	87.0	湖　北
1671.8	1374.4	71.0	66.9	1005.5	776.0	55.6	50.3	湖　南
20.1	16.7	1.0	1.0	16.8	13.3	1.9	1.9	广　东
1017.6	722.6	33.2	32.9	334.1	178.4	5.1	4.9	广　西
19.2	12.1	3.3	2.7	0.9	0.3			海　南
313.3	261.1	9.0	9.0	114.3	90.8	4.7	4.7	重　庆
1627.0	1282.0	62.1	58.7	545.7	396.2	25.0	18.4	四　川
835.3	679.8	43.7	37.7	353.2	291.7	32.2	28.7	贵　州
1143.7	851.6	57.5	50.8	331.4	203.8	10.9	8.2	云　南
100.9	76.3	3.9	3.5	37.3	29.1	8.8	6.7	陕　西
1148.9	734.2	39.5	39.5	530.6	308.0	24.4	21.8	甘　肃
134.7	88.3	14.0	13.5	20.0	11.4	1.0	0.9	青　海
180.5	91.8	13.4	11.7	71.7	41.7	3.0	0.9	宁　夏
880.5	554.6	55.5	53.3	245.9	150.9	7.3	5.6	新　疆

3-2-16 乡建设投入（2012 年）

地区名称 Name of Regions		本年建设投入							
		合计 Total	房屋 Building						
			小计 Input of House	住宅 Residential Building	公共建筑 Public Building	生产性建筑 Industrial Building	小计 Input of Municipal Public Facilities	供水 Water Supply	燃气 Gas Supply
全　国	**National Total**	**6342364**	**4819043**	**3059457**	**962170**	**797416**	**1523321**	**188016**	**23206**
北　京	Beijing	3103	1130	337	673	120	1973	71	90
天　津	Tianjin	21893	17811	1690	3258	12863	4082	243	
河　北	Hebei	234373	188129	104007	31693	52429	46244	9816	1441
山　西	Shanxi	145445	99888	63349	21027	15512	45557	3918	1031
内蒙古	Inner Mongolia	77269	58291	27380	22693	8218	18978	2830	65
辽　宁	Liaoning	104772	75929	34356	23280	18293	28843	3583	87
吉　林	Jilin	40363	28141	16950	7317	3874	12222	2234	276
黑龙江	Heilongjiang	327059	159854	96738	21853	41263	167205	4358	20
上　海	Shanghai	4048	340	140		200	3708		
江　苏	Jiangsu	343123	302871	165710	28223	108938	40252	3623	366
浙　江	Zhejiang	215119	136040	85548	26711	23781	79079	9932	399
安　徽	Anhui	334371	251998	116976	66581	68441	82373	13329	193
福　建	Fujian	213002	152378	97150	38480	16748	60624	9539	2039
江　西	Jiangxi	318247	230862	156613	38219	36030	87385	10178	2328
山　东	Shandong	229521	188894	102099	36748	50047	40627	4308	2046
河　南	Henan	703068	581856	412489	84778	84589	121212	25220	1825
湖　北	Hubei	260356	206926	88770	28512	89644	53430	6875	267
湖　南	Hunan	429309	311390	192204	68374	50812	117919	18664	1850
广　东	Guangdong	9898	6480	3921	888	1671	3418	29	5
广　西	Guangxi	177298	137942	97285	36646	4011	39356	4577	32
海　南	Hainan	8809	7991	4187	3754	50	818	176	
重　庆	Chongqing	88773	69274	57858	8282	3134	19499	3038	425
四　川	Sichuan	530482	395094	303717	67794	23583	135388	14643	6131
贵　州	Guizhou	341843	232017	159742	45576	26699	109826	10075	259
云　南	Yunnan	328170	258258	180764	65210	12284	69912	10030	321
陕　西	Shaanxi	37502	26990	12600	6244	8146	10512	1186	125
甘　肃	Gansu	252511	211062	141185	47010	22867	41449	3447	51
青　海	Qinghai	121430	113708	75389	37773	546	7722	1230	
宁　夏	Ningxia	104448	83361	57825	21993	3543	21087	975	64
新　疆	Xinjiang	336759	284138	202478	72580	9080	52621	9889	1470

3-2-16 Construction Input of Township（2012）

计量单位：万元　Measurement Unit：10,000 RMB

Construction Input of This Year									地区名称
市政公用设施 Municipal Public Facilities									
集中供热 Central Heating	道路桥梁 Road and Bridge	排水 Drainage	污水处理 Wastewater Treatment	防洪 Flood Control	园林绿化 Lands-caping	环境卫生 Environ-mental Sanitation	垃圾处理 Garbage Treatment	其他 Other	Name of Regions
26132	**512117**	**183988**	**33824**	**91117**	**116495**	**123183**	**46881**	**259067**	**全　国**
371	603	128		254	221	139	36	96	北　京
87	2163	693	300	40	164	417	27	275	天　津
1104	22184	1386	59	1614	3418	2941	832	2340	河　北
1208	17362	9108	21	1161	6548	3008	797	2213	山　西
1460	8619	449	17	629	1512	615	121	2799	内蒙古
5737	8056	1574	5	3126	996	2003	1274	3681	辽　宁
918	3307	809	92	849	631	2112	942	1086	吉　林
4842	25533	2547		1138	9397	3725	544	115645	黑龙江
					120	307	141	3281	上　海
	12386	6032	2437	209	5798	3960	1694	7878	江　苏
705	24922	9325	3769	12180	7809	7621	3108	6186	浙　江
	33251	7339	1171	5408	5439	9026	4401	8388	安　徽
10	18155	7065	3442	5924	8243	6162	3173	3487	福　建
12	38657	9469	2435	5495	7776	6121	2599	7349	江　西
734	14009	6326	2852	1580	3745	4220	1394	3659	山　东
983	39439	10798	843	6682	14866	11319	3155	10080	河　南
	25826	5801	1540	2904	4280	3653	1333	3824	湖　北
654	40163	11948	2109	8766	12928	10797	3851	12149	湖　南
	2269	122	65	38	266	629	71	60	广　东
	17206	2851	16	6541	1894	3399	1221	2856	广　西
	319	32		20	156	57	15	58	海　南
	4765	2100	654	1978	1846	2126	1215	3221	重　庆
705	47680	15238	7184	8781	5571	18605	7956	18034	四　川
9	29288	54187	289	3378	2678	3616	1442	6336	贵　州
	33481	3752	144	2319	3441	2021	711	14547	云　南
520	2190	967	207	3703	560	736	155	525	陕　西
732	17937	5403	153	2009	1589	2331	688	7950	甘　肃
	3512	424	12	305	204	453	177	1594	青　海
656	5150	4247	2228	1831	1338	5726	2616	1100	宁　夏
4685	13685	3868	1780	2255	3061	5338	1192	8370	新　疆

3-2-17 镇乡级特殊区域市政公用设施水平（2012 年）

3-2-17 Level of Municipal Public Facilities of Build-up Area of Special District at Township Level (2012)

地区名称	Name of Regions	人口密度（人/平方公里） Population Density (person/km^2)	人均日生活用水量（升） Per Capita Daily Water Consumption (liter)	用水普及率（%） Water Coverage Rate (%)	燃气普及率（%） Gas Coverage Rate (%)	人均道路面积（平方米） Road Surface Area Per Capita (m^2)	排水管道暗渠密度（公里/平方公里） Density of Drains (km/km^2)	人均公园绿地面积（平方米） Public Recreational Green Space Per Capita (m^2)	绿化覆盖率（%） Green Coverage Rate (%)	绿地率（%） Green Space Rate (%)
全　国	**National Total**	**3725**	**80.8**	**87.1**	**50.8**	**14.5**	**4.62**	**2.83**	**24.4**	**12.7**
河　北	Hebei	3622	77.3	75.2	39.4	13.4	2.59	0.03	4.3	0.9
山　西	Shanxi	4303	90.4	85.7	1.2	9.9	2.02	0.80	19.6	10.3
内蒙古	Inner Mongolia	1942	89.9	55.6	7.0	15.3	1.77	1.20	10.1	4.7
辽　宁	Liaoning	3458	74.4	67.5	33.1	11.6	4.50	0.35	5.3	2.3
吉　林	Jilin	3877	75.1	81.6	5.0	12.9	1.58		7.3	0.9
黑龙江	Heilongjiang	4279	71.1	95.8	51.3	13.2	5.27	3.82	29.9	16.9
上　海	Shanghai	2571	85.6	98.3	96.3	28.6	5.30	0.12	20.8	16.8
江　苏	Jiangsu	5158	88.0	98.4	84.6	15.7	9.61	3.11	24.3	20.5
浙　江	Zhejiang	4573	98.2	27.9	27.9	17.9	8.94	0.90	10.5	5.3
安　徽	Anhui	4465	79.0	73.7	36.7	11.7	7.48	1.61	16.5	8.5
福　建	Fujian	4992	109.9	55.0	38.8	22.2	6.59	4.86	25.5	20.2
江　西	Jiangxi	4323	99.5	53.5	61.6	16.5	6.55	3.08	9.5	5.9
山　东	Shandong	4649	68.6	95.7	69.3	28.3	17.67	4.20	30.7	18.9
河　南	Henan	5496	51.7	35.3		10.1	1.51		22.8	2.0
湖　北	Hubei	4822	100.8	89.0	40.7	11.3	6.36	1.25	17.4	9.9
湖　南	Hunan	5121	135.1	58.1	21.3	9.6	2.64	0.60	20.8	14.2
广　东	Guangdong	495	107.5	78.4	73.0	16.6	0.81	7.27	41.4	1.4
广　西	Guangxi	4205	103.3	94.2	84.4	12.9	8.59	0.14	7.9	3.4
海　南	Hainan	3962	112.4	81.5	75.0	14.6	4.07	3.01	19.5	13.5
四　川	Sichuan	2796				8.9			33.6	0.2
云　南	Yunnan	6393	76.0	48.3	11.0	10.8	3.36	0.36	2.6	1.2
		9857	117.8	29.0		14.2			4.3	
陕　西	Shaanxi									
甘　肃	Gansu	6578	101.8	100.0		12.7			11.1	11.1
青　海	Qinghai	6879	32.7	81.3		26.4			15.2	15.2
宁　夏	Ningxia	3532	82.3	76.3	13.5	13.0	2.94	3.47	11.6	5.1
新　疆	Xinjiang	3177	78.2	72.3	18.0	18.1	0.92	1.18	15.7	11.1

3-2-18 镇乡级特殊区域基本情况（2012 年）

地区名称 Name of Regions		镇乡级特殊区域个数（个） Number of Special District at Township Level (unit)	建成区面积（公顷） Surface Area of Built-up Districts (hectare)	建成区户籍人口（万人） Registered Permanent Population (10,000 persons)	建成区暂住人口（万人） Temporary Population (10,000 persons)	规划建设管理		
						设有村镇建设管理机构的个数（个） Number of Towns with Construction Management Institution (unit)	村镇建设管理人员（人） Number of Construction Management Personnel (person)	专职人员 Full-time Staff
全　国	**National Total**	**672**	**101416**	**330.36**	**47.43**	**508**	**2067**	**1344**
河　北	Hebei	31	2009	6.70	0.57	20	56	48
山　西	Shanxi	3	175	0.68	0.08	2	2	2
内蒙古	Inner Mongolia	50	3604	6.19	0.81	34	80	55
辽　宁	Liaoning	28	1633	5.53	0.12	28	46	29
吉　林	Jilin	7	444	1.46	0.26	7	12	11
黑龙江	Heilongjiang	178	46191	181.70	15.94	154	820	588
上　海	Shanghai	5	8661	10.48	11.79	4	15	9
江　苏	Jiangsu	9	1046	4.66	0.73	6	27	14
浙　江	Zhejiang	4	487	0.70	1.53	2	8	2
安　徽	Anhui	26	2179	9.09	0.64	20	122	53
福　建	Fujian	9	808	2.49	1.55	7	14	10
江　西	Jiangxi	27	2040	8.35	0.47	21	96	55
山　东	Shandong	5	591	2.71	0.04	5	22	15
河　南	Henan	5	302	1.48	0.18	5	16	12
湖　北	Hubei	47	6224	25.89	4.11	44	256	143
湖　南	Hunan	29	748	3.67	0.16	10	44	24
广　东	Guangdong	15	8197	3.25	0.81	13	55	38
广　西	Guangxi	5	350	1.30	0.17	5	12	6
海　南	Hainan	59	8342	28.90	4.15	42	176	110
四　川	Sichuan	2	6	0.01	0.00			
云　南	Yunnan	27	1324	8.00	0.46	13	33	20
陕　西	Shaanxi	1	7	0.07	0.00			
甘　肃	Gansu	1	9	0.05	0.01	1	2	
青　海	Qinghai	2	7	0.03	0.02			
宁　夏	Ningxia	21	1797	5.43	0.91	17	47	30
新　疆	Xinjiang	76	4238	11.54	1.93	48	106	70

3-2-18 Summary of Special District at Township Level (2012)

Planning and Administer			市政公用设施建设财政性资金收入（万元）Fiscal Revenue for Municipal Public Facilities Construction (10, 000RMB)					地区名称
有总体规划的镇乡级特殊区域个数（个）Number of Special District at Township Level with Master Plans (unit)	本年编制 Compiled This Year	本年规划编制投入（万元）Input in Planning This Year (10, 000 RMB)	合计 Total	中央财政 Central Goverment Financial Allocation	省级财政 Province Goverment Financial Allocation	市（县）财政 City (County) Goverment Financial Allocation	本级财政 Local Financial Allocation	Name of Regions
448	**62**	**11615**	**364441**	**43103**	**10905**	**27900**	**282534**	**全　国**
17	1	116	2461			2155	307	河　北
						—		山　西
27			1078		50	203	825	内蒙古
19	2	44	2992	91	1249	1103	550	辽　宁
4			383		140	50	193	吉　林
141	18	171	248474	30749	630	1048	216048	黑龙江
5	2	132	41231			454	40777	上　海
8	1	100	4323		460	1979	1884	江　苏
4			35			—	35	浙　江
19	1	261	2463	429	750	665	619	安　徽
7		16	3507	188	13	2175	1131	福　建
19		23	2891	258	125	798	1711	江　西
4	1	145	2207	210	210	211	1576	山　东
4	1	20	50			—	50	河　南
44	2	1294	17324	2194	1074	6808	7247	湖　北
6		34	793	78	68	193	454	湖　南
8		34	6115	16		4163	1936	广　东
2			100	100		—		广　西
30	8	7364	16180	4293	5049	2270	4568	海　南
			98	98		—		四　川
10	1	18	1623	1246	222	119	36	云　南
1						—		陕　西
			80			80		甘　肃
						—		青　海
17		99	1666	905	526	166	69	宁　夏
52	24	1744	8366	2247	339	3259	2520	新　疆

3-2-19 镇乡级特殊区域供水（2012 年）

地区名称 Name of Regions		集中供水的镇乡级特殊区域个数（个）Number of Special District at Township Level with Access to Piped Water (unit)	占全部镇乡级特殊区域的比例（%）Percentage of Total Rate (%)	公共供水 Public Water Supply			自备水源单位 Self-built Water Supply Facilities	
				设施个数（个）Number of Public Water Supply Facilities (unit)	水厂个数 Waterwork	综合生产能力（万立方米/日）Integrated Production Capacity (10,000 m^3/day)	个数（个）Number of Self-built Water Supply Facilities (unit)	综合生产能力（万立方米/日）Integrated Production Capacity (10,000 m^3/day)
全　国	**National Total**	**554**	**82.4**	**901**	**371**	**84.22**	**871**	**21.78**
河　北	Hebei	25	80.7	43		1.01	30	1.40
山　西	Shanxi	3	100.0	2	2	0.08	3	0.01
内蒙古	Inner Mongolia	29	58.0	37	11	1.01	36	2.00
辽　宁	Liaoning	19	67.9	29	7	2.16	23	1.30
吉　林	Jilin	6	85.7	22	9	0.31	19	0.02
黑龙江	Heilongjiang	148	83.2	254	129	33.95	72	5.02
上　海	Shanghai	5	100.0	2	2	0.01		
江　苏	Jiangsu	9	100.0	17	1	1.18	7	0.29
浙　江	Zhejiang	3	75.0	3	2	1.41	1	0.02
安　徽	Anhui	24	92.3	28	16	2.85	9	0.19
福　建	Fujian	8	88.9	9	6	1.07	3	0.03
江　西	Jiangxi	21	77.8	27	10	1.31	22	0.62
山　东	Shandong	5	100.0	20	9	0.89	49	1.33
河　南	Henan	3	60.0	9	6	0.07	7	0.01
湖　北	Hubei	46	97.9	62	47	17.95	70	1.32
湖　南	Hunan	18	62.1	22	10	1.25	28	0.08
广　东	Guangdong	14	93.3	18	4	0.97	22	0.36
广　西	Guangxi	5	100.0	5	4	0.52	6	0.23
海　南	Hainan	53	89.8	128	44	5.03	382	2.16
四　川	Sichuan							
云　南	Yunnan	22	81.5	44	5	2.15	16	1.54
陕　西	Shaanxi	1	100.0	2		0.01		
甘　肃	Gansu	1	100.0	1		0.01		
青　海	Qinghai	2	100.0	2		0.00		
宁　夏	Ningxia	20	95.2	37	4	4.96	31	2.86
新　疆	Xinjiang	64	84.2	78	43	4.05	35	1.02

3-2-19 Water Supply of Special District at Township Level (2012)

年供水总量（万立方米） Annual Supply of Water (10,000m³)	年生活用水量 Annual Domestic Water Consumption	年生产用水量 Annual Water Consumption for Production	供水管道长度（公里） Length of Water Supply Pipelines (km)	本年新增 Added This Year	用水人口（万人） Population with Access to Water (10,000 persons)	地区名称 Name of Regions
25714	**9696**	**14438**	**11907**	**729**	**328.96**	**全　国**
643	154	485	236	20	5.47	河　北
46	21	25	11		0.64	山　西
320	128	184	390	9	3.89	内蒙古
304	104	180	172	15	3.81	辽　宁
43	39	5	39		1.40	吉　林
7229	4915	2162	5595	303	189.36	黑龙江
7615	684	5968	357	7	21.90	上　海
343	170	142	200	13	5.31	江　苏
227	22	203	54		0.62	浙　江
386	207	119	269	25	7.17	安　徽
203	89	98	127	9	2.22	福　建
333	171	143	212	21	4.72	江　西
129	66	59	107	4	2.63	山　东
11	11		24	3	0.59	河　南
3979	983	2938	985	122	26.71	湖　北
152	110	37	72	2	2.23	湖　南
244	125	99	272	20	3.18	广　东
122	52	56	74	4	1.39	广　西
1703	1105	460	1357	52	26.94	海　南
						四　川
191	113	62	238	9	4.09	云　南
1	1		1	—	0.02	陕　西
2	2	0.14	3		0.06	甘　肃
—	—		2		0.04	青　海
1108	146	927	229	16	4.85	宁　夏
378	278	88	883	79	9.74	新　疆

3-2-20 镇乡级特殊区域燃气、供热、道路桥梁及防洪(2012 年)

3-2-20 Gas, Central Heating, Road, Bridge and Flood Control of Special District at Township Level (2012)

地区名称 Name of Regions		用气人口(万人) Population with Access to Gas (10,000 persons)	集中供热(万平方米) Area of Centrally Heated District (10,000 m^2)	道路长度(公里) Length of Roads (km)	本年新增 Added This Year	道路面积(万平方米) Surface Area of Roads (10,000 m^2)	本年新增 Added This Year	道路照明灯盏数(盏) Number of Road Lamps (unit)	桥梁座数(座) Number of Bridges (unit)	防洪堤长度(公里) Length of Flood Control Dikes (km)
全　国	**National Total**	**191.9**	**4491**	**8083**	**548**	**5482**	**426**	**129171**	**2300**	**1237**
河　北	Hebei	2.9	19	214	12	97	5	1993	114	96
山　西	Shanxi	—		9		7		40		
内蒙古	Inner Mongolia	0.5	22	183	15	107	11	5766	151	53
辽　宁	Liaoning	1.9	27	126	11	66	10	3002	41	123
吉　林	Jilin	0.1	4	52		22		260	8	59
黑龙江	Heilongjiang	101.3	4318	3763	219	2612	187	66413	135	162
上　海	Shanghai	21.5		462	3	637	35	13735	288	26
江　苏	Jiangsu	4.6		177	9	85	6	1879	39	23
浙　江	Zhejiang	0.6		39		40		1496	43	5
安　徽	Anhui	3.6		194	31	114	25	2183	49	153
福　建	Fujian	1.6		103	4	90	4	1741	22	18
江　西	Jiangxi	5.4		252	17	146	8	1975	26	58
山　东	Shandong	1.9	6	103	19	78	21	2355	45	32
河　南	Henan			30	3	17	1	301	29	3
湖　北	Hubei	12.2		513	69	338	47	6914	411	138
湖　南	Hunan	0.8		66	5	37	4	414	44	14
广　东	Guangdong	3.0		111	6	67	5	3740	22	26
广　西	Guangxi	1.2		36	1	19	—	431	9	
海　南	Hainan	24.8		894	21	482	12	9084	222	49
四　川	Sichuan			—	—	—	—		1	1
云　南	Yunnan	0.9		152	22	92	10	1286	43	10
陕　西	Shaanxi			1		1				
甘　肃	Gansu			1		1				
青　海	Qinghai			2		1				
宁　夏	Ningxia	0.9	73	158	3	82	2	1194	50	62
新　疆	Xinjiang	2.4	23	442	78	244	35	2969	508	128

3-2-21 镇乡级特殊区域排水和污水处理（2012 年）

3-2-21 Drainage and Wastewater Treatment of Special District at Township Level (2012)

地区名称 Name of Regions		污水处理厂 Wastewater Treatment Plant		污水处理装置 Wastewater Treatment Facilities		排水管道长度（公里）Length of Drainage Pipelines (km)	本年新增 Added This Year	排水暗渠长度（公里）Length of Drains (km)	本年新增 Added This Year
		个数（个）Number of Wastewater Treatment Plants (unit)	处理能力（万立方米/日）Treatment Capacity (10,000 m^3/day)	个数（个）Number of Wastwater Treatment Facilities (unit)	处理能力（万立方米/日）Treatment Capacity (10,000 m^3/day)				
全　　国	**National Total**	**25**	**6.58**	**62**	**3.95**	**3531**	**465**	**1150**	**107**
河　　北	Hebei			1	0.02	37	4	16	—
山　　西	Shanxi					0		3	
内 蒙 古	Inner Mongolia	2	1.31	2	0.85	59	2	5	4
辽　　宁	Liaoning	1	0.20			48	11	25	3
吉　　林	Jilin							7	
黑 龙 江	Heilongjiang	10	1.48	40	1.38	1894	311	538	37
上　　海	Shanghai			1	0.20	435	7	24	
江　　苏	Jiangsu	1	0.40	2	0.03	79	5	22	1
浙　　江	Zhejiang					42		1	
安　　徽	Anhui			2	0.03	79	20	84	21
福　　建	Fujian	1	1.50	1	0.15	48	5	6	1
江　　西	Jiangxi					97	6	37	5
山　　东	Shandong	2	0.35			39	12	66	4
河　　南	Henan					5			
湖　　北	Hubei	4	0.50	3	0.11	273	43	123	14
湖　　南	Hunan			1	0.10	12	1	8	2
广　　东	Guangdong					52	4	14	1
广　　西	Guangxi					13	2	17	2
海　　南	Hainan	1	0.60	4	0.60	225	13	115	6
四　　川	Sichuan								
云　　南	Yunnan					23	1	21	
陕　　西	Shaanxi								
甘　　肃	Gansu								
青　　海	Qinghai								
宁　　夏	Ningxia	3	0.24	5	0.49	46	5	7	
新　　疆	Xinjiang					27	15	12	6

3-2-22 镇乡级特殊区域园林绿化及环境卫生（2012 年）

3-2-22 Landscaping and Environmental Sanitation of Special District at Township Level（2012）

地区名称 Name of Regions		园林绿化（公顷）Landscaping（hectare）				环境卫生 Environmental Sanitation		
		绿化覆盖面积 Green Coverage Area	绿地面积 Area of Parks and Green Space	本年新增 Added This Year	公园绿地面积 Public Green Space	生活垃圾中转站（座） Number of Garbage Transfer Station (unit)	环卫专用车辆设备（辆） Number of Special Vehicles for Environmental Sanitation (unit)	公共厕所（座） Number of Latrines (unit)
全　国	**National Total**	**24718**	**12875**	**1238**	**1071**	**745**	**2390**	**4967**
河　北	Hebei	87	18	2	—	28	68	204
山　西	Shanxi	34	18	2	1		2	12
内蒙古	Inner Mongolia	362	168	1	8	1	22	125
辽　宁	Liaoning	87	37	2	2	9	26	73
吉　林	Jilin	32	4				5	7
黑龙江	Heilongjiang	13793	7795	958	754	315	1374	2912
上　海	Shanghai	1800	1455	8	3	10	86	34
江　苏	Jiangsu	254	214	80	17	37	23	139
浙　江	Zhejiang	51	26	6	2	3	14	38
安　徽	Anhui	359	184	6	16	34	45	168
福　建	Fujian	206	163	40	20	6	43	20
江　西	Jiangxi	194	120	7	27	54	26	66
山　东	Shandong	182	112	12	12	2	24	15
河　南	Henan	69	6			2	7	15
湖　北	Hubei	1085	615	62	38	108	278	424
湖　南	Hunan	156	106	1	2	3	12	27
广　东	Guangdong	3397	118	3	29	10	35	13
广　西	Guangxi	28	12	—	—	20	7	36
海　南	Hainan	1628	1124	38	100	53	203	270
四　川	Sichuan	2	—					
云　南	Yunnan	35	16	1	3	6	11	102
陕　西	Shaanxi	—						1
甘　肃	Gansu	1	1					
青　海	Qinghai	1	1					
宁　夏	Ningxia	209	92	1	22	12	46	149
新　疆	Xinjiang	666	470	7	16	32	33	117

3-2-23 镇乡级特殊区域房屋（2012 年）

地区名称 Name of Regions		住宅 Residential Building 本年建房户数（户）Number of Households of Building Housing This Year (unit)	在新址上新建 New Construction on New Site	年末实有建筑面积（万平方米）Total Floor Space of Buildings (year-end) (10,000m²)	混合结构以上 Mixed Strucure and Above	本年竣工建筑面积（万平方米）Floor Space Completed This Year (10,000m²)	混合结构以上 Mixed Strucure and Above	人均住宅建筑面积（平方米）Per Capita Floor Space (m²)
全　国	**National Total**	**118415**	**34724**	**10266. 02**	**9245. 75**	**901. 04**	**885. 47**	**31. 08**
河　北	Hebei	377	48	186. 15	118. 39	2. 87	1. 59	27. 78
山　西	Shanxi	31	3	16. 08	11. 78	0. 42	0. 40	23. 77
内蒙古	Inner Mongolia	290	65	144. 98	105. 68	2. 92	1. 87	23. 42
辽　宁	Liaoning	1190	365	137. 60	88. 97	9. 95	9. 01	24. 89
吉　林	Jilin	48	28	45. 80	29. 53	0. 56	0. 52	31. 29
黑龙江	Heilongjiang	94605	19334	5403. 79	5401. 02	617. 41	617. 41	29. 74
上　海	Shanghai			491. 05	491. 05	75. 76	75. 76	46. 87
江　苏	Jiangsu	207	144	149. 30	93. 24	2. 69	2. 69	32. 04
浙　江	Zhejiang	10	10	22. 66	21. 92	0. 45	0. 45	32. 26
安　徽	Anhui	6049	5224	380. 10	316. 50	10. 05	7. 49	41. 84
福　建	Fujian	193	146	119. 63	99. 19	4. 24	4. 24	48. 13
江　西	Jiangxi	325	118	377. 25	345. 19	4. 55	4. 14	45. 18
山　东	Shandong	503	440	133. 47	99. 73	17. 17	15. 57	49. 21
河　南	Henan	276	55	34. 63	28. 29	0. 76	0. 70	23. 41
湖　北	Hubei	3917	2619	884. 20	750. 48	44. 41	44. 11	34. 15
湖　南	Hunan	210	113	136. 13	121. 84	2. 85	2. 82	37. 07
广　东	Guangdong	952	874	82. 58	82. 99	9. 30	9. 30	25. 44
广　西	Guangxi	195	187	40. 41	26. 12	2. 45	2. 45	30. 99
海　南	Hainan	5670	2966	844. 53	622. 41	63. 24	58. 98	29. 22
四　川	Sichuan			0. 41	0. 40			27. 89
云　南	Yunnan	298	140	188. 62	108. 01	3. 48	3. 25	23. 57
陕　西	Shaanxi	4	2	1. 88	1. 52	0. 04	0. 04	28. 06
甘　肃	Gansu			1. 20				26. 55
青　海	Qinghai	3	2	0. 67	0. 67	0. 08	0. 08	26. 80
宁　夏	Ningxia	1000	561	156. 56	108. 07	8. 13	8. 06	28. 82
新　疆	Xinjiang	2062	1280	286. 34	172. 76	17. 26	14. 54	24. 82

3-2-23 Building Construction of Special District at Township Level (2012)

公共建筑 Public Building				生产性建筑 Industrial Building				地区名称 Name of Regions
年末实有建筑面积（万平方米） Total Floor Space of Buildings (year-end) (10,000m²)	混合结构以上 Mixed Strucure and Above	本年竣工建筑面积（万平方米） Floor Space Completed This Year (10,000m²)	混合结构以上 Mixed Strucure and Above	年末实有建筑面积（万平方米） Total Floor Space of Buildings (year-end) (10,000m²)	混合结构以上 Mixed Strucure and Above	本年竣工建筑面积（万平方米） Floor Space Completed This Year (10,000m²)	混合结构以上 Mixed Strucure and Above	
2027. 96	**1856. 85**	**149. 33**	**147. 82**	**3165. 02**	**2915. 54**	**288. 26**	**280. 60**	**全　国**
32. 75	25. 91	1. 85	1. 35	61. 24	41. 89	2. 08	1. 31	河　北
7. 40	3. 45			7. 50	2. 35	0. 10	0. 10	山　西
42. 72	31. 73	1. 39	1. 37	45. 62	23. 86	1. 58	0. 52	内蒙古
45. 57	31. 45	1. 35	1. 35	92. 15	73. 78	0. 90	0. 90	辽　宁
4. 96	4. 68	0. 12	0. 12	6. 47	4. 57			吉　林
1097. 58	1086. 21	80. 82	80. 82	783. 88	772. 13	43. 94	43. 94	黑龙江
109. 64	109. 64	7. 78	7. 78	1127. 20	1107. 32	102. 80	102. 80	上　海
57. 18	44. 78	1. 14	1. 14	77. 47	70. 23	12. 31	12. 31	江　苏
1. 45	1. 40	0. 30	0. 30	84. 00	62. 10	20. 00	16. 00	浙　江
34. 07	31. 22	1. 35	1. 35	27. 52	17. 49	1. 77	1. 12	安　徽
21. 96	20. 36	1. 36	1. 36	210. 32	208. 05	3. 85	3. 80	福　建
31. 22	25. 22	7. 54	7. 54	39. 83	28. 94	9. 55	9. 05	江　西
33. 38	32. 41	3. 44	3. 44	130. 37	126. 58	7. 51	7. 51	山　东
3. 65	3. 41	0. 10	0. 10	3. 24	3. 18	0. 12	0. 12	河　南
173. 20	147. 88	12. 60	12. 60	235. 55	217. 10	76. 38	76. 38	湖　北
22. 11	19. 97	0. 57	0. 55	27. 43	20. 07	2. 19	2. 15	湖　南
49. 41	47. 71	18. 90	18. 90	9. 66	7. 45	0. 69	0. 69	广　东
10. 35	4. 14	0. 04	0. 04	10. 79	8. 94	0. 30	0. 30	广　西
164. 70	118. 76	4. 10	3. 15	113. 99	73. 37	0. 93	0. 68	海　南
0. 10	0. 10							四　川
16. 54	9. 04	0. 78	0. 76	15. 06	6. 01	0. 48	0. 42	云　南
0. 45	0. 40			0. 15	0. 08			陕　西
2. 75	1. 25			2. 30				甘　肃
								青　海
24. 69	22. 98	0. 29	0. 29	34. 70	29. 48			宁　夏
40. 13	32. 75	3. 51	3. 51	18. 58	10. 57	0. 78	0. 50	新　疆

3-2-24 镇乡级特殊区域建设投入（2012 年）

地区名称 Name of Regions		本年建设投入							
			房屋 Building						
		合计 Total	小计 Input of House	住宅 Residential Building	公共建筑 Public Building	生产性建筑 Industrial Building	小计 Input of Municipal Public Facilities	供水 Water Supply	燃气 Gas Supply
全 国	**National Total**	**2548795**	**1835966**	**1169310**	**173239**	**493417**	**712829**	**33555**	**2666**
河 北	Hebei	12892	7199	4141	1415	1643	5693	508	
山 西	Shanxi	393	366	306		60	27	7	1
内蒙古	Inner Mongolia	9998	5841	2286	1613	1942	4157	170	
辽 宁	Liaoning	16005	10782	7742	2140	900	5223	561	100
吉 林	Jilin	1089	669	508	100	61	420	65	
黑龙江	Heilongjiang	1357973	811144	702492	70599	38053	546829	19691	492
上 海	Shanghai	681519	660189	242795	49358	368036	21330	4664	562
江 苏	Jiangsu	18298	15813	4029	1200	10584	2485	85	23
浙 江	Zhejiang	22505	12640	340	300	12000	9865		
安 徽	Anhui	18031	15302	11882	1083	2337	2729	501	110
福 建	Fujian	11604	8849	3975	1414	3460	2755	231	2
江 西	Jiangxi	18328	12953	2762	3576	6615	5375	330	
山 东	Shandong	27078	17367	9652	2207	5508	9711	548	370
河 南	Henan	826	620	507	56	57	206	66	
湖 北	Hubei	156977	100508	46554	16862	37092	56469	2060	501
湖 南	Hunan	6359	4918	2483	664	1771	1441	120	
广 东	Guangdong	39413	27548	16439	10297	812	11865	222	200
广 西	Guangxi	2302	2030	1702	28	300	272	138	
海 南	Hainan	94884	81696	75439	5394	863	13188	1624	58
四 川	Sichuan	46					46		
云 南	Yunnan	5608	4704	3908	467	329	904	41	
陕 西	Shaanxi	42	22	22			20	14	
甘 肃	Gansu	410	89	89			321		
青 海	Qinghai	40	40	40					
宁 夏	Ningxia	15546	11628	10777	850	1	3918	245	45
新 疆	Xinjiang	30629	23049	18440	3616	993	7580	1664	202

3-2-24 Construction Input of Special District at Township Level (2012)

计量单位：万元　Measurement Unit：10, 000 RMB

Construction Input of This Year 市政公用设施 Municipal Public Facilities									地区名称
集中供热 Central Heating	道路桥梁 Road and Bridge	排水 Drainage	污水处理 Wastewater Treatment	防洪 Flood Control	园林绿化 Lands-caping	环境卫生 Environ-mental Sanitation	垃圾处理 Garbage Treatment	其他 Other	Name of Regions
139567	**230235**	**45891**	**8983**	**6152**	**173661**	**19569**	**4613**	**61533**	**全　国**
822	2778	299		26	641	445	63	174	河　北
					12	7	3		山　西
707	2322	315	51	44	110	163	52	326	内蒙古
496	745	686	632	156	1323	174	108	982	辽　宁
21	100	25	25	11	143	22	13	33	吉　林
135795	156541	29530	3728	2714	147344	10497	1115	44225	黑龙江
	6615	5020	648		2864	1605	632		上　海
	775	162	65	5	718	262	105	455	江　苏
	2503	1302	1300		6002	53	12	5	浙　江
	663	276	23		313	159	49	707	安　徽
	886	480	45	158	538	276	104	184	福　建
	1603	346	34	534	2222	208	100	132	江　西
17	4660	1407	327	850	740	737	491	382	山　东
	84	22			8	26			河　南
253	41779	1807	269	386	2135	2269	643	5279	湖　北
	484	190		8	155	165	42	319	湖　南
	671	1525	1300	4	5268	359	144	3616	广　东
	82	26			6	20	15		广　西
	2812	1537	45	475	2378	1472	577	2832	海　南
	43			3					四　川
	691	6	1	15	55	28	12	68	云　南
								6	陕　西
								321	甘　肃
									青　海
406	1334	511	420	552	208	321	222	296	宁　夏
1050	2064	419	70	211	478	301	111	1191	新　疆

3-2-25 村庄人口及面积（2012 年）

地区名称 Name of Regions		村庄现状用地面积（公顷）Area of Villages (hectare)	行政村个数（个）Number of Administrative Villages (unit)	自然村个数（个）Number of Natural Villages (unit)	按人口分组 200 人以下 Under 200 (persons)	200～600 人 200～600 (persons)
全　国	**National Total**	**14087320**	**551453**	**2669596**	**1255199**	**898519**
北　京	Beijing	94804	3802	4336	1038	1399
天　津	Tianjin	67593	3164	3192	152	919
河　北	Hebei	862037	41995	62707	15683	18301
山　西	Shanxi	377251	27819	43114	15953	13077
内蒙古	Inner Mongolia	255498	10393	39448	16791	16166
辽　宁	Liaoning	463011	10575	48647	14438	22512
吉　林	Jilin	393809	9011	37297	9735	17693
黑龙江	Heilongjiang	485636	9168	35603	5839	18376
上　海	Shanghai	87344	1626	26704	18333	7036
江　苏	Jiangsu	717126	14837	141344	68956	48542
浙　江	Zhejiang	451137	23306	86668	41853	28567
安　徽	Anhui	663587	15314	226295	125566	68795
福　建	Fujian	259873	12976	65862	29699	22293
江　西	Jiangxi	478315	16765	163546	92169	51899
山　东	Shandong	1127142	65489	86337	9662	33349
河　南	Henan	984736	43547	189499	84213	56113
湖　北	Hubei	532193	25216	148265	74650	44855
湖　南	Hunan	965219	39557	154156	96635	31781
广　东	Guangdong	948931	17913	147836	66315	54545
广　西	Guangxi	515917	14268	185122	88017	60592
海　南	Hainan	120897	3791	19086	9775	7002
重　庆	Chongqing	215868	8913	69295	22840	34710
四　川	Sichuan	824237	44162	265903	153729	85317
贵　州	Guizhou	439476	17200	90384	41065	31881
云　南	Yunnan	484567	13190	132388	69348	45518
陕　西	Shaanxi	384875	24801	74235	33327	25717
甘　肃	Gansu	344519	15796	85200	37170	35322
青　海	Qinghai	57560	4154	7098	2414	2936
宁　夏	Ningxia	72147	2374	13463	4721	7037
新　疆	Xinjiang	387512	8626	14965	4825	5294
新疆兵团	Xinjiang Production and Construction Corps	24504	1705	1601	288	975

3-2-25 Population and Area of Villages（2012）

Grouped by Population		村庄户籍人口（万人） Registered Permanent Population (10, 000 persons)	村庄暂住人口（万人） Temporary Population (10, 000 persons)	地区名称 Name of Regions
600～1000 人 600～1000 (persons)	1000 人以上 Above 1000 (persons)			
338745	**177133**	**76318. 40**	**2831. 97**	**全　国**
963	936	340. 07	223. 79	北　京
913	1208	259. 29	31. 35	天　津
13465	15258	4336. 91	52. 47	河　北
8072	6012	1918. 18	57. 73	山　西
4474	2017	1270. 67	50. 37	内蒙古
7234	4463	1745. 34	36. 12	辽　宁
6753	3116	1335. 82	29. 22	吉　林
6929	4459	1715. 50	32. 98	黑龙江
1187	148	286. 71	336. 31	上　海
15636	8210	3537. 99	288. 51	江　苏
10512	5736	2209. 81	360. 72	浙　江
24048	7886	4432. 66	55. 17	安　徽
9569	4301	1843. 92	96. 94	福　建
14564	4914	2930. 22	56. 56	江　西
25822	17504	5346. 02	125. 84	山　东
31968	17205	6517. 55	86. 35	河　南
19331	9429	3398. 61	64. 06	湖　北
15799	9941	4418. 24	80. 34	湖　南
18075	8901	4392. 14	421. 55	广　东
25535	10978	3895. 41	38. 86	广　西
1711	598	497. 98	13. 28	海　南
9045	2700	2027. 61	38. 10	重　庆
19035	7822	5711. 65	63. 26	四　川
11401	6037	2804. 44	28. 59	贵　州
12223	5299	3288. 88	51. 14	云　南
9951	5240	2152. 43	41. 76	陕　西
8959	3749	1845. 16	19. 30	甘　肃
1100	648	358. 78	10. 18	青　海
1378	327	383. 55	7. 53	宁　夏
2844	2002	1024. 06	24. 84	新　疆
249	89	92. 80	8. 75	新疆兵团

3-2-26 村庄规划及整治（2012 年）

地区名称 Name of Regions		村庄规划		
		行政村 Administrative Village		
		有建设规划的行政村个数（个） Number of Administrative Villages with Construction Plan (unit)	本年编制 Compiled This Year	占全部行政村比例（%） Percentage of Tatol (%)
全　　国	**National Total**	**307763**	**45632**	**55.81**
北　　京	Beijing	3150	109	82.85
天　　津	Tianjin	2200	217	69.53
河　　北	Hebei	16890	1186	40.22
山　　西	Shanxi	7453	672	26.79
内 蒙 古	Inner Mongolia	3604	301	34.68
辽　　宁	Liaoning	5044	301	47.70
吉　　林	Jilin	2594	290	28.79
黑 龙 江	Heilongjiang	4506	148	49.15
上　　海	Shanghai	775	124	47.66
江　　苏	Jiangsu	13062	872	88.04
浙　　江	Zhejiang	16926	1372	72.63
安　　徽	Anhui	12891	1837	84.18
福　　建	Fujian	10690	4607	82.38
江　　西	Jiangxi	14474	856	86.33
山　　东	Shandong	45441	3772	69.39
河　　南	Henan	26767	2241	61.47
湖　　北	Hubei	20345	1445	80.68
湖　　南	Hunan	9970	1427	25.20
广　　东	Guangdong	9217	1393	51.45
广　　西	Guangxi	10050	2829	70.44
海　　南	Hainan	1617	585	42.65
重　　庆	Chongqing	3799	265	42.62
四　　川	Sichuan	13938	3577	31.56
贵　　州	Guizhou	9111	3412	52.97
云　　南	Yunnan	10420	5119	79.00
陕　　西	Shaanxi	12364	750	49.85
甘　　肃	Gansu	8183	1815	51.80
青　　海	Qinghai	2711	603	65.26
宁　　夏	Ningxia	1694	134	71.36
新　　疆	Xinjiang	4982	3203	57.76
新疆兵团	Xinjiang Production and Construction Corps	2895	170	169.79

3-2-26 Planning and Rehabilitation of Villages (2012)

Planning of Villages			村庄整治 Rehabilitation of Villages	地区名称
自然村 Natural Village			各级各类村庄整治个数合计（个） Tatol Number of Villages Rehabilitated (unit)	Name of Regions
有建设规划的自然村个数（个） Number of Natural Villages with Construction Plan (unit)	本年编制 Compiled This Year	占全部自然村比例（%） Percentage of Tatol (%)		
694840	**121163**	**26.03**	**213685**	**全　国**
1864	90	42.99	2822	北　京
1094	142	34.27	1464	天　津
12928	817	20.62	7819	河　北
2756	273	6.39	5923	山　西
5167	317	13.10	2388	内蒙古
7890	407	16.22	3551	辽　宁
6797	1194	18.22	2489	吉　林
7738	178	21.73	2903	黑龙江
5407	433	20.25	843	上　海
47044	5120	33.28	10022	江　苏
31766	2443	36.65	14501	浙　江
35579	4616	15.72	5921	安　徽
9578	1788	14.54	6641	福　建
87253	4929	53.35	9141	江　西
46516	4141	53.88	37840	山　东
51497	4468	27.18	7655	河　南
73273	3891	49.42	12031	湖　北
13037	2123	8.46	7921	湖　南
40209	4967	27.20	5906	广　东
30686	10599	16.58	2908	广　西
6431	3890	33.69	1564	海　南
7673	387	11.07	2252	重　庆
18821	5074	7.08	35103	四　川
8625	3789	9.54	3786	贵　州
94157	50659	71.12	5265	云　南
23832	1108	32.10	7676	陕　西
7391	947	8.67	3371	甘　肃
857	434	12.07	964	青　海
5881	663	43.68	1194	宁　夏
2428	1205	16.22	1339	新　疆
665	71	41.54	482	新疆兵团

3-2-27 村庄公共设施（一）（2012 年）

地区名称 Name of Regions		年生活用水量（万立方米） Annual Domestic Water Consumption （10,000m^3）	用水人口（万人） Population with Access to Water （10,000persons）	用水普及率（%） Water Coverage Rate （%）	人均日生活用水量（升） Per Capita Daily Water Consumption （liter）
全　国	**National Total**	**1469210**	**45725.93**	**57.77**	**88.03**
北　京	Beijing	16684	510.70	90.57	89.50
天　津	Tianjin	8660	274.21	94.35	86.53
河　北	Hebei	67832	3348.45	76.29	55.50
山　西	Shanxi	31589	1575.92	79.76	54.92
内蒙古	Inner Mongolia	8984	620.85	47.00	39.65
辽　宁	Liaoning	22510	813.72	45.68	75.79
吉　林	Jilin	11582	512.78	37.57	61.88
黑龙江	Heilongjiang	21749	954.92	54.61	62.40
上　海	Shanghai	19822	587.47	94.29	92.44
江　苏	Jiangsu	104686	3578.26	93.51	80.15
浙　江	Zhejiang	66240	1987.19	77.31	91.32
安　徽	Anhui	48468	1900.24	42.34	69.88
福　建	Fujian	48180	1490.84	76.81	88.54
江　西	Jiangxi	29107	979.36	32.79	81.43
山　东	Shandong	120795	4754.27	86.89	69.61
河　南	Henan	64896	3245.12	49.14	54.79
湖　北	Hubei	39827	1605.99	46.38	67.94
湖　南	Hunan	43303	1464.02	32.54	81.04
广　东	Guangdong	367140	3013.68	62.61	333.77
广　西	Guangxi	58587	1945.06	49.44	82.52
海　南	Hainan	12273	425.07	83.14	79.11
重　庆	Chongqing	23170	847.03	41.00	74.94
四　川	Sichuan	44684	1801.84	31.20	67.94
贵　州	Guizhou	37768	1512.85	53.40	68.40
云　南	Yunnan	66990	2054.77	61.52	89.32
陕　西	Shaanxi	33644	1469.09	66.95	62.74
甘　肃	Gansu	17767	1054.58	56.56	46.16
青　海	Qinghai	6687	291.99	79.14	62.74
宁　夏	Ningxia	5513	259.73	66.41	58.15
新　疆	Xinjiang	17158	765.73	73.00	61.39
新疆兵团	Xinjiang Production and Construction Corps	2917	80.20	78.98	99.63

3-2-27 Public Facilities of Villages Ⅰ （2012）

本年新增供水管道长度（公里） Length of Water Supply Pipelines Added This Year (km)	本年新增排水管道沟渠长度（公里） Length of Drains Added This Year (km)	本年新增铺装道路长度（公里） Length of Paved Roads Added This Year (km)	地区名称 Name of Regions
81428.98	**36705.07**	**106631.63**	**全　国**
237.72	162.73	320.41	北　京
202.91	114.10	405.22	天　津
3350.48	685.12	3648.95	河　北
1915.73	1026.82	4902.95	山　西
1362.31	173.97	2448.33	内蒙古
2113.94	1590.82	1676.52	辽　宁
1321.87	355.05	998.57	吉　林
712.54	412.64	895.11	黑龙江
157.59	207.84	205.07	上　海
5021.96	2100.86	4970.89	江　苏
4650.76	1575.92	3068.51	浙　江
4216.31	1741.71	5403.46	安　徽
2602.31	693.97	2342.49	福　建
2724.33	2009.76	4904.96	江　西
11421.27	8117.06	12939.78	山　东
3737.53	1364.17	4524.84	河　南
3601.23	2061.61	5088.12	湖　北
3108.02	1919.21	6372.64	湖　南
2670.76	1158.07	3532.31	广　东
2589.11	765.50	4829.08	广　西
637.68	94.14	621.07	海　南
2292.36	950.50	3194.10	重　庆
4745.32	3105.67	10819.04	四　川
2725.74	703.80	3250.07	贵　州
4648.38	1269.42	4419.29	云　南
2582.38	1149.20	3907.30	陕　西
1838.03	357.76	2443.13	甘　肃
1176.14	294.41	1893.78	青　海
831.83	358.19	940.02	宁　夏
2029.72	169.20	1464.57	新　疆
202.72	15.85	201.05	新疆兵团

3-2-28 村庄公共设施（二）（2012 年）

地区名称	Name of Regions	集中供水的行政村 Administrative Villages With Access to Piped Water		对生活污水进行处理的行政村 Natural Villages with Domestic Wastewater Treated	
		个数（个）Number (unit)	比例（%）Rate (%)	个数（个）Number (unit)	比例（%）Rate (%)
全　国	**National Total**	**316243**	**57. 4**	**42293**	**7. 7**
北　京	Beijing	3288	86. 5	911	24. 0
天　津	Tianjin	2791	88. 2	446	14. 1
河　北	Hebei	28588	68. 1	797	1. 9
山　西	Shanxi	19960	71. 8	1050	3. 8
内蒙古	Inner Mongolia	5110	49. 2	180	1. 7
辽　宁	Liaoning	5321	50. 3	291	2. 8
吉　林	Jilin	4537	50. 4	363	4. 0
黑龙江	Heilongjiang	6266	68. 4	6	0. 1
上　海	Shanghai	1596	98. 2	866	53. 3
江　苏	Jiangsu	13827	93. 2	3261	22. 0
浙　江	Zhejiang	16894	72. 5	9710	41. 7
安　徽	Anhui	6638	43. 4	677	4. 4
福　建	Fujian	9858	76. 0	1458	11. 2
江　西	Jiangxi	7232	43. 1	1014	6. 1
山　东	Shandong	58271	89. 0	8774	13. 4
河　南	Henan	19728	45. 3	832	1. 9
湖　北	Hubei	12311	48. 8	1902	7. 5
湖　南	Hunan	9218	23. 3	1333	3. 4
广　东	Guangdong	10070	56. 2	2328	13. 0
广　西	Guangxi	6134	43. 0	253	1. 8
海　南	Hainan	2431	64. 1	104	2. 7
重　庆	Chongqing	4535	50. 9	738	8. 3
四　川	Sichuan	10689	24. 2	2626	6. 0
贵　州	Guizhou	8543	49. 7	443	2. 6
云　南	Yunnan	8375	63. 5	583	4. 4
陕　西	Shaanxi	14495	58. 5	748	3. 0
甘　肃	Gansu	7300	46. 2	80	0. 5
青　海	Qinghai	2647	63. 7	42	1. 0
宁　夏	Ningxia	1681	70. 8	154	6. 5
新　疆	Xinjiang	6430	74. 5	220	2. 6
新疆兵团	Xinjiang Production and Construction Corps	1479	86. 7	103	6. 0

3-2-28 Public Facilities of Villages Ⅱ (2012)

有生活垃圾收集点的行政村 Natural Villages with Domestic Garbge Collected		对生活垃圾进行处理的行政村 Natural Villages with Domestic Garbge Treated		地区名称
个数（个） Number (unit)	比例（%） Rate (%)	个数（个） Number (unit)	比例（%） Rate (%)	Name of Regions
261260	**47.4**	**162129**	**29.4**	**全　国**
3641	95.8	3097	81.5	北　京
2387	75.4	1833	57.9	天　津
15491	36.9	6166	14.7	河　北
18728	67.3	5434	19.5	山　西
1360	13.1	434	4.2	内蒙古
4591	43.4	2158	20.4	辽　宁
3269	36.3	1549	17.2	吉　林
4954	54.0	147	1.6	黑龙江
1588	97.7	1426	87.7	上　海
12249	82.6	10476	70.6	江　苏
19356	83.1	16758	71.9	浙　江
6452	42.1	4507	29.4	安　徽
11324	87.3	9335	71.9	福　建
10986	65.5	7792	46.5	江　西
46188	70.5	34480	52.7	山　东
13648	31.3	5562	12.8	河　南
10863	43.1	6486	25.7	湖　北
10822	27.4	6849	17.3	湖　南
12808	71.5	10031	56.0	广　东
4477	31.4	1870	13.1	广　西
1437	37.9	1201	31.7	海　南
2461	27.6	1530	17.2	重　庆
15935	36.1	11299	25.6	四　川
3832	22.3	1824	10.6	贵　州
3799	28.8	2015	15.3	云　南
8899	35.9	3132	12.6	陕　西
4537	28.7	2056	13.0	甘　肃
485	11.7	245	5.9	青　海
1372	57.8	744	31.3	宁　夏
2242	26.0	1295	15.0	新　疆
1079	63.3	398	23.3	新疆兵团

3-2-29 村庄房屋（2012 年）

地区名称 Name of Regions		住宅 Residential Building						
		本年建房户数（户）Number of Households of Building Housing This Year (unit)	在新址上新建 New Construction on New Site	年末实有建筑面积（万平方米）Total Floor Space of Buildings (year-end) (10,000m²)	混合结构以上 Mixed Strucure and Above	本年竣工建筑面积（万平方米）Floor Space Completed This Year (10,000m²)	混合结构以上 Mixed Strucure and Above	人均住宅建筑面积（平方米）Per Capita Floor Space (m²)
全　国	**National Total**	**4410885**	**1679071**	**2478308.7**	**1586166.4**	**52492.4**	**46252.5**	**32.47**
北　京	Beijing	19074	3461	15428.5	11529.7	261.3	230.5	45.37
天　津	Tianjin	8695	3757	8138.3	5704.8	221.6	203.4	31.39
河　北	Hebei	144072	41029	122004.0	70837.1	1522.6	1171.5	28.13
山　西	Shanxi	91075	34032	55762.6	35860.5	979.3	821.6	29.07
内蒙古	Inner Mongolia	110031	42364	30399.1	25139.4	801.8	714.0	23.92
辽　宁	Liaoning	44244	8682	40765.8	15924.7	512.5	339.0	23.36
吉　林	Jilin	77315	10450	30260.6	11665.1	1580.2	289.8	22.65
黑龙江	Heilongjiang	288038	11714	35349.4	30438.6	2316.6	2316.6	20.61
上　海	Shanghai	9418	3364	15265.7	13727.8	134.6	127.0	53.24
江　苏	Jiangsu	138770	67467	150545.7	107228.6	1844.0	1735.8	42.55
浙　江	Zhejiang	83224	39918	110850.2	85852.3	1777.1	1754.1	50.16
安　徽	Anhui	210788	94060	139631.3	90664.4	2425.2	2038.5	31.50
福　建	Fujian	43148	20096	69333.9	43816.1	924.7	899.0	37.60
江　西	Jiangxi	191692	87208	115386.1	80136.4	3226.7	3073.0	39.38
山　东	Shandong	363159	183172	176148.0	108261.4	4377.5	4039.5	32.95
河　南	Henan	192178	60918	200352.0	140448.4	2742.4	2491.5	30.74
湖　北	Hubei	157092	71052	123427.5	93001.8	2144.8	2086.4	36.32
湖　南	Hunan	148846	85113	159478.9	120918.1	2466.8	2309.8	36.10
广　东	Guangdong	132683	74028	121202.7	81852.3	2322.0	2148.9	27.60
广　西	Guangxi	333805	134537	103158.3	61183.7	3727.2	3650.5	26.48
海　南	Hainan	45521	22543	13293.5	4380.0	491.8	343.4	26.69
重　庆	Chongqing	89997	44567	86289.7	61161.9	1292.7	1289.8	42.56
四　川	Sichuan	296862	122001	214468.4	135874.7	3890.5	3660.5	37.55
贵　州	Guizhou	237646	97737	72715.0	38314.5	1988.9	1766.7	25.93
云　南	Yunnan	271037	96897	111418.6	31850.4	3389.3	2308.9	33.88
陕　西	Shaanxi	139869	56834	66871.2	43277.5	1436.6	1342.4	31.07
甘　肃	Gansu	213269	59633	46509.8	21525.3	1349.6	1342.9	25.21
青　海	Qinghai	80060	21720	9152.4	3562.8	571.8	407.3	25.51
宁　夏	Ningxia	35674	14861	8909.2	1795.2	253.1	153.4	23.23
新　疆	Xinjiang	203423	59399	23283.7	9268.5	1418.0	1158.4	22.74
新疆兵团	Xinjiang Production and Construction Corps	10180	6457	2508.7	964.6	101.2	38.5	27.03

3-2-29 Building Construction of Villages (2012)

公共建筑 Public Building				生产性建筑 Industrial Building				地区名称 Name of Regions
年末实有建筑面积（万平方米） Total Floor Space of Buildings (year-end) (10,000m²)	混合结构以上 Mixed Strucure and Above	本年竣工建筑面积（万平方米） Floor Space Completed This Year (10,000m²)	混合结构以上 Mixed Strucure and Above	年末实有建筑面积（万平方米） Total Floor Space of Buildings (year-end) (10,000m²)	混合结构以上 Mixed Strucure and Above	本年竣工建筑面积（万平方米） Floor Space Completed This Year (10,000m²)	混合结构以上 Mixed Strucure and Above	
104090.5	**77404.0**	**4753.3**	**4373.5**	**174454.6**	**132113.3**	**10028.1**	**7966.8**	**全　国**
1982.5	1883.3	45.5	42.0	4711.8	4200.6	122.9	115.7	北　京
496.7	415.0	54.4	50.8	2756.0	2424.1	52.9	46.2	天　津
4536.6	3090.2	230.3	207.7	9591.2	6897.9	652.1	334.4	河　北
4853.0	3603.1	185.2	135.5	5060.8	3527.6	229.6	179.1	山　西
1398.2	1055.9	30.2	29.3	1474.0	1077.3	53.3	46.2	内蒙古
2274.5	1476.5	81.8	73.1	4140.6	2995.4	270.6	211.4	辽　宁
780.3	395.1	20.9	15.8	1187.4	758.1	49.6	39.1	吉　林
1581.9	1367.5	47.5	47.5	1968.1	1768.3	149.2	149.2	黑龙江
897.7	877.4	16.9	16.9	6329.2	6124.8	161.4	156.3	上　海
5875.3	4397.5	299.1	287.5	20396.2	17877.4	1466.1	1382.4	江　苏
6326.7	5687.2	178.5	174.9	20192.0	17678.5	677.5	648.1	浙　江
4521.5	3442.7	284.7	262.0	4349.4	3296.8	304.8	250.7	安　徽
4675.2	3595.3	122.9	118.3	6826.6	5130.6	325.0	286.4	福　建
4928.4	3930.5	221.4	207.4	4185.7	3047.6	252.4	155.9	江　西
11924.9	8413.0	715.9	673.2	18441.6	14195.1	1895.8	1571.7	山　东
6197.2	4645.9	286.8	263.1	13937.6	8909.4	393.2	351.3	河　南
4829.3	3920.4	219.4	214.2	4790.1	3935.1	453.7	417.8	湖　北
5107.2	4143.0	261.3	231.3	5964.3	4860.8	417.9	317.2	湖　南
6103.6	4801.8	213.4	176.2	13701.3	9701.2	607.0	485.2	广　东
3753.8	2457.0	160.4	158.5	2154.6	1218.6	102.3	85.1	广　西
569.9	368.8	21.7	17.2	343.2	146.9	21.4	12.0	海　南
2246.6	1763.6	78.2	78.2	3555.1	2572.2	64.2	58.5	重　庆
3198.8	2051.8	210.4	192.7	4802.5	2958.9	213.9	164.1	四　川
2717.9	1838.1	208.6	194.4	1299.1	912.5	163.9	134.8	贵　州
4230.9	2615.4	210.4	189.4	4772.8	1583.5	602.0	106.2	云　南
3102.4	2260.9	114.4	104.0	2315.0	1715.6	142.6	117.3	陕　西
2656.7	1477.8	94.4	94.4	2943.4	1436.7	99.7	84.1	甘　肃
294.5	176.5	18.6	16.3	183.0	123.8	16.7	8.2	青　海
395.2	225.8	38.3	32.5	534.6	314.4	30.1	25.4	宁　夏
1480.9	942.6	66.6	53.6	1379.9	627.7	27.9	19.1	新　疆
152.4	84.6	15.6	15.4	167.4	96.2	8.8	8.0	新疆兵团

3-2-30 村庄建设投入（2012 年）

地区名称 Name of Regions		本年建设投入				
			房屋 Building			
		合计 Total	小计 Input of House	住宅 Residential Building	公共建筑 Public Building	生产性建筑 Industrial Building
全　国	**National Total**	**74203879**	**57608618**	**43116050**	**4551851**	**9940717**
北　京	Beijing	1125467	668931	382537	76955	209439
天　津	Tianjin	534429	443923	328441	55412	60070
河　北	Hebei	2109428	1830303	1153270	201956	475077
山　西	Shanxi	1727332	1118454	788288	172258	157908
内蒙古	Inner Mongolia	1105547	889326	796777	35911	56638
辽　宁	Liaoning	1294770	992796	573156	106780	312860
吉　林	Jilin	1205355	1018867	931254	27418	60195
黑龙江	Heilongjiang	2547988	2287259	2106568	45230	135461
上　海	Shanghai	738452	427054	154740	27264	245050
江　苏	Jiangsu	5005462	3569808	1695177	352165	1522466
浙　江	Zhejiang	3993765	2938783	1851498	225845	861440
安　徽	Anhui	4417708	2489395	1931668	254025	303702
福　建	Fujian	1727565	1259140	840582	127214	291344
江　西	Jiangxi	2914919	2352775	2042360	144344	166071
山　东	Shandong	7776203	5727510	3797183	615093	1315234
河　南	Henan	3038661	2478780	1936547	206964	335269
湖　北	Hubei	2718558	2135859	1639491	168278	328090
湖　南	Hunan	2829734	2240519	1735230	214547	290742
广　东	Guangdong	3357960	2699423	1979841	205167	514415
广　西	Guangxi	3376586	2891318	2660243	155330	75745
海　南	Hainan	678494	589706	546380	23565	19761
重　庆	Chongqing	1627391	1154008	1025395	72911	55702
四　川	Sichuan	4367357	3501311	3110665	199197	191449
贵　州	Guizhou	2125797	1818598	1537845	147381	133372
云　南	Yunnan	5044375	4531659	2728815	286073	1516771
陕　西	Shaanxi	1879564	1529135	1293607	118788	116740
甘　肃	Gansu	1659604	1491484	1298204	95111	98169
青　海	Qinghai	717291	648072	601514	28978	17580
宁　夏	Ningxia	784549	337150	258314	58091	20745
新　疆	Xinjiang	1553957	1397672	1285010	80108	32554
新疆兵团	Xinjiang Production and Construction Corps	219611	149600	105450	23492	20658

3-2-30 Construction Input of Villages (2012)

计量单位：万元 Measurement Unit：10,000 RMB

Construction Input of This Year								地区名称
市政公用设施 Municipal Public Facilities								
小计 Input of Municipal Public Facilities	供水 Water Supply	道路桥梁 Road and Bridge	排水 Drainage	防洪 Flood Control	园林绿化 Landscaping	环境卫生 Environmental Sanitation	其他 Other	Name of Regions
16595261	**2358944**	**8340389**	**1289692**	**841324**	**1121940**	**1149406**	**1493566**	**全　国**
456536	37548	111887	28327	12481	156141	75668	34484	北　京
90506	12343	22663	25463	1926	10007	8321	9783	天　津
279125	55605	138832	10762	6163	18766	26904	22093	河　北
608878	150226	277731	34357	9402	39168	35934	62060	山　西
216221	26250	141441	3336	5007	25275	3200	11712	内蒙古
301974	47912	118770	16476	44898	17992	26803	29123	辽　宁
186488	24345	95427	10280	17949	6054	22102	10331	吉　林
260729	16104	77751	8629	6554	19234	17612	114845	黑龙江
311398	43896	91751	79262	14985	14005	37941	29558	上　海
1435654	242296	511213	144094	56477	170452	199144	111978	江　苏
1054982	173956	298219	135095	135474	90139	99129	122970	浙　江
1928313	95891	1634612	44784	41516	36084	38227	37199	安　徽
468425	65214	230294	38418	27488	39771	39077	28163	福　建
562144	56693	311680	36254	54152	34376	21437	47552	江　西
2048693	249754	820167	213852	98498	203591	158341	304490	山　东
559881	217585	242423	24375	12366	15549	18568	29015	河　南
582699	134815	228703	67281	28788	26834	40325	55953	湖　北
589215	80964	305608	41049	43120	23746	38308	56420	湖　南
658537	82081	234234	97402	94229	43590	62139	44862	广　东
485268	42361	380705	22655	9270	4577	9866	15834	广　西
88788	11078	48897	4760	6138	3851	5186	8878	海　南
473383	65268	285498	31709	13049	18360	17694	41805	重　庆
866046	95895	497913	55456	31368	25089	58204	102121	四　川
307199	45794	194913	16395	5520	4240	8558	31779	贵　州
512716	91019	275735	37861	17902	21550	21812	46837	云　南
350429	48438	178869	25287	15339	32988	25811	23697	陕　西
168120	34809	92607	7335	6486	3790	7322	15771	甘　肃
69219	15276	44632	3769	626	734	3028	1154	青　海
447399	58588	346205	10517	1968	7570	14288	8263	宁　夏
156285	28765	75921	8855	10899	5704	6283	19858	新　疆
70011	8175	25088	5597	11286	2713	2174	14978	新疆兵团

主要指标解释

城市和县城部分

人口密度

指城区内的人口疏密程度。计算公式：

$$人口密度=\frac{城区人口+城区暂住人口}{城区面积}$$

人均日生活用水量

指每一用水人口平均每天的生活用水量。计算公式：

$$人均日生活用水量=\frac{居民家庭用水量+公共服务用水量}{用水人口}\div 报告期日历日数\times 1000升$$

用水普及率

指报告期末城区内用水人口与总人口的比率。计算公式：

$$用水普及率=\frac{城区用水人口}{城区人口+城区暂住人口}\times 100\%$$

燃气普及率

指报告期末城区内使用燃气的人口与总人口的比率。计算公式：

$$燃气普及率=\frac{城区用气人口}{城区人口+城区暂住人口}\times 100\%$$

人均道路面积

指报告期末城区内平均每人拥有的道路面积。计算公式：

$$人均道路面积=\frac{城区道路面积}{城区人口+城区暂住人口}$$

路网密度

指报告期末城区（建成区）内道路分布的稀疏程度。计算公式：

$$路网密度=\frac{道路长度}{城区（建成区）面积}$$

排水管道密度

指报告期末城区（建成区）内的排水管道分布的疏密程度。计算公式：

$$排水管道密度=\frac{排水管道长度}{城区（建成区）面积}$$

污水处理率

指报告期内污水处理总量与污水排放总量的比率。计算公式：

$$污水处理率=\frac{污水处理总量}{污水排放总量}\times 100\%$$

污水处理厂集中处理率

指报告期内通过污水处理厂处理的污水量与污水排放总量的比率。计算公式：

$$污水处理厂集中处理率=\frac{污水处理厂处理的污水量}{污水排放总量}\times 100\%$$

人均公园绿地面积

指报告期末城区内平均每人拥有的公园绿地面积。计算公式：

$$人均公园绿地面积 = \frac{城区公园绿地面积}{城区人口 + 城区暂住人口}$$

建成区绿化覆盖率

指报告期末建成区内绿化覆盖面积与区域面积的比率。计算公式：

$$建成区绿化覆盖率 = \frac{建成区绿化覆盖面积}{建成区面积} \times 100\%$$

建成区绿地率

指报告期末建成区内绿地面积与建成区面积的比率。计算公式：

$$建成区绿地率 = \frac{建成区绿地面积}{建成区面积} \times 100\%$$

生活垃圾处理率

指报告期内生活垃圾处理量与生活垃圾产生量的比率。计算公式：

$$生活垃圾处理率 = \frac{生活垃圾处理量}{生活垃圾产生量} \times 100\%$$

生活垃圾无害化处理率

指报告期内生活垃圾无害化处理量与生活垃圾产生量的比率。计算公式：

$$生活垃圾无害化处理率 = \frac{生活垃圾无害化处理量}{生活垃圾产生量} \times 100\%$$

在统计时，由于生活垃圾产生量不易取得，用清运量代替。

市区面积

指城市行政区域内的全部土地面积（包括水域面积）。地级以上城市行政区不包括市辖县（市）。

城区面积

指城市的城区包括：（1）街道办事处所辖地域；（2）城市公共设施、居住设施和市政公用设施等连接到的其他镇（乡）地域；（3）常住人口在3000人以上独立的工矿区、开发区、科研单位、大专院校等特殊区域。

连接是指两个区域间可观察到的已建成或在建的公共设施、居住设施、市政设施和其他设施相连，中间没有被水域、农业用地、园地、林地、牧草地等非建设用地隔断。

对于组团式和散点式的城市，城区由多个分散的区域组成，或有个别区域远离主城区，应将这些分散的区域相加作为城区。

城区人口

指划定的城区（县城）范围的人口数。按公安部门的户籍统计为准。

暂住人口

指离开常住户口地的市区或乡、镇，到本市居住一年以上的人员。一般按公安部门的暂住人口统计为准。

建成区面积

城市行政区内实际已成片开发建设、市政公用设施和公共设施基本具备的区域。对核心城市，它包括集中连片的部分以及分散的若干个已经成片建设起来，市政公用设施和公共设施基本具备的地区；对一城多镇来说，它包括由几个连片开发建设起来的，市政公用设施和公共设施基本具备的地区组成。因此建成区范围，一般是指建成区外轮廓线所能包括的地区，也就是这个城市实际建设用地所达到的范围。

城市建设用地面积

指城市用地中除水域与其他用地之外的各项用地面积，即居住用地、公共管理与公共服务用地、商业服务业设施用地、工业用地、物流仓储用地、道路交通设施用地、公共设施用地、绿地与广场用地八大类用地。

城市维护建设资金

指用于城市维护和建设的资金，资金来源包括城市维护建设税、公用事业附加、中央和地方财政拨款、国内贷款、债券收入、利用外资、土地出让转让收入、资产置换收入、市政公用企事业单位自筹资金、国家和省规定收取的用于城市维护建设的行政事业性收费、集资收入以及其他收入。资金支出包括固定资产投资支出、维护支出和其他支出。

本年鉴中仅统计了用于城市维护和建设的财政性资金。

城市维护建设税

指依据《中华人民共和国城市维护建设税暂行条例》开征的一种地方性税种。现行的征收办法是以纳税人实际缴纳的增值税、消费税、营业税税额为计税依据，与增值税、消费税、营业税同时缴纳。根据纳税人所在地不同执行不同的纳税率：市区的税率为百分之七；县城、镇的税率为百分之五；不在市区、县城或镇的税率为百分之一。

城市公用事业附加

指在部分公用事业产品（服务）价外征收的用于城市维护建设的附加收入。包括工业用电、工业用水附加，公共汽车、电车、民用自来水、民用照明用电、电话、煤气、轮渡等附加。

固定资产投资

指建造和购置市政公用设施的经济活动，即市政公用设施固定资产再生产活动。市政公用设施固定资产再生产过程包括固定资产更新（局部更新和全部更新）、改建、扩建、新建等活动。新的企业财务会计制度规定，固定资产局部更新的大修理作为日常生产活动的一部分，发生的大修理费用直接在成本费用中列支。按照现行投资管理体制及有关部门的规定，凡属于养护、维护性质的工程，不纳入固定资产投资统计。对新建和对现有市政公用设施改造工程，应纳入固定资产统计。

新增固定资产

指报告期内交付使用的固定资产价值。包括报告期内建成投入生产或交付使用的工程投资和达到固定资产标准的设备、工具、器具的投资及有关应摊入的费用。

新增生产能力（或效益）

指通过固定资产投资活动而增加的设计能力。计算新增生产能力（或效益）是以能独立发挥生产能力（或效益）的工程为对象。当工程建成，经有关部门验收鉴定合格，正式移交投入生产，即应计算新增生产能力（或效益）。

供水设计综合生产能力

指按供水设施取水、净化、送水、出厂输水干管等环节设计能力计算的综合生产能力。包括在原设计能力的基础上，经挖、革、改增加的生产能力。计算时，以四个环节中最薄弱的环节为主确定能力。

供水管道长度

指从送水泵至用户水表之间所有管道的长度。在同一条街道埋设两条或两条以上管道时，应按每条管道的长度计算。

供水总量

指报告期供水企业（单位）供出的全部水量。包括有效供水量和漏损水量。

有效供水量指水厂将水供出厂外后，各类用户实际使用到的水量。包括售水量和免费供水量。售水量指收费供应的水量。免费供水量指无偿供应的水量。

漏损水量指在供水过程中由于管道及附属设施破损而造成的漏水量、失窃水量以及水表失灵少计算的水量。

按用水用途可分为生产运营用水、公共服务用水、居民家庭用水和消防及其他特殊用水四类。

生产运营用水指在城市范围内生产、运营的农、林、牧、渔业、工业、建筑业、交通运输业等单位在生产、运营过程中的用水。

公共服务用水指为城市社会公共生活服务的用水。包括行政事业单位、部队营区和公共设施服务、社会服务业、批发零售贸易业、旅馆饮食业等单位的用水。

居民家庭用水指城市范围内所有居民家庭的日常生活用水。包括城市居民、农民家庭、公共供水站用水。

消防及其他特殊用水指城市灭火以及除居民家庭、公共服务、生产运营用水范围以外的各种特殊用水。

包括消防用水、深井回灌用水、其他用水。

新水取用量

指取自任何水源被第一次利用的水量。新水量就一个城市来说，包括城市供水企业新水量和社会各单位的新水量。

用水重复利用量

指各用水单位在生产和生活中，循环利用的水量和直接或经过处理后回收再利用的水量之和。

节约用水量

指报告期新节水量，通过采用各项节水措施（如改进生产工艺、技术、生产设备、用水方式、换装节水器具、加强管理等）后，用水量和用水效益产生效果，而节约的水量。

人工煤气生产能力

指报告期末燃气生产厂制气、净化、输送等环节的综合生产能力，不包括备用设备能力。一般按设计能力计算，如果实际生产能力大于设计能力时，应按实际测定的生产能力计算。测定时应以制气、净化、输送三个环节中最薄弱的环节为主。

供气管道长度

指报告期末从气源厂压缩机的出口或门站出口至各类用户引入管之间的全部已经通气投入使用的管道长度。不包括煤气生产厂、输配站、液化气储存站、灌瓶站、储配站、气化站、混气站、供应站等厂（站）内的管道。

供气总量

指报告期燃气企业（单位）向用户供应的燃气数量。包括销售量和损失量。

汽车加气站

指专门为燃气机动车（船舶）提供压缩天然气、液化石油气等燃料加气服务的站点。

供热能力

指供热企业（单位）向城市热用户输送热能的设计能力。

供热总量

指在报告期供热企业（单位）向城市热用户输送全部蒸汽和热水的总热量。

供热管道长度

指从各类热源到热用户建筑物接入口之间的全部蒸汽和热水的管道长度。不包括各类热源厂内部的管道长度。

城市道路

指城市供车辆、行人通行的，具备一定技术条件的道路、桥梁、隧道及其附属设施。城市道路由车行道和人行道等组成。在统计时只统计路面宽度在3.5米（含3.5米）以上的各种铺装道路，包括开放型工业区和住宅区道路在内。

道路长度

指道路长度和与道路相通的桥梁、隧道的长度，按车行道中心线计算。

道路面积

指道路面积和与道路相通的广场、桥梁、隧道的面积（统计时，将人行道面积单独统计）。

人行道面积按道路两侧面积相加计算，包括步行街和广场，不含人车混行的道路。

桥梁

指为跨越天然或人工障碍物而修建的构筑物。包括跨河桥、立交桥、人行天桥以及人行地下通道等。

道路照明灯盏数

指在城市道路设置的各种照明用灯。一根电杆上有几盏即计算几盏。统计时，仅统计功能照明灯，不统计景观照明灯。

防洪堤长度

指实际修筑的防洪堤长度。统计时应按河道两岸的防洪堤相加计算长度，但如河岸一侧有数道防洪堤时，只计算最长一道的长度。

污水排放总量

指生活污水、工业废水的排放总量，包括从排水管道和排水沟（渠）排出的污水量。

（1）可按每条管道、沟（渠）排放口的实际观测的日平均流量与报告期日历日数的乘积。

（2）有排水测量设备的，可按实际测量值计算。

（3）如无观测值，也可按当地供水总量乘以污水排放系数确定。

城市分类污水排放系数

城市污水分类	污水排放系数
城市污水	0.7～0.8
城市综合生活污水	0.8～0.9
城市工业废水	0.7～0.9

排水管道长度

指所有排水总管、干管、支管、检查井及连接井进出口等长度之和。

污水处理量

指污水处理厂（或污水处理装置）实际处理的污水量。包括物理处理量、生物处理量和化学处理量。

污水处理厂干污泥产生量

指报告期内污水处理厂在污水处理过程中干污泥的最终产生量。干污泥是指污水处理过程中分离出来的固体，含水率85%以下。

污水处理厂干污泥处置量

指报告期内经过污泥消化、调理、浓缩、脱水等手段进行处理后，采用土地填埋、焚烧等方法对污泥进行最终安全处置的量。

绿化覆盖面积

指城市中的乔木、灌木、草坪等所有植被的垂直投影面积。包括公园绿地、防护绿地、生产绿地、附属绿地、其他绿地的绿化种植覆盖面积、屋顶绿化覆盖面积以及零散树木的覆盖面积。乔木树冠下重迭的灌木和草本植物不能重复计算。

绿地面积

指报告期末用作园林和绿化的各种绿地面积。包括公园绿地、生产绿地、防护绿地、附属绿地和其他绿地的面积。

公园绿地

城市中向公众开放的、以游憩为主要功能，有一定的游憩设施和服务设施，同时兼有健全生态、美化景观、防灾减灾等综合作用的绿化用地。它是城市建设用地、城市绿地系统和城市市政公用设施的重要组成部分。

公园

指常年开放的供公众游览、观赏、休憩、开展科学、文化及休闲等活动，有较完善的设施和良好的绿化环境、景观优美的公园绿地。包括综合性公园、儿童公园、文物古迹公园、纪念性公园、风景名胜公园、动物园、植物园、带状公园等。不包括居住小区及小区以下的游园。统计时只统计市级和区级的综合公园、专类公园和带状公园。

国家级风景名胜区

风景名胜区指风景名胜资源集中、自然环境优美、具有一定规模和游览条件，供人游览、观赏、休息和进行科学文化活动的地域。国家级风景名胜区指经国务院审定公布的风景名胜区。

风景名胜区面积

指经政府审定批准所确定的风景名胜区规划面积。

供游览面积

指报告期末风景名胜区内实际可供游人游览的面积。

道路清扫保洁面积

指报告期末对城市道路和公共场所（主要包括城市行车道、人行道、车行隧道、人行过街地下通道、道路附属绿地、地铁站、高架路、人行过街天桥、立交桥、广场、停车场及其他设施等）进行清扫保洁的面积。一天清扫保洁多次的，按清扫保洁面积最大的一次计算。

生活垃圾、粪便清运量

指报告期收集和运送到各生活垃圾、粪便处理场（厂）和生活垃圾、粪便最终消纳点的生活垃圾、粪便的数量。统计时仅计算从生活垃圾、粪便源头和从生活垃圾转运站直接送到处理场和最终消纳点的清运量，对于二次中转的清运量不要重复计算。

公共厕所

指供城市居民和流动人口使用，在道路两旁或公共场所等处设置的厕所。分为独立式、附属式和活动式三种类型。统计时只统计独立式和活动式，不统计附属式公厕。

独立式公共厕所按建筑类别应分为三类，活动式公共厕所按其结构特点和服务对象应分为组装厕所、单体厕所、汽车厕所、拖动厕所和无障碍厕所五种类别。

市容环卫专用车辆设备

指用于环境卫生作业、监察的专用车辆和设备，包括用于道路清扫、冲洗、洒水、除雪、垃圾粪便清运、市容监察以及与其配套使用的车辆和设备。如：垃圾车、扫路机（车）、洗路车、洒水车、真空吸粪车、除雪机、装载机、推土机、压实机、垃圾破碎机、垃圾筛选机、盐粉撒布机、吸泥渣车和专用船舶等。对于长期租赁的车辆及设备也统计在内。

村镇部分

人口密度

指建成区范围内的人口疏密程度。计算公式：

人口密度 =（建成区户籍人口 + 建成区暂住人口）/建成区面积

用水普及率

指报告期末建成区（村庄）用水人口与建成区（村庄）人口的比率。按建成区、村庄分别统计。计算公式：

建成区用水普及率 = 建成区用水人口/（建成区户籍人口 + 建成区暂住人口）×100%

村庄用水普及率 = 村庄用水人口/（村庄户籍人口 + 村庄暂住人口）×100%

燃气普及率

指报告期末建成区使用燃气的人口与建成区人口的比率。计算公式：

燃气普及率 = 用气人口/（建成区户籍人口 + 建成区暂住人口）×100%

人均道路面积

指报告期末建成区范围内平均每人拥有的道路面积。计算公式：

人均道路面积 = 道路面积/（建成区户籍人口 + 建成区暂住人口）

排水管道密度

指报告期末建成区范围内排水管道分布的疏密程度。计算公式：

排水管道密度 = 排水管道长度/建成区面积

人均公园绿地

指报告期末建成区范围内平均每人拥有的公园绿地面积。计算公式：

人均公园绿地面积 = 公园绿地面积/（建成区户籍人口 + 建成区暂住人口）

绿化覆盖率

指报告期末建成区范围内绿化覆盖面积与建成区面积的比率。计算公式：

绿化覆盖率 = 绿化覆盖面积/建成区面积 ×100%

绿地率

指报告期末镇（乡）建成区范围内绿地面积与建成区面积的比率。计算公式：

绿地率＝绿地面积/建成区面积×100%

人均日生活用水量

指用水人口平均每天的生活用水量。计算公式：

人均日生活用水量＝报告期生活用水量/用水人口/报告期日历天数×1000升

建成区

指行政区域内实际已成片开发建设、市政公用设施和公共设施基本具备的区域。建成区面积以镇人民政府建设部门（或规划部门）提供的范围为准。

村庄

指农村居民生活和生产的聚居点。

建成区（村庄）户籍人口

指在其经常居住地的公安户籍管理机关登记了户籍的人口。

暂住人口

指在本地居住半年及以上的非本乡（镇）户籍的人。均以公安部门数据为准。

总体规划

指在镇（乡）行政区域范围内进行的布点规划及相应各项建设的整体部署，并经市（县）人民政府批准同意实施，报告期末仍处于有效期。

村庄建设规划

指在总体规划指导下，根据本地区经济发展水平，主要对住宅和供水、供电、道路、绿化、环境卫生以及生产配套设施建设的具体安排。村庄建设规划须经村民会议讨论同意，由乡级人民政府报县级人民政府批准。统计时要注意规划的有效期，如至本年年底，规划已过期，则按无规划统计。

本年规划编制投入

指本年各种规划编制工作的总投入。

本年市政公用设施建设财政性资金收入

指本年内收到的可用于市政公用设施建造和购置的各种财政性资金，包括中央财政拨款、省财政拨款、市（县）财政拨款、镇（乡）本级财政。

公共供水

指公共供水企业以公共供水管道及其附属设施向单位和居民的生活、生产和其他各项建设提供用水。公共供水设施包括正规的水厂和虽达不到水厂标准，但不是临时供水设施，水质符合标准的其他设施。

自建设施供水

指企事业单位、机关团体、部队等社会单位自办的独立供水设施，以其自行建设的供水管道及其附属设施主要向本单位的生活、生产和其他各项建设提供用水。

综合生产能力

指按供水设施取水、净化、送水、输水干管等环节设计能力计算的综合生产能力。计算时，以四个环节中最薄弱的环节为主确定能力。没有设计能力的按实际测定的能力计算。对于经过更新改造后，实际生产能力与设计能力相差很大的，按实际能力填报。

供水管道长度

指从送水泵至用户水表之间直径75mm以上所有供水管道的长度。不包括从水源地到水厂的管道、水源井之间的连络管、水厂内部的管道、用户建筑物内的管道和新安装尚未使用的管道。按单管计算，即：如在同一条街道埋设两条或两条以上管道时，应按每条管道的长度计算。

年生活用水量

指居民家庭与公共服务年用水量。包括饮食店、医院、商店、学校、机关、部队等单位生活用水量，以及生产单位装有专用水表计量的生活用量（不能分开者，可不计）。

年生产用水量

指生产运营单位在生产、运营过程中的年用水量。

用水人口

指由供水设施供给生活用水的人口数，包括学校、机关、部队的用水人口。

用气人口

指报告期末使用燃气（人工煤气、天然气、液化石油气）的家庭用户总人口数。可以本地居民平均每户人口数乘以燃气家庭用户数计算。

在统计液化气家庭用户数时，年平均用量低于90公斤的户数，忽略不计。

集中供热面积

指通过热网向建成区内各类房屋供热的房屋建筑面积。只统计供热面积达到1万平方米及以上的集中供热设施。

道路

指镇（乡）建成区范围内和村庄内有交通功能的各种道路和土路。在统计时只统计路面宽度在3.5米（含3.5米）以上的道路。

道路长度、面积的计算

道路长度包括道路长度和与道路相通的桥梁、隧道的长度。道路面积只包括路面面积和与道路相通的广场、桥梁、停车场的面积，不含隔离带和绿化带面积。

污水处理厂

指污水通过排水管道集中于一个或几个处所，并利用由各种处理单元组成的污水处理系统进行净化处理，最终使处理后的污水和污泥达到规定要求后排放水体或再利用的生产场所。

氧化塘是污水处理的一种工艺，严格按《氧化塘设计规范》运行管理的氧化塘应作为污水处理厂。

污水处理装置

指在厂矿区设置的处理工业废水和周边地区生活污水的小型集中处理设备，以及居住区、度假村中设置的小型污水处理装置。

污水处理能力

指污水处理设施每昼夜处理污水量的设计能力，没有设计能力的按实际能力计算。

年污水处理总量

指一年内各种污水处理设施处理的污水量，包括将本地的污水收集到外地的污水处理设施处理的量，其中污水处理厂处理的量计为集中处理量。

绿化覆盖面积

指建成区内的乔木、灌木、草坪等所有植被的垂直投影面积。包括各种绿地的绿化种植覆盖面积、屋顶绿化覆盖面积以及零散树木的覆盖面积，不包括植物未覆盖的水域面积。

绿地面积

指报告期末建成区内用作园林和绿化的各种绿地面积。包括公园绿地、生产绿地、防护绿地、附属绿地的面积。其中：公园绿地　指向公众开放的、以游憩为主要功能，有一定游憩设施的绿地。

年生活垃圾处理量

指一年将建成区内的生活垃圾运到生活垃圾处理场（厂）进行处理的量，包括无害化处理量和简易处理量。

公共厕所数量

指在建成区范围内供居民和流动人口使用的厕所座数。统计时只统计独立的公厕，不包括公共建筑内附设的厕所。

住宅

指坐落在村镇范围内，上有顶、周围有墙，能防风避雨，供人居住的房屋。按照各地生活习惯，可供居住的帐篷、毡房、船屋等也包括在内，兼作生产用房的房屋可以算为住宅。包括厂矿、企业、医院、机关、学校的集体宿舍和家属宿舍，但不包括托儿所、病房、疗养院、旅馆等具有专门用途的房屋。

公共建筑

指坐落在村镇范围内的各类机关办公、文化、教育、医疗卫生、商业等公共服务用房。

生产性建筑

指坐落在村镇范围内的包括乡镇企业厂房、养殖厂、畜牧场等用房及各类仓库用房的建筑面积。

本年竣工建筑面积

指本年内完工的住宅（公共建筑、生产性建筑）建筑面积。包括新建、改建和扩建的建筑面积，未完工的在建房屋不要统计在内。统计时按镇（乡）建成区和村庄分开统计。

年末实有建筑面积

指本年年末，坐落在村镇范围内的全部住宅（公共建筑、生产性建筑）建筑面积。统计时按镇（乡）建成区和村庄分开统计。计算方法为：

年末实有房屋建筑面积 = 上年末实有 + 本年竣工 + 本年区划调整增加 -
本年区划调整减少 - 本年拆除（倒塌、烧毁等）

混合结构以上

指结构形式为混合结构及其以上（如钢筋混凝土结构、砖混结构）的房屋建筑面积。

Explanatory Notes on Main Indicators

Indicators in the statistics for Cities and County Seats

Population Density

It refers to the quality of being dense for population in a given zone. The calculation equation is:

$$\text{Population Density} = \frac{\text{Population inUrban Areas + Urban Temporary Population}}{\text{UrbanArea}}$$

Daily Domestic Water Use Per Capita

It refers to average amount of daily water consumed by each person. The calculation equation is:

$$\text{DailyDomestic Water Use Per Capita} = \frac{\text{(Water Consumption by Households + Water Use for Public Service)}}{\text{Population with Access to Water Supply}} \div \text{Calendar Days in Reported Period} \times 1000 \text{ liters}$$

Water Coverage Rate

It refers to proportion of urban population supplied with water to urban population. The calculation equation is:

$$\text{Water Coverage} = \frac{\text{Urban Population with Access to Water Supply}}{\text{UrbanPermanent Population + Urban Temporary Population}} \times 100\%$$

Gas Coverage Rate

It refers to the proportion of urban population supplied with gas to urban population. The calculation equation is:

$$\text{Gas Coverage} = \frac{\text{Urban Population with Access to Gas}}{\text{UrbanPermanent Population + Urban Temporary Population}} \times 100\%$$

Surface Area of Roads Per Capita

It refers to the average surface area of roads owned by each urban resident at the end of reported period. The calculation equation is:

$$\text{Surface Area of Roads Per Capita} = \frac{\text{SurfaceArea of Roads in Given Urban Areas}}{\text{UrbanPermanent Population + Urban Temporary Population}}$$

Density of Road Network

It refers to the extent which roads cover given urban areas (built-up districts) at the end of reported period. The calculation equation is:

$$\text{Density of Road Network} = \frac{\text{Length of Roads in Given Urban Areas}}{\text{FloorArea of Given Urban Areas (Built-up Districts)}}$$

Density of Drainage Pipelines

It refers to the extent which drainage pipelines cover given urban areas (built-up districts) at the end of reported period. The calculation equation is:

$$\text{Density of Drainage Pipelines} = \frac{\text{Length of Drainage Pipelines in Given Urban Areas}}{\text{Floor Area of Given Urban Areas (Built-up Districts)}}$$

Wastewater Treatment Rate

It refers to the proportion of the quantity of wastewater treated to the total quantity of wastewater discharged at the end of reported period. The calculation equation is:

$$\text{Wastewater Treatment Rate} = \frac{\text{Quantity of Wastewater Treated}}{\text{Quantity of Wastewater Discharged}} \times 100\%$$

Centralized Treatment Rate of Wastewater Treatment Plants

It refers to the proportion of the quantity of wastewater treated in wastewater treatment plants to the total quantity of wastewater discharged at the end of reported period. The calculation equation is:

$$\begin{array}{c}\text{Centralized Treatment Rate of} \\ \text{Wastewater Treatment Plants}\end{array} = \frac{\text{Quantity of wastewater treated in wastewater treatment facility}}{\text{Quantity of wastewater discharged}} \times 100\%$$

Public Recreational Green Space Per Capita

It refers to the average public recreational green space owned by each urban dweller in given areas. The calculation equation is:

$$\text{Public Recreational Green Space Per Capita} = \frac{\text{Public green space in given urban areas}}{\text{Urban Permanent Population} + \text{Urban Temporary Population}} \times 100\%$$

Green Coverage Rate of Built Districts

It refers to the ratio of green coverage area of built districts to surface area of built districts at the end of reported period. The calculation equation is:

$$\text{Green Coverage Rate of Built Districts} = \frac{\text{Green Coverage Area of Built Districts}}{\text{Area of Built Districts}} \times 100\%$$

Green Space Rate of Built Districts

It refers to the ratio of area of parks and green land of built districts to the area of built up districts at the end of reported period. The calculation equation is:

$$\text{Green Space Rate of Built Districts} = \frac{\text{Area of parks and green land of built districts}}{\text{Area of Built Districts}} \times 100\%$$

Domestic Garbage Treatment Rate

It refers to the ratio of quantity of domestic garbage treated to quantity of domestic garbage produced at the end of reported period. The calculation equation is:

$$\text{Domestic Garbage Treatment Rate} = \frac{\text{Quantity of Domestic Garbage Treated}}{\text{Quantity of Domestic Garbage Produced}} \times 100\%$$

Domestic Garbage Harmless Treatment Rate

It refers to the ratio of quantity of domestic garbage treated harmlessly to quantity of domestic garbage produced at the end of reported period. The calculation equation is:

$$\text{Domestic Garbage Harmless Treatment Rate} = \frac{\text{Quantity of Domestic Garbage Treated Harmlessly}}{\text{Quantity of Domestic Garbage Produced}} \times 100\%$$

Urban District Area

It refers to the total land area (including water area) under jurisdiction of cities.

Urban Area

Urban area of a city includes: (1) areas administered by neighborhood office; (2) other towns (villages) connected to city public facilities, residential facilities and municipal utilities; (3) Independent Industrial and Mining District, Development Zones, special areas like research institutes, universities and colleges with permanent residents of 3000 above.

Towns (villages) connected to city public facilities, residential facilities and municipal utilities means that towns and urban centers are connected with public facilities, residential facilities and municipal utilities that are constructed or under construction, and not cut off by non-construction land like water area, agricultural land, parks, woodland or pasture.

As to conurbation or cities organized in scattered form, urban area should include the separated or decentralized area.

Urban Permanent Population

It refers to permanent residents in urban areas, which are in compliance with the number of permanent residents registered in public security authorities.

Temporary Population

Temporary population includes people who leave permanent address, and live for over one year in a place, which are in compliance with the number of temporary residents registered in public security authorities.

Area of Built District

It refers to large scale developed quarters within city jurisdiction with basic public facilities and utilities. For a nucleus city, the built-up district consists of large-scale developed quarters with basic public facilities and utilities, which are either centralized or decentralized. For a city with several towns, the built-up district consists of several developed quarters attached in succession with basic public facilities and utilities. Range of built-up district is the area encircled by the limits of the built-up district, i. e. the range within which the actual developed land of this city exists.

Area of Urban Land for development Purpose

It refers to area of land except water area and land for other purposes, including land for residential development, Administration and Public Services, Commercial and Business Facilities, Industrial, Manufacturing, Logistics and Warehouse, Road, Street and Transportation, Municipal Utilities, Green Space and Square.

Urban Maintenance and Construction Fund

It refers to fund used for urban construction and maintenance, including urban maintenance and construction tax, extra-charges for public utilities, financial allocation from the central government and local governments, domestic loan, securities revenue, foreign investment, revenue from land transfer and assets replacement, self-raised fund by municipal utilities, charges by administrative and institutional units for urban maintenance and construction, pooled revenue and other revenues.

Urban Maintenance and Construction Tax

It is one of local taxes imposed according to *Temporary Regulations of People's Republic of China on Urban Maintenance and Construction Tax* . It is levied based on actual value-added tax, consumption tax and business tax paid by a taxpayer. It is also paid with value-added tax, consumption tax and business tax at the same time. Different rates apply different places. The rate comes to 7% in urban areas, 5% in counties and towns and 1% beyond these places.

Extra Charge from Urban Utilities

It is additional revenue obtained from additional fees imposed on provision of products and service of such urban utilities as power generation, water supply for the industry, operation of public bus and trolley bus, taped water supply, electricity for lightening, telephone operation, gas and ferry etc. for the purpose of urban construction and maintenance.

Investment in Fixed Assets

It is the economic activities featuring construction and purchase of fixed assets, i. e. it is an essential means for social reproduction of fixed assets. The process of reproducing fixed assets includes fixed assets renovation (part and full renovation), reconstruction, extension and new construction etc. According to the new industrial financial accounting system, cost of major repairs for part renovation of fixed assets is covered by direct cost. According to the current investment management and administrative regulations, any repair and maintenance works are not included in statistics as investment in fixed assets. Innovation projects on current municipal service facilities should be included in statistics.

Newly Added Fixed Assets

They refer to the newly increased value of fixed assets, including investment in projects completed and put into operation in the reported period, and investment in equipment, tools, vessels considered as fixed assets as well as relevant expenses should be included in.

Newly Added Production Capacity (or Benefits)

It refers to newly added design capacity through investment in fixed assets. Newly added production capacity or benefits is calculated based on projects which can independently produce or bring benefits once projects are put into operation.

Integrated Water Production Design Capacity

It refers to a comprehensive capacity based on the design capacity of components of the process, including water collection, purification, delivery and transmission through mains. The integrated capacity also includes added capacity through reform and renovation of water system based on the original design capacity. In calculation, the capacity of weakest component is the principal determining capacity.

Length of Water Pipelines

It refers to the total length of all pipes from the pumping station to individual water meters. If two or more pipes line in parallel in a same street, the length of water pipelines is the length sum of each line.

Total Quantity of Water Supplied

It refers to the total quantity of water delivered by water suppliers during the reported period, including accounted water and unaccounted water.

Accounted water refers to the actual quantity of water delivered to and used by end users, including water sold and free. Water sold refers to the quantity of water billed. Free water refers to water supplied without charge.

Unaccounted water refers to sum of water leakage, theft water due to degeneration of water pipes and accessories as well as non-billed water due to malfunction of water meters.

Water supplied are classified into four types due to different purposes: water for production and operation, water for public service, water for domestic use, water for fire control and other special purposes.

Water for production and operation refers to the quantity of water used by units in sectors of agriculture, forestry, animal husbandry, industry, construction, and transportation for production and operation within cities.

Water for public service refers to water used for public services by units in administration, military, utilities, retails, hotel and food services etc.

Water for domestic use refers to daily water quantity consumed by all urban households, such as urban dwellers, farmers. It also includes water used by public water supply stations.

Water for fire control and other special purposes refers to water used for fire control within cities and other specific purposes, including deep-well recharge, other than for domestic, public service, production and operation purposes.

Quantity of Fresh Water Used

It refers to the quantity of water obtained from any water source for the fist time. As for a city, it includes the quantity of fresh water used by urban water suppliers and customers in different industries and sectors.

Quantity of Recycled Water

It refers to the sum of water recycled, reclaimed and reused by customers.

Quantity of Water Saved

It refers to the water saved in the reported period through efficient water saving measures, e. g. improvement of production methods, technologies, equipment, water use behavior or replacement of defective and inefficient devices, or strengthening of management etc.

Integrated Gas Production Capacity

It refers to the combined capacity of components of the process such as gas production, purification and delivery with an exception of the capacity of backup facilities at the end of reported period. It is usually calculated based on the design capacity. Where the actual capacity surpluses the design capacity, integrated capacity should be calculated based on the actual capacity, mainly depending on the capacity of the weakest component.

Length of Gas Supply Pipelines

It refers to the length of pipes operated in the distance from a compressor's outlet or a gas station exit to pipes connected to individual households at the end of reported period, excluding pipes through coal gas production plant, delivery station, LPG storage station, bottled station, storage and distribution station, air mixture station and supply station.

Quantity of Gas Supplied

It refers to amount of gas supplied to end users by gas suppliers at the end of reported period. It includes sales amount and loss amount.

Gas Stations for Gas-Fueled Motor Vehicles

They are designated stations that provide such fuels as compressed natural gas, LPG to gas-fueled motor vehicles.

Heating Capacity

It refers to the design capacity of heat delivery by heat suppliers to urban customers.

Total Quantity of Heat Supplied

It refers to the total quantity of heat obtained from steam and hot water, which is delivered to urban users by heat suppliers during the reported period.

Length of Heating Pipelines

It refers to the total length of pipes for delivery of steam and hot water from heat sources to entries of buildings, excluding lines within heat sources.

Urban roads

They refer to roads, bridges, tunnels and auxiliary facilities that are provided to vehicles and passengers for transportation. Urban roads consist of drive lanes and sidewalks. Only paved roads with width with and above 3.5 m, including roads within on-limits industrial parks and residential communities are included in statistics.

Length of Roads

It refers to the length of roads and bridges and tunnels connected to roads. It is calculated based on the length of centerlines of traffic lanes.

Surface Area of Roads

It refers to surface area of roads and squares, bridges and tunnels connected to roads (surface area of sidewalks is calculated separately). Surface area of sidewalks is the area sum of each side of sidewalks including pedestrian streets and squares, excluding car-and-pedestrian mixed roads.

Bridges

They refer to constructed works that span natural or man-made barriers. They include bridges spanning over rivers, flyovers, overpasses and underpasses.

Number of Road Lamps

It refers to the sum of road lamps only for illumination, excluding road lamps for landscape lightening.

Length of Flood Control Dikes

It refers to actual length of constructed dikes, which sums up the length of dike on each bank of river. Where each bank has more than one dike, only the longest dike is calculated.

Quantity of Wastewater Discharged

It refers to the total quantity of domestic sewage and industrial wastewater discharged, including effluents of sewers, ditches, and canals.

(1) It is calculated by multiplying the daily average of measured discharges from sewers, ditches and canals with calendar days during the reported period.

(2) If there is a device to read actual quantity of discharge, it is calculated based on reading.

(3) If without such ad device, it is calculated by multiplying total quantity of water supply with wastewater drainage coefficient.

Category of urban wastewater	Wastewater drainage coefficient
Urban wastewater	0.7 – 0.8
Urban domestic wastewater	0.8 – 0.9
Urban industrial wastewater	0.7 – 0.9

Length of Drainage Pipelines

The total length of drainage pipelines is the length of mains, trunks, branches plus distance between inlet and outlet in manholes and junction wells.

Quantity of Wastewater Treated

It refers to the actual quantity of wastewater treated by wastewater treatment plants and other treatment facilities in a physical, or chemical or biological way.

Quantity of Dry Sludge Produced in Wastewater Treatment Plants

It refers to the final quantity of dry sludge produced in the process of wastewater treatment plants. Dry sludge is the solid mass with moisture below 85%, which is separated from the wastewater treatment process.

Quantity of Dry Sludge Treated in Wastewater Treatment Plants

It refers to total quantity of dry sludge that has been treated through land fill or incinerated after being digested, conditioned, densified and dewatered at reported period.

Green Coverage Area

It refers to the vertical shadow area of vegetation such as trees (arbors), shrubs and grasslands. It is the area sum of public recreational green space, shelter belt green land for production, attached green space and other green space, roof greening and scattered trees coverage. The coverage area of bushes and herbs under the shadow of trees should not be counted for repetitively.

Area of Green Space

It refers to the area of all spaces for parks and greening at the end of reported period, which includes area of public recreational green space, green land for production, shelter belt, attached green spaces, and other green space.

Public Recreational Green Space

It refers to green space with recreation and service facilities. It also serves some comprehensive functions such as improving ecology and landscape and preventing and mitigating disasters. It is an important part of urban construction land, urban green space system and urban service facilities.

Parks

They refer to places open to the public for the purposes of tourism, appreciation, relaxation, and undertaking scientific, cultural and recreational activities. They are fully equipped and beautifully landscaped green spaces. There are different kinds of parks, including general park, Children Park, park featuring historic sites and culture relic, memorial park, scenic park, zoo, botanic garden, and belt park.

Recreational space within communities is not included in statistics, while only general parks, theme parks and belt parks at city or district level are included in statistics.

State-level Scenic Spots and Historic Sites

Scenic spots and historic sites are areas boasting concentrated natural beauty and resources of historic interests, where people could tour, sightsee, rest or conduct scientific and cultural activities. State-level scenic spots and historic sites are scenic spots and historic sites approved and publicized by the State Council.

Area of Scenic Spots and Historic Sites

It is the planned area of scenic spots and historic sites that has been examined and approved by the state council.

Tourism Area

It is the actual area for tourists in scenic spots and historic sites at the end of the reported period.

Area of Roads Cleaned and Maintained

It refers to the area of urban roads and public places cleaned and maintained at the end of reported period, including drive lanes, sidewalks, drive tunnels, underpasses, green space attached to roads, metro stations, elevated roads, flyovers, overpasses, squares, parking areas and other facilities. Where a place is cleaned and maintained several times a day, only the time with maximum area cleaned is considered.

Quantity of Domestic Garbage and Soil Transferred

It refers to the total quantity of domestic garbage and soil collected and transferred to treatment grounds. Only quantity collected and transferred from domestic garbage and soil sources or from domestic garbage transfer stations to treatment grounds is calculated with exception of quantity of domestic garbage and soil transferred second time.

Latrines

They are used by urban residents and flowing population, including latrines placed at both sides of a road and public place. They usually consist of detached latrine movable latrine and attached latrine. Only detached latrines rather than latrines attached to public buildings are included in the statistics.

Detached latrine is classified into three types. Moveable latrine is classified into fabricated latrine, separated latrine, motor latrine, trail latrine and barrier-free latrine.

Specific Vehicles and Equipment for Urban Environment Sanitation

They refer to vehicles and equipment specifically for environment sanitation operation and supervision, including vehicles and equipment used to clean, flush and water the roads, remove snow, clean and transfer garbage and soil, environment sanitation monitoring, as well as other vehicles and equipment supplemented, such as garbage truck, road clearing truck, road washing truck, sprinkling car, vacuum soil absorbing car, snow remover, loading machine, bulldozer, compactor, garbage crusher, garbage screening machine, salt powder sprinkling machine, sludge absorbing car and special shipping. Vehicles and equipment for long-term lease are also included in the statistics.

Indicators in the Statistics for Villages and Small Towns

Population density

Population density is the measure of the population per unit area in built-up district.

Calculation equation is:

Population Density = (Registered Permanent Population in Built District + Temporary Population in Built District) / Area of Built District

Water Coverage Rate

It refers to proportion of population supplied with water in built district (villages) to population in built district (villages) at the end of reported period. Statistics is made by built district and village respectively. The calculation equation is:

Water Coverage Rate in Built District = Population with Access to Water Supply in Built District/ (Registered Permanent Population in Built District + Temporary Population in Built District) ×100%

Water Coverage Rate in Villages = Population with Access to Water Supply in Villages/ (Registered Permanent Population in Village + Temporary Population in Village) ×100%

Gas Coverage Rate

It refers to the proportion of population supplied with gas in built district to urban population in built district at the end of reported period. The calculation equation is:

Gas Coverage Rate = Population Supplied with Gas in Built District/ (Registered Permanent Population in Built District + Temporary Population in Built District) ×100%

Surface Area of Roads Per Capita

It refers to the average surface area of roads owned by each urban resident in built district at the end of reported period. The calculation equation is:

Surface Area of Roads Per Capita = Surface Area of Roads / (Registered Permanent Population in Built District + Temporary Population in Built District)

Density of Drainage Pipelines

It refers to the extent which drainpipes cover built district at the end of reported period. The calculation equation is:

Density of Drainage Pipelines = Length of Drainage Pipelines /Floor Area of Built District

Public Recreational Green Space Per Capita

It refers to the average public recreational green space owned by each dwell in built district at the end of reported period. The calculation equation is:

Public Recreational Green Space Per Capita = Area of Public Recreational Green Space/ (Registered Permanent Population in Built District + Temporary Population in Built District)

Green Coverage Rate

It refers to the ratio of green coverage area of built district to surface area of built district at the end of reported period. The calculation equation is:

Green Coverage Rate = Built District Green Coverage Area / Area of Built District ×100%

Green Space Rate

It refers to the ratio of area of parks and green land of built district to the area of built district at the end of reported period. The calculation equation is:

Green Space Rate = Built districtArea of Parks and Green Space /Area of built district ×100%

Daily Domestic Water Use Per Capita

It refers to average amount of daily water consumed by each person. The calculation equation is:

Domestic Water Use Per Capita =

Domestic Water Consumption /Population with Access to Water Supply

/Calendar Days in Reported Period × 1000 liters

Built District

It refers to large scale developed quarters within city jurisdiction with basic public facilities and utilities, which is subject to area verified by local construction authorities or planning authorities.

Village

It refers to a collection of houses and other buildings in a country area where rural residents live and produce.

Population of Built Districts (villages)

It refers to the population who register with the public security authorities responsible for the district of their permanent residence.

Temporary Population

Temporary population includes people who leave permanent address, and live for half one year in a place, which are subject to the number of temporary residents registered with the public security authorities.

Master Planning

It addresses location, size, form, character and environment, and arrangement of facilities within local jurisdiction at town (village) level, which is approved by city (county) government and still validates at the end of reported period.

Villages Development Planning

It addresses, under guidance of master planning, detailed arrangement for residential buildings, water supply, power supply, roads, greening, environmental sanitation and supplementary facilities for production according to local economic development level. Development Planning in Villages must be discussed by village farmers, and approved by county government. Special attention should be given to planning validation in statistics.

Input in Planning Development this Year

It refers to total input in development of various kinds of planning this year.

Fiscal Appropriation for Municipal Service Facilities Development

It refers to various kinds of fiscal funds for purchase or construction of municipal service facilities received within this year, including appropriation from central government, provincial government, municipal/county and Town/village government.

Public Water Supply

It refers to water supply for production, domestic use as well as public service by public water suppliers through water supply pipes and accessories. Public water supply facilities include regular plants , and other facilities which are not temporary facilities and produce water in compliance with standards.

Water Supply by Self-Built Facilities

They refer to independent facilities operated by government agencies, organizations, enterprises and institutions, which supply water for own production, domestic use and services through water supply pipes and accessories.

Integrated Water Production Capacity

It refers to a comprehensive capacity based on the design capacity of components of the process, including water collection, purification, delivery and transmission through mains. In calculation, the capacity of weakest component is the principal determining capacity. Without design capacity, it is calculated based on capacity measured. If real production capacity differs widely from design capacity through renovation, real production capacity will be the basis for calculation.

Length of Water Pipelines

It refers to the total length of all pipes from the pumping station to individual water meters, excluding pipes from water resources to water plants, connection pipes between water resources wells, pipes within water plants and end-use buildings as well as pipes newly installed but not uses yet. If two or more pipes line in parallel in a same street, the length of water pipelines is the length sum of each line.

Yearly Domestic Water Use

It refers to amount of water consumed by households and public facilities, including domestic water use by restaurant, hospital, department store, school, government agency and army as well as water metered by special meters installed in industrial users for domestic use.

Yearly Water Consumption for Production

It refers to water consumed each year by industrial users for production and operation.

Population with Access to Water

It refers to quantity of people supplied with water supply facilities, including people in school, government agency and army.

Population with Access to Gas

It refers to total quantity of customers in households supplied with gas (including man-made gas, natural gas and LPG) at the end of reported period. It can be calculated by multiplying average members in each household by number of households supplied with gas.

When comes to number of households supplied with LPG, the households with yearly average use of LPG being below 90 kilograms are not included in statistics.

Area of Centrally Heated District

It refers to floor area of building stock in built-up districts supplied with centralized heating system. Only areas with centrally heated floor space of 10, 000 square meters and above are included in statistics.

Road

They refer to smooth prepared track or way along which wheeled vehicles can travel in built district at town level and villages. Roads whose width is 3. 5 meters or over are included in statistics.

Length and Surface Area of Road

It refers to the length of roads and bridges and tunnels connected to roads. It is calculated based on the length of centerlines of traffic lanes. Surface area of roads only includes surface area of roads and squares, bridges and tunnels connected to roads, excluding separation belt and green belt.

Wastewater Treatment Plant

It refers to places where wastewater is collected in one or a few places through drainage pipes, then purified and treated by wastewater treatment system with treated water and sludge being discharged or recycled in accordance with related standards and requirements.

Oxidation pond is one of techniques applied in wastewater treatment. Oxidation pond which is strictly operated in accordance with Oxidation Pond Design Standard should be employed as wastewater treatment plant.

Wastewater Treatment Facilities

They refer to small-size and centralized equipment and devices installed in plant or mining area to treat industrial wastewater and domestic wastewater in surrounding areas , as well as wastewater equipment and devices placed in residential areas.

Wastewater Treatment Capacity

It refers to design capacity for amount of wastewater treated every day and night by wastewater treatment facilities. If there is lack of design capacity, real capacity will be the determining factor for calculation.

Yearly Amount of Wastewater Treated

It refers to amount of wastewater treated by different wastewater treatment facilities within a year, including the amount of local wastewater collected and delivered to wastewater treatment facilities in other areas. The amount of wastewater treated in wastewater treatment plants are regarded as centralized treated amount.

Green Coverage Area

It refers to the vertical shadow area of vegetation such as trees (arbors), shrubs and grasslands. It is the area sum of green space, roof greening and scattered trees coverage. The surface area of water bodies which are not covered by green is not included.

Area of Green Space

It refers to the area of all spaces for parks and greening at the end of reported period, which includes area of public recreational green space, green land for production, shelter belt, and attached green spaces. Among which, Public Recreational Green Space refers green space equipped with recreational facilities and open to the public for recreational purposes.

Yearly Amount of Domestic Garbage Treated

It refers to amount of domestic garbage in built district which are delivered to domestic garbage treatment plants for harmless treatment or simplified treatment each year.

Number of Latrines

It refers to number of latrines for residents and floating population. Statistics only includes detached latrines, and latrines located within buildings are not included.

House

It refers to residential building with roof and wall that shelters people from external environment. In light of the local customs, houses also include tent, yurt and ship where people could live, building used for production in addition to habitation, and living quarters for workers and staff supplied by factories and mines, enterprises, hospitals, government agencies and schools. Nursery, ward, sanatorium, and hotel which are special purpose buildings are not included.

Public Building

It refers to buildings for government agencies, culture activities, healthcare, and business and commerce, which are located in towns and villages.

Building for Production

It refers to buildings for township enterprises, farms, stock farms, and warehouses located in towns and villages.

Floor Area of Buildings Completed this Year

It refers to floor area of buildings (public buildings and buildings for production) completed in this year, including floor area of new construction, renovation, and extension. On going construction is not included in statistics. Data are separately collected for the built-up districts of small towns and villages.

Real Floor Area of Buildings at the End of Year

It refers to floor area of total buildings (public buildings and buildings for production) located in towns and villages at the end of year. Calculation equation:

Real Floor Area of Buildings at the End of Year = Real Floor Area of Buildings at The End of Last Year + Added Floor Area of Buildings Due to District Readjustment This Year-Reduced Floor Area of Buildings Due to District Readjustment This Year-floor Area of Buildings Dismantled (collapsed or burned down) This Year.

Building with Mixed Structure

It refers to floor area of buildings with mixed structure, such as reinforced concrete structure, brick-and-concrete structure etc.

